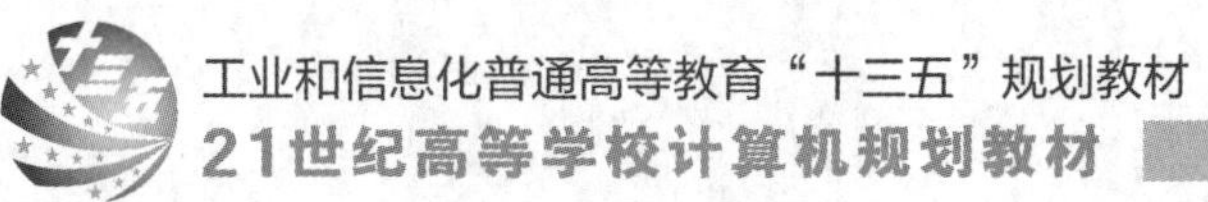

新编计算机文化基础实验指导与习题集（第2版）

The Practice and Exercise for Fundamentals of Computer Culture

■ 夏鸿斌 主编
■ 王映 张景莉 李婷 孔怡青 编著

人民邮电出版社
北京

图书在版编目（CIP）数据

新编计算机文化基础实验指导与习题集 / 夏鸿斌主编 ; 王映等编著. -- 2版. -- 北京 : 人民邮电出版社, 2020.9
21世纪高等学校计算机规划教材
ISBN 978-7-115-54396-7

Ⅰ. ①新… Ⅱ. ①夏… ②王… Ⅲ. ①电子计算机－高等学校－教学参考资料 Ⅳ. ①TP3

中国版本图书馆CIP数据核字(2020)第117408号

内容提要

本书是与《新编计算机文化基础（第 2 版）》配套的实验教材，内容包括实验指导、习题与参考答案两部分。

实验指导部分（第 1～4 章）围绕教学内容，以特有的任务驱动方式精心安排了 18 个实验。第 1 章介绍 Windows 10，安排了 6 个实验；第 2 章介绍 Word 2016，安排了 5 个实验；第 3 章介绍 Excel 2016，安排了 5 个实验；第 4 章介绍 PowerPoint 2016，安排了 2 个实验。

习题与参考答案部分（第 5～11 章）根据主教材的内容，按章节精心选编了大量典型的习题，并配有参考答案，供学生在学习过程中进行自我测试。

本书既可作为高等院校非计算机专业相关课程的实验教材，也可作为各类人员的自学用书，同时也适合准备参加全国计算机等级考试的人员使用。

◆ 主　　编　夏鸿斌
编　　著　王　映　张景莉　李　婷　孔怡青
责任编辑　武恩玉
责任印制　王　郁　陈　犇
◆ 人民邮电出版社出版发行　　北京市丰台区成寿寺路 11 号
邮编　100164　　电子邮件　315@ptpress.com.cn
网址　https://www.ptpress.com.cn
三河市中晟雅豪印务有限公司印刷
◆ 开本：787×1092　1/16
印张：10.75　　　　2020 年 9 月第 2 版
字数：281 千字　　　　2020 年 9 月河北第 1 次印刷

定价：35.00 元

读者服务热线：(010)81055256　印装质量热线：(010)81055316
反盗版热线：(010)81055315
广告经营许可证：京东市监广登字 20170147 号

前言

本书是《新编计算机文化基础（第 2 版）》的配套实验教材，以实用性为主，通过实验任务的形式比较详细、全面地介绍了计算机常用软件的相关知识。全书分为实验指导、习题与参考答案两部分，具体介绍如下。

实验指导部分（第 1～4 章）围绕教学内容，以特有的任务驱动方式精心安排了 18 个实验，每个实验均配有实验要求、实验步骤与操作指导，学生在学习时可以有的放矢。另外，本书配有视频操作讲解，学生扫描二维码即可随时随地观看学习。

第 1 章介绍 Windows 10，安排了 6 个实验，主要包括 Windows 10 的基本操作和进阶操作。

第 2 章介绍 Word 2016，安排了 5 个实验，主要包括 Word 2016 的基本操作、邮件合并操作和长文档操作，以及上述知识点的综合练习。

第 3 章介绍 Excel 2016，安排了 5 个实验，主要包括 Excel 2016 的基本操作、数据管理、图表的建立与编辑，以及上述知识点的综合练习。

第 4 章介绍 PowerPoint 2016，安排了 2 个实验，主要包括 PowerPoint 2016 的基本操作和进阶操作。

习题与参考答案部分（第 5～11 章）根据主教材的内容，按章节精心选编了大量典型的习题，作为对主教材理论知识的扩充，供学生在学习过程中进行自我测试。这样一方面可以巩固基本知识，另一方面可以扩充理论知识，使学生开阔眼界，对所学内容有全面、深入的了解，并对所学的知识产生浓厚的兴趣。为方便读者查阅，每章的参考答案可通过扫描二维码查看。

本书由江南大学人工智能与计算机学院组织编写。魏敏、杨开莜、马晓梅、冯建华、吴鸿雁老师为本书的编写提供了大量有价值的资料，并提出了许多建设性的建议，编者在此表示衷心的感谢。

在编写此书时，编者结合了自己多年的教学与实践经验，收集了大量最新的资料，将理论教学与实践教学相结合，尽量做到层次分明、内容实用。

本书由夏鸿斌担任主编，王映、张景莉、李婷、孔怡青参与编写。

由于编者水平有限，书中难免有不足之处，恳请广大读者不吝指正。

编　者

2020 年 3 月于无锡

目 录

第一部分 实验指导

第二部分 习题与参考答案

第一部分

实验指导

第 1 章 Windows 10

1.1　Windows 10 的基本操作

实验一　Windows 10 的桌面操作

一、实验目的

1. 掌握 Windows 10 的启动方法。
2. 掌握 Windows 10 桌面上基本元素的使用方法。

二、实验要求

1. 启动 Windows 10，认识 Windows 10 的桌面环境。
2. 了解“开始”菜单的常用功能及其设置。
3. 掌握窗口的基本操作。
4. 掌握创建快捷方式的方法。

三、实验步骤与操作指导

1. 启动 Windows 10

先打开外设（如显示器、打印机等）电源，再打开主机电源，计算机开始自检，并进入 Windows 10。若设置了登录密码，则需要在登录验证界面的密码输入框中输入正确的密码，方可正常启动 Windows 10。启动后观察桌面的组成。

如在操作过程中遇到“死机”现象，即计算机不能响应，则可以尝试以下方法解决。

- 按下【Ctrl+Alt+Delete】组合键启动“任务管理器”，可结束未响应任务或重新启动等。
- 若上述方法无效，可按主机机箱上的“Reset”按钮来引导系统重启动。
- 若以上两种方法均无效，则可长按主机电源按钮以强制关机，稍后再重新开机。

2. “开始”菜单的常用功能及其设置

（1）打开“开始”菜单。单击任务栏中的“开始”按钮或按【Ctrl+Esc】组合键，即可打开“开始”菜单。观察其组成。

（2）用“开始”菜单启动应用程序。以“记事本”程序为例，可使用下列3种方法来启动该程序。

① 通过“开始”菜单。选择“开始”→“Windows附件”→“记事本”，即可启动“记事本”程序。

② 通过文本搜索。单击“开始”按钮旁边的“搜索Windows”按钮，在搜索框中输入“记事本”，在结果列表中选择“记事本”。

③ 使用“Cortana”按钮。单击任务栏中的“与Cortana交流”按钮（如无此按钮，请右击任务栏空白处，选中“显示Cortana”按钮），对着麦克风说“记事本”，如图1.1所示。

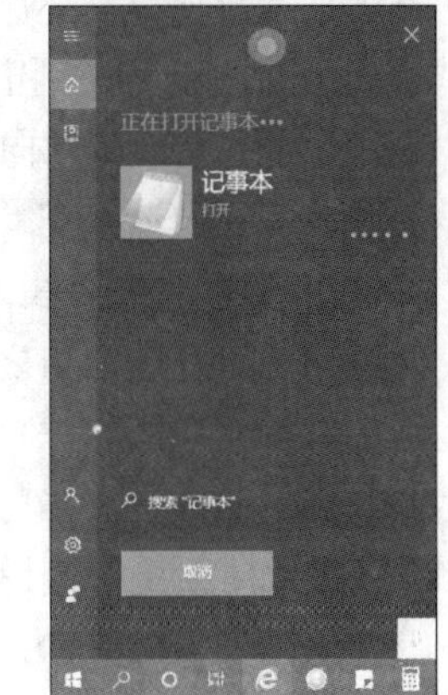

图1.1 使用“Cortana”搜索按钮

（3）自定义“开始”菜单。具体步骤如下。

① 在任务栏的空白处右击，选择快捷菜单中的“任务栏设置”命令。在“设置”窗口的左栏单击“开始”选项卡，如图1.2所示。

② 单击“选择哪些文件夹显示在‘开始’菜单上”，如图1.3所示。请根据需要进行设置。

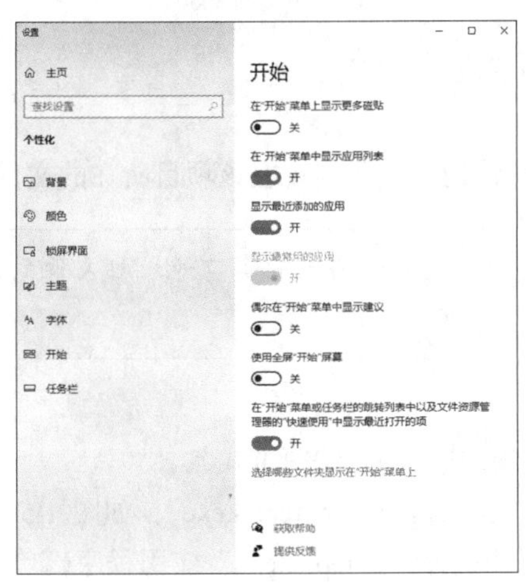

图1.2 “设置”窗口

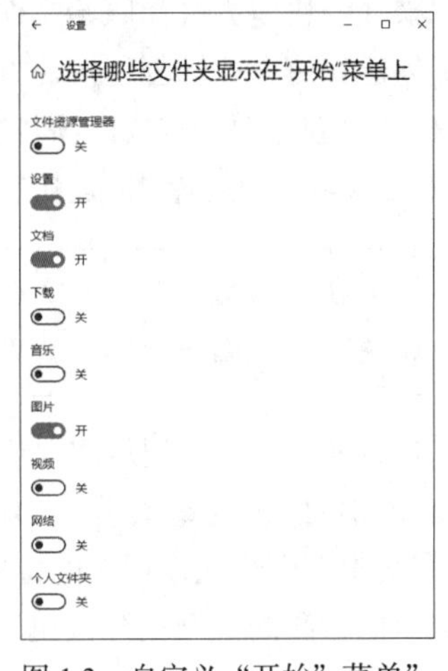

图1.3 自定义“开始”菜单”

③ 打开“开始”菜单，按【Alt+PrintScreen】组合键，即可将当前屏幕的截图复制到剪贴板上。启动Word应用程序，新建一个空白文档，在文档的第1行输入你的学号和姓名，在第2行输入内容“1. 自定义开始菜单”，在第3行按【Ctrl+V】组合键将截图粘贴到Word文档中，然后将该文档命名为“Windows 10的基本操作”并保存在D盘根目录下。

3. 窗口操作

（1）移动窗口的方法：在窗口的标题栏按住鼠标左键并拖动鼠标指针至所需的位置，然后松开鼠标左键即可。

（2）缩放窗口（改变窗口的大小）的方法：将鼠标指针移到窗口边框或窗口角上，待鼠标指针变成双向箭头时，按住鼠标左键并拖动鼠标指针即可。

（3）最小化窗口的方法：单击窗口右上角的“最小化”按钮 - ，窗口就会缩小成任务栏中的按钮。

（4）最小化所有打开的窗口以查看桌面的方法如下。

① 使用鼠标：单击任务栏中的“显示桌面”按钮；若要还原窗口，再次单击“显示桌面”按钮即可。

② 使用键盘：按【Windows 徽标键+D】组合键；若要还原窗口，再按此组合键即可。

（5）最大化窗口与还原窗口的方法：单击窗口右上角的“最大化”按钮，则窗口将覆盖除任务栏外的屏幕，且“最大化”按钮变为“向下还原”按钮；单击窗口右上角的“向下还原”按钮，窗口将恢复为原来的大小。

（6）切换窗口的方法：按住【Alt】键，重复按【Tab】键，即可在已打开的窗口之间切换。

（7）排列窗口的方法：窗口的排列方式有层叠、堆叠显示和并排显示 3 种。当打开多个窗口时，可右击任务栏空白处，在快捷菜单中选择一种排列方式，如图 1.4 所示。

（8）关闭窗口的方法：单击窗口右上角的“关闭”按钮或按【Alt+F4】组合键，都将关闭整个窗口。

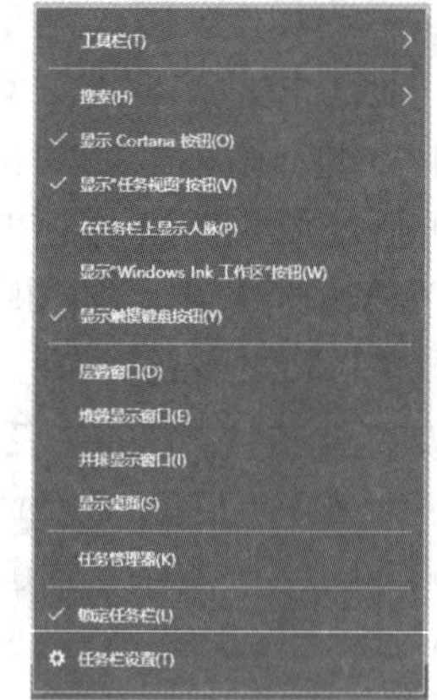

图 1.4 右击任务栏空白处后弹出的快捷菜单

4. 快捷方式

快捷方式是指向计算机上某个项目（如文件、文件夹或程序等）的链接。快捷方式图标上的箭头可用来区分快捷方式和原始文件。

（1）创建快捷方式。创建快捷方式的具体步骤如下。

① 打开要创建快捷方式的项目所在的位置。

② 右击该项目，选择“创建快捷方式”命令，新的快捷方式将出现在该项目所在的文件夹中。

提示 快速为当前打开的文件夹创建快捷方式的方法为：将当前窗口地址栏左侧的图标直接拖动到桌面等位置。

如要在桌面上建立“记事本”应用程序的快捷方式，具体步骤如下。

① 右击桌面空白处，在弹出的快捷菜单中选择“新建”→“快捷方式”。

② 在文本框中输入该程序的位置信息，本处为“C:\Windows\notepad.exe”，如图 1.5 所示。或单击文本框右侧的“浏览”按钮，按路径逐步找到并选择“notepad.exe”应用程序，单击“确定”按钮。单击“下一步”按钮。

③ 在图 1.6 所示的对话框中输入快捷方式的名称，本处为“记事本”，单击“完成”按钮。

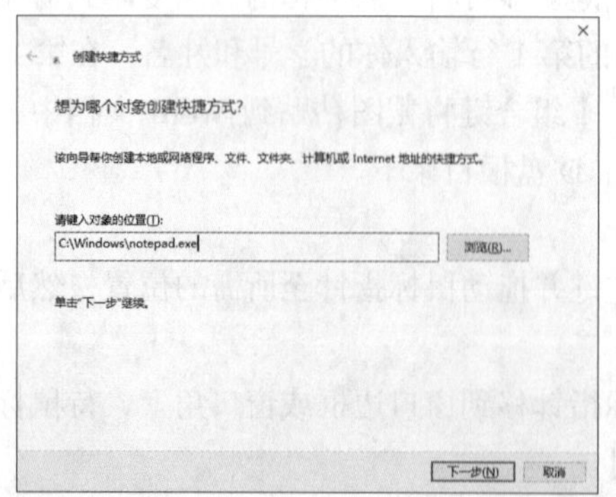

图 1.5 键入指定对象的位置

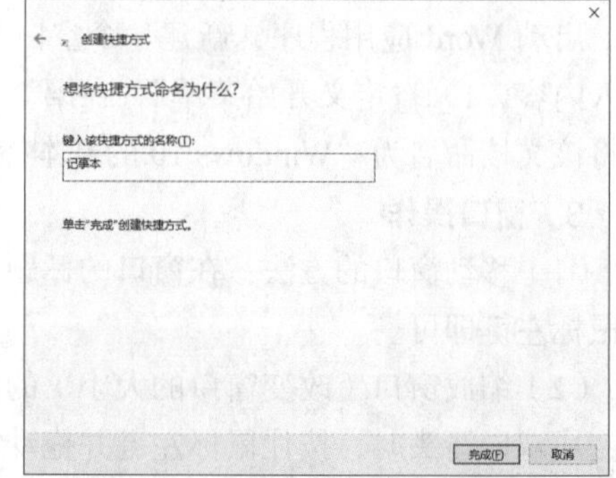

图 1.6 键入快捷方式的名称

④ 双击桌面上名为“记事本”的快捷方式图标，即可快速打开“记事本”应用程序。

（2）删除快捷方式。单击要删除的快捷方式图标，再按【Delete】键即可。

快捷方式不是这个对象本身，而是指向这个对象的指针。

打开快捷方式便意味着打开了相应的对象，删除快捷方式却不会影响相应的对象。

删除快捷方式时，只会删除指针，而不会删除对象。

实验二　文件资源管理器的使用

一、实验目的

1. 了解文件和文件夹的概念。

2. 熟练掌握文件资源管理器中文件及文件夹的基本操作，包括文件和文件夹的创建、选择、移动、复制、删除、重命名、查找和属性设置。

二、实验要求

1. 了解文件资源管理器的组成。
2. 熟练掌握选择文件或文件夹的方法。
3. 熟练掌握创建、删除和重命名文件或文件夹的方法。
4. 熟练掌握复制文件或文件夹的方法。
5. 熟练掌握移动文件或文件夹的方法。

三、实验步骤与操作指导

1. 打开文件资源管理器

可以通过以下几种途径打开文件资源管理器。

（1）打开“开始”菜单，选择“Windows 系统”→“文件资源管理器”。

（2）右击“开始”按钮，在快捷菜单中选择“文件资源管理器”命令。

2. 文件资源管理器中文件和文件夹的基本操作

（1）改变文件和文件夹的显示方式。“文件资源管理器”窗口的内容窗格中显示了当前选定项目所包含的文件和文件夹的列表，读者可根据个人的喜好和习惯改变它们的显示方式。

① 打开“文件资源管理器”窗口，在“查看”选项卡中的“布局”组中依次单击“超大图标”“大图标”等选项，观察内容窗格中对象显示方式的变化。

② 在“查看”选项卡中的“当前视图”组中依次选择“排序方式”下拉列表框中的各个选项，观察内容窗格中对象显示方式的变化。

③ 在“查看”选项卡中的“当前视图”组中依次选择“分组依据”下拉列表框中的各个选项，观察内容窗格中对象显示方式的变化。

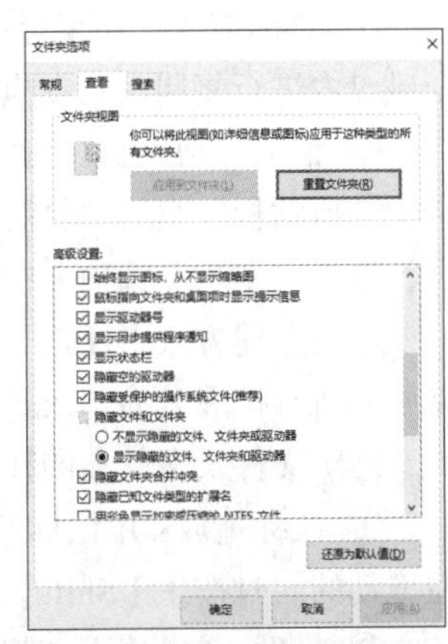

图 1.7　“文件夹选项”对话框

④ 单击“查看”选项卡中的“选项”按钮，打开图 1.7 所示的

“文件夹选项”对话框。在“查看”选项卡中选中“显示隐藏的文件、文件夹和驱动器”单选按钮，单击“确定”按钮。此时可以查看标记为“隐藏”的文件、文件夹和驱动器。

（2）选取文件和文件夹。若要选取 C 盘中的文件和文件夹，操作步骤如下。

① 选择“文件资源管理器”窗口的导航窗格（左侧的窗格）中的 C 盘，以下操作均在右侧的内容窗格中进行。

② 若要选取单个文件或文件夹，单击即可。

③ 若要选取连续的文件或文件夹，可按住鼠标左键并拖动鼠标指针，使拖曳形成的矩形框覆盖要选取的文件或文件夹；或先单击第一个要选取的文件或文件夹，然后按住【Shift】键，再单击要选取的最后一个文件或文件夹。

④ 若要选取多个不连续的文件或文件夹，可在按住【Ctrl】键的同时，单击要选取的文件或文件夹。

⑤ 若要选取以某些字符开头的文件或文件夹，可先将对象按“名称”排序（选择“查看”→“当前视图”→“排序方式”→“名称”），然后重复第④步的操作。

⑥ 若要选取某一类型的文件或文件夹，可先将对象按“类型”排序（选择“查看”→“当前视图”→“排序方式”→“类型”），然后重复第④步的操作。

⑦ 若要选取所有的文件和文件夹，可在“主页”选项卡中的“选择”组中单击“全部选择”按钮；也可按住鼠标左键并拖动鼠标指针，使拖曳形成的矩形框覆盖所有的文件和文件夹；还可按【Ctrl+A】组合键。

⑧ 若要选取数量较大且不连续的文件或文件夹，可先选取数量较少的不需要的文件或文件夹，再选择“主页”→“选择”→“反向选择”。

⑨ 若要取消对个别对象的选择，按住【Ctrl】键的同时单击该对象即可；若要取消对所有对象的选择，单击非文件名的空白区域即可。

（3）文件夹的创建。打开 D 盘，选择“主页”→“新建”→“新建文件夹”，或在内容窗格的空白处右击，在快捷菜单中选择“新建”→“文件夹”，此时将出现一个“新建文件夹”图标和文件夹名呈反白显示状态的文本框。直接输入你的班级和姓名（如“金融 1301 李明”，中间无空格）后按【Enter】键，即可完成创建。在该文件夹中再分别创建两个子文件夹，一个名为“WIN”，另一个名为“try”。

（4）文件及文件夹的复制。

① 鼠标拖放：用鼠标把选中的文件拖放到目标文件夹中；如在同一个磁盘内进行复制，则在拖动的同时按住【Ctrl】键即可。

② 借助“剪贴板”：选定要复制的文件或文件夹，选择“主页”选项卡中“剪贴板”组的“复制”命令，将其复制到剪贴板。再打开目标文件夹，选择“主页”选项卡中“剪贴板”组的“粘贴”命令。

搜索指定扩展名的文件

请在上述方法中任选一种方法，将 C 盘根目录下的“Windows”文件夹中的所有扩展名为“.exe”的文件复制到“WIN”子文件夹中。

（5）文件及文件夹的移动。

① 鼠标拖放：用鼠标把选中的文件拖放到目标文件夹中。如不在同一个磁盘内进行移动，则在拖动的同时按住【Shift】键即可。

② 借助“剪贴板”：选定要移动的文件或文件夹，单击“主页”选项卡中“剪贴板”组的“剪切”命令，再打开目标文件夹，单击“主页”选项卡中“剪贴板”组的“粘贴”命令。

请在上述方法中任选一种方法，将“WIN”子文件夹中以字母“w”开头的文件移动到“try”子文件夹中，并将在“实验一”中创建的保存在D盘根目录下的文档“Windows 10的基本操作”移动到“try”子文件夹中。

（6）文件及文件夹的重命名。练习：将创建的“try”子文件夹的名称改为你的学号（如980101）。

文件或文件夹的批量重命名

右击“try”子文件夹，选择快捷菜单中的“重命名”命令；或选中“try”子文件夹后，单击“主页”选项卡中“组织”组中的“重命名”命令或按【F2】键。此时文件夹名“try”呈反白显示状态，直接输入新名称，按【Enter】键即可。

（7）文件及文件夹的删除和恢复。练习：删除“WIN”子文件夹，再将其恢复到原先的位置。

① 选中“WIN”子文件夹，可直接按【Delete】键；也可选择“主页”选项卡中“组织”组的“删除”命令；还可右击文件夹后在快捷菜单中选择“删除”命令。

② 打开“回收站”窗口，选定“WIN”子文件夹，然后选择“回收站工具”选项卡中“还原”组的“还原选定的项目”命令；或右击文件夹后在快捷菜单中选择“还原”命令，即可将此文件夹还原到删除前的位置。

- 所谓删除文件及文件夹，实际上只是将它们放到“回收站”内，并不是真正的删除。“回收站”内的文件及文件夹是可恢复的，在“回收站”内再删除文件及文件夹才是真正的删除，且不可恢复。
- 如果在删除文件及文件夹时，按下【Shift+Delete】组合键，文件将被彻底删除。

（8）创建文件或文件夹的快捷方式。快捷方式提供了访问常用程序和文档的捷径，与它所对应的项目建立了链接关系，用户双击快捷方式即可打开对应的项目。

① 在桌面上创建快捷方式。

练习：在桌面上为“WIN”子文件夹创建快捷方式。

方法：在“WIN”子文件夹窗口中，将地址栏左侧的图标拖动到桌面上。

② 在文件夹中创建快捷方式。

练习：在D盘根目录下为“WIN”子文件夹创建快捷方式。

方法：右击“WIN”子文件夹，选择快捷菜单中的“复制”命令，然后转到D盘根目录下，选择“主页”选项卡中“剪贴板”组的“粘贴快捷方式”命令即可。

实验三　压缩和解压

一、实验目的

掌握压缩和解压的方法。

二、实验要求

1. 了解压缩和解压的概念。
2. 掌握压缩和解压的方法。

三、实验步骤与操作指导

与未压缩的文件相比，压缩文件占据的存储空间较少，可以更快速地传输到其他计算机中。我们通常使用压缩软件来压缩单个文件或文件夹，也可以将几个文件或文件夹合并到一个压缩文件夹中。

1. 压缩文件或文件夹

压缩文件或文件夹的步骤如下。

（1）在文件资源管理器中找到要压缩的文件或文件夹。

（2）右击要压缩的文件或文件夹，在快捷菜单中选择“发送到”→“压缩（zipped）文件夹”，即可在当前位置创建一个压缩文件夹。如需重命名，此时可直接输入新名称。

2. 从压缩文件夹中提取（解压）文件或文件夹

从压缩文件夹中提取（解压）文件或文件夹可执行下列操作之一。

（1）若要提取单个文件或文件夹，可双击打开压缩文件夹，将要提取的文件或文件夹从压缩文件夹拖动到新位置。

（2）若要提取压缩文件夹中的所有内容，可右击压缩文件夹，然后在快捷菜单中进行相应的选择。

- 如果压缩文件夹中有加密文件，则提取之后这些文件将变为未加密状态，这可能会导致个人信息或敏感信息无意中被泄露。因此，应避免压缩加密文件。
- 某些类型的文件，如 JPEG 格式的图片，已经被高度压缩了。如果将几张 JPEG 格式的图片压缩到一个文件夹中，则文件夹的大小将与原始图片的大小的总和大约相同。
- 如果在创建压缩文件夹后，还希望将新的文件或文件夹添加到该压缩文件夹中，请将要添加的文件或文件夹拖动到压缩文件夹中。

3. 使用 WinRAR 压缩软件来快速压缩和解压

WinRAR 是一款功能强大的压缩包管理器，可用于数据备份、新建 RAR 及 ZIP 等格式的压缩文件。其界面友好、使用方便，在压缩率和压缩速度方面都有很好的表现。

（1）快速压缩。右击文件或文件夹，弹出图 1.8 所示的快捷菜单。选择“添加到压缩文件”命令，将打开图 1.9 所示的对话框。按需设置压缩文件名，选择压缩文件格式、更新方式、压缩方式等，设置完毕后单击“确定”按钮即可。

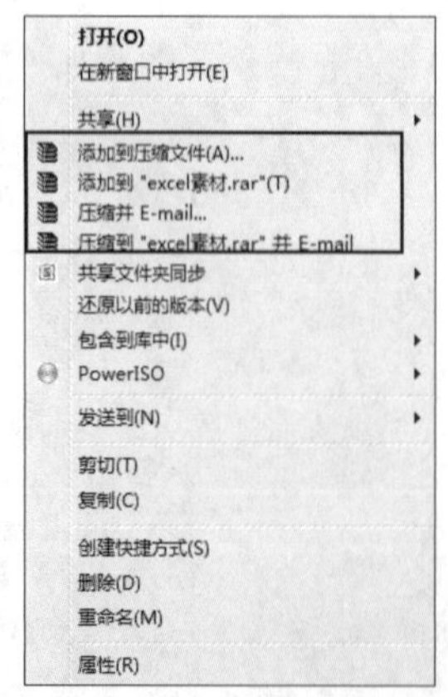

图 1.8　跟压缩有关的快捷菜单

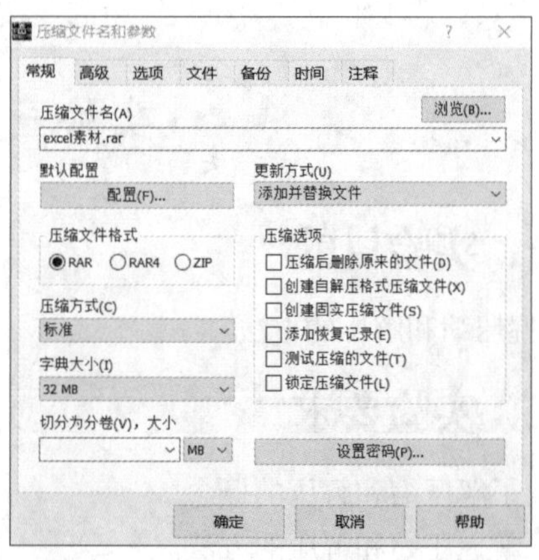

图 1.9　“压缩文件名和参数”对话框

（2）快速解压。右击压缩文件（扩展名为“.rar”），出现图 1.10 所示的快捷菜单。选择“解压文件”命令，将打开图 1.11 所示的对话框。按需设置目标路径、更新方式等，设置完毕后单击“确定”按钮即可。

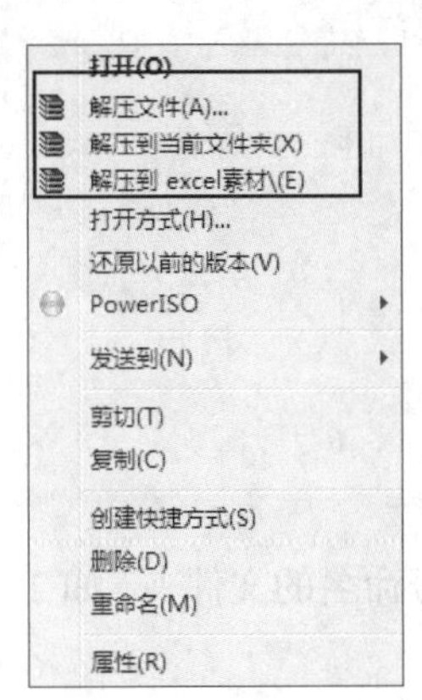

图 1.10 跟解压有关的快捷菜单

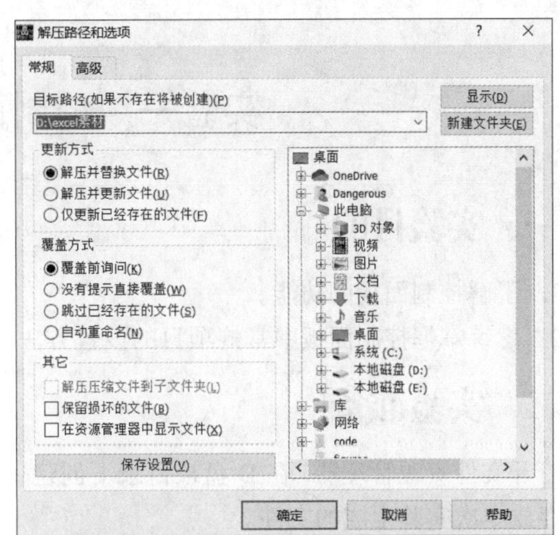

图 1.11 “解压路径和选项”对话框

4. 实际练习

将 D 盘根目录下以你的班级和姓名命名的文件夹中的所有内容压缩为一个 RAR 格式的压缩包，压缩包的名字为默认文件夹名，并将其放在 D 盘根目录下。

5. 退出 Windows 10

打开“开始”菜单，单击“电源”按钮，选择“关机”即可。此时系统进入退出 Windows 10 前的检测状态，自动关闭所有打开的程序和文件，并关闭计算机电源。

思考与练习

1. 如何打开、最大化、最小化、还原、移动、关闭窗口？

2. 打开文件资源管理器，进行以下操作。

（1）在 D 盘根目录下创建名为“KSSYS”的文件夹。

（2）用“记事本”应用程序创建一个文件，内容为“Windows 练习”，文件名为“VALUE”，然后将其保存在“KSSYS”文件夹中。

（3）在“KSSYS”文件夹中创建一个子文件夹“GAO”。

（4）将“VALUE”文件复制到“GAO”子文件夹中，并将其改名为“ADDRESS”。

（5）删除“KSSYS”文件夹中的“VALUE”文件。

（6）把整个“KSSYS”文件夹移动到 C 盘根目录下。

（7）分别在 C 盘根目录下和桌面上为“KSSYS”文件夹创建快捷方式。

1.2　Windows 10 的进阶操作

实验一　控制面板的使用

一、实验目的

1. 了解控制面板的功能。
2. 熟练掌握控制面板中常规项目的设置方法。

二、实验准备

打开文件资源管理器，在 D 盘根目录下创建一个以你的学号命名的文件夹（如 2013070218），用于存放本次实验生成的文件。

三、实验要求

1. 掌握设置时钟的方法。
2. 掌握设置鼠标的方法。
3. 掌握管理用户账户的方法。

四、实验步骤与操作指导

1. 打开控制面板

打开“开始”菜单，找到“Windows 系统”下的“控制面板”选项，单击打开“控制面板”窗口。

2. 设置时钟

计算机时钟用于记录创建或修改计算机中文件的时间。更改时间和时区的操作如下。

（1）单击“控制面板”窗口中的“时钟和区域”，再选择“时间和日期”，打开图 1.12 所示的对话框。

（2）在“日期和时间”选项卡内单击“更改日期和时间”按钮，出现图 1.13 所示的“日期和时间设置”对话框。可在此对话框中更改日期、小时、分钟和秒的数值。修改完毕后单击“确定”按钮。

（3）若要更改时区，请单击“更改时区”按钮，弹出图 1.14 所示的“时区设置”对话框。在“时区”下拉列表框中选择所需的时区。修改完毕后单击“确定”按钮。

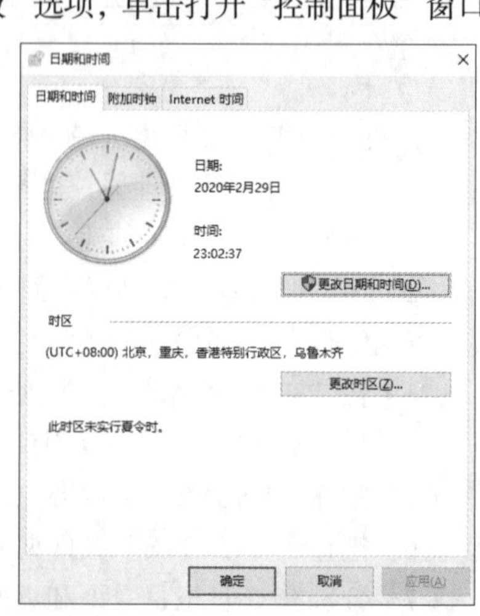

图 1.12　“日期和时间”对话框

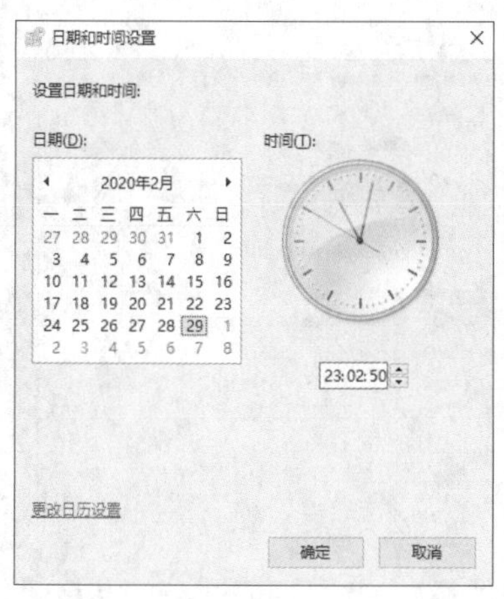

图 1.13　“日期和时间设置”对话框

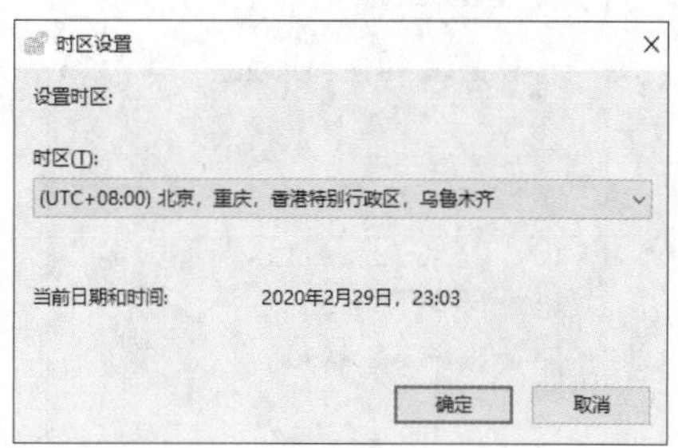

图 1.14　“时区设置”对话框

3. 设置鼠标

鼠标是最常用的输入工具，我们可以根据自己的习惯设置鼠标。

在“控制面板”窗口中单击“硬件和声音”，单击“设备和打印机”下方的“鼠标”按钮，打开“鼠标 属性”对话框，在相应的选项卡下进行设置。

（1）更改鼠标键的工作方式。在“鼠标键”选项卡（见图 1.15）中，可以修改鼠标左右键的配置、调整鼠标双击速度以及启动单击锁定。按需修改后单击“确定”按钮。

（2）更改鼠标指针的外观。在“指针”选项卡（见图 1.16）中，可以设置鼠标指针方案以及自定义鼠标指针的形状。按需修改后单击“确定”按钮。

图 1.15　“鼠标 属性”对话框中的“鼠标键”选项卡

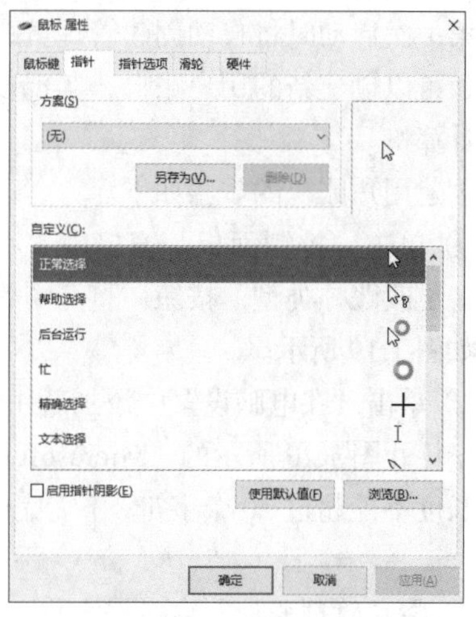

图 1.16　“鼠标 属性”对话框中的“指针”选项卡

（3）更改鼠标指针的工作方式。在“指针选项”选项卡（见图 1.17）中，可以更改鼠标指针移动速度、启动贴靠以及进行可见性的相关设置等。按需修改后单击“确定”按钮。

（4）更改鼠标滚轮的工作方式。

在“滑轮”选项卡（见图 1.18）中，可以设置鼠标垂直滚动和水平滚动一次后显示的字符数。按需修改后单击“确定”按钮。

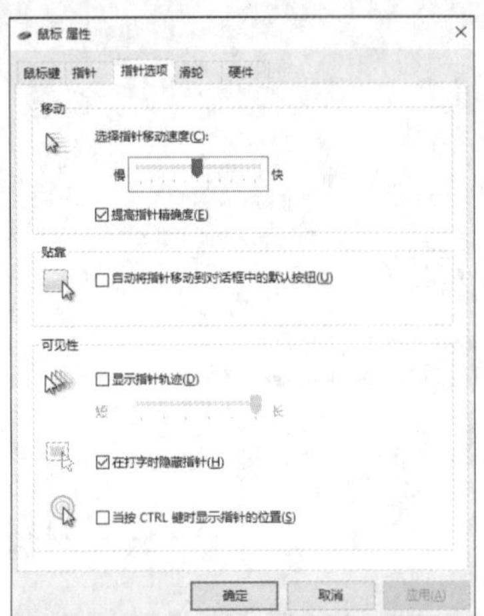

图 1.17 “鼠标 属性”对话框中的“指针选项”选项卡

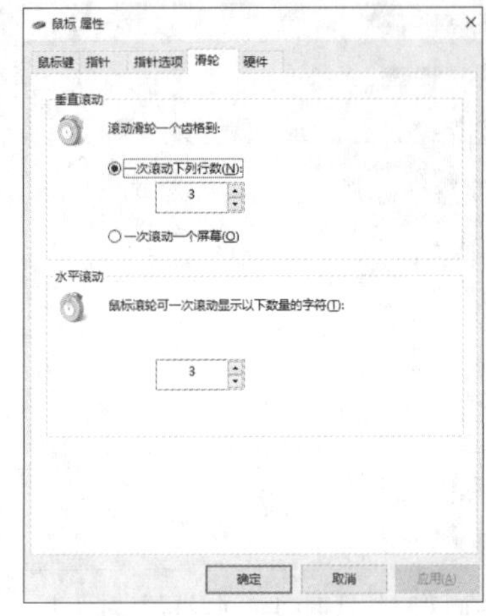

图 1.18 “鼠标 属性”对话框中的“滑轮”选项卡

4. 管理用户账户

用户账户是通知 Windows 用户可以访问哪些文件和文件夹，可以对计算机和个人首选项（如桌面背景或屏幕保护程序）进行哪些更改的信息集合。用户可以使用自己的用户名和密码访问自己的用户账户，并在拥有自己的文件和设置的情况下与多人共享计算机。

Windows 10 有两种类型的账户：管理员账户和标准账户，分别对应不同的计算机控制级别。

（1）创建用户账户。安装完 Windows 10 系统后，第一次启动时将自动创建管理员账户。在该账户下，可以创建新的用户账户，实现多个用户共享一台计算机。

创建用户账户的步骤如下。

① 单击“控制面板”窗口中“用户账户”下方的“更改账户类型”按钮，打开“管理账户”窗口，如图 1.19 所示。

图 1.19 “管理账户”窗口

② 单击“在电脑设置中添加新用户”链接，在新的页面中选择“将其他人添加到这台电脑”命令，打开图 1.20 所示的“Microsoft 账户”窗口。根据自己的需求输入用户账户名称（注意，用户名长度不能超过 20 个字符，不能完全由句点或空格组成，也不能包含以下字符：\、/、"、[、]、:、|、<、>、+、=、;、,、?、*、@），添加好密码之后，新用户则会出现在列表中，如图 1.21 所示。

③ 将“管理账户”窗口最大化。按【Alt+PrintScreen】组合键，将当前屏幕的截图复制到剪贴板。启动 Word 应用程序，新建一个空白文档，在第 1 行输入你的学号和姓名，在第 2 行输入内容“1. 创建用户账户”，在第 3 行按【Ctrl+V】组合键将截图粘贴到 Word 文档中，将该文档命名为“Windows 10 的进阶操作”并保存在实验准备时创建好的 D 盘根目录下以你的学号命名的文件夹中。

④ 关闭“管理账户”窗口。

（2）更改账户设置。用户可以更改已存在的账户的信息，如账户的名称、密码等。更改账户设置的步骤如下。

① 在图 1.21 所示的“管理账户”窗口中，单击要更改的账户的图标（此处“李明”的原账户类型为管理员账户），打开“更改账户”窗口。单击“更改账户类型”链接，在打开的“更改账户类型”窗口中选择所需的账户类型，此处选中“标准”单选选项。单击“更改账户类型”按钮，即可在“更改账户”窗口中看到“李明”账户名称下已不再显示“Administrator”，如图 1.22 所示。

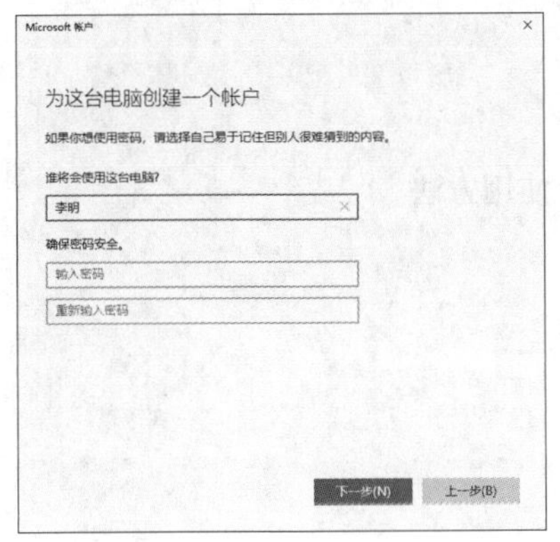

图 1.20　“Microsoft 账户”窗口

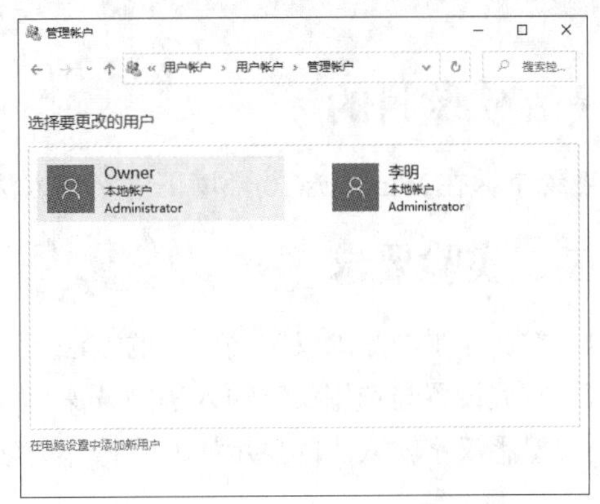

图 1.21　新账户创建完毕后的账户列表

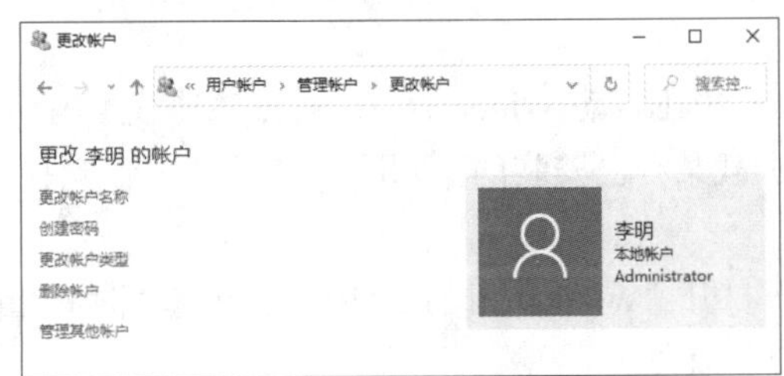

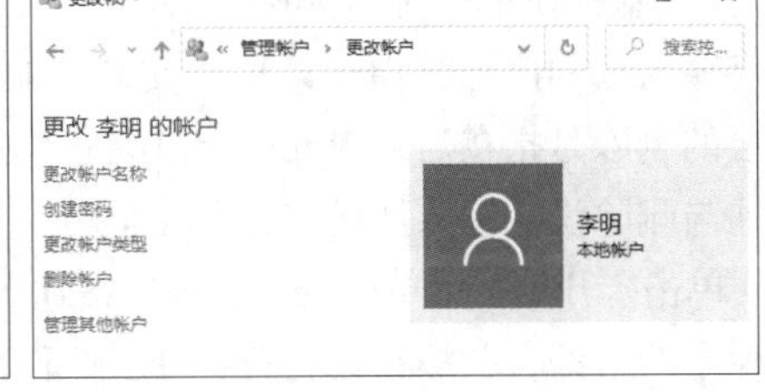

图 1.22　“更改账户”操作前后对比图

② 将“管理账户”窗口最大化。按【Alt+PrintScreen】组合键，将当前屏幕的截图复制到剪贴板。打开已创建的“Windows 10 的进阶操作”文档，先输入内容“2. 更改账户设置”，再按【Enter】键换行，然后按【Ctrl+V】组合键将截图粘贴到 Word 文档中，保存并关闭该文档。

③ 关闭“管理账户”窗口。

（3）删除用户账户。用户可通过删除操作将计算机中不再使用的用户账户永久删除。

例如，删除用户账户“李明”的步骤如下。

① 在“开始”菜单中单击“设置”按钮，打开“Windows 设置”窗口，选择“账户”，出现“你的信息”窗口。选择左栏中的“家庭和其他用户”，切换到“家庭和其他用户”窗口。

② 在“其他用户”下，选择要删除的账户（此处为“李明”），单击“删除账户”按钮，在弹出的图 1.23 所示的“要删除账户和数据吗？”窗口中，单击“删除账户和数据”按钮。

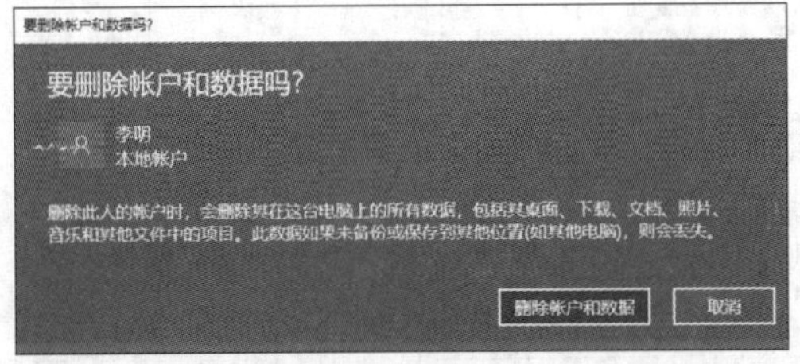

图 1.23　“要删除账户和数据吗？”窗口

③ 返回到“家庭和其他用户”窗口，可以看到已经没有了“李明”用户账户的显示了。关闭当前窗口。

实验二　汉字输入法

一、实验目的

熟练掌握在 Windows 10 环境下汉字输入法的设置及使用方法。

二、实验要求

1. 掌握添加与删除汉字输入法的方法。
2. 掌握设置与选用汉字输入法的方法。
3. 熟悉汉字输入法的显示界面及操作方法。

三、实验步骤与操作指导

1. 汉字输入法的添加与删除

汉字输入法的添加是指将某种已安装的输入法在启动 Windows 10 时自动加载到内存中；汉字输入法的删除是指在启动 Windows 10 时不加载某种已安装的输入法。

添加与删除汉字输入法的步骤如下。

（1）单击“开始”菜单中的“设置”按钮，打开“Windows 设置”窗口，选择“时间和语言”，单击左栏中的“语言”按钮，打开图 1.24 所示的窗口。

（2）单击“添加首选的语言”按钮，出现图 1.25 所示的“选择要安装的语言”对话框，在列表框中选择需要添加的输入法。此处选择“阿尔巴尼亚语”。单击“下一步”按钮，再单击“安装”按钮。返回“语言”窗口，即可在“首选语言”中看到新添加的输入法。

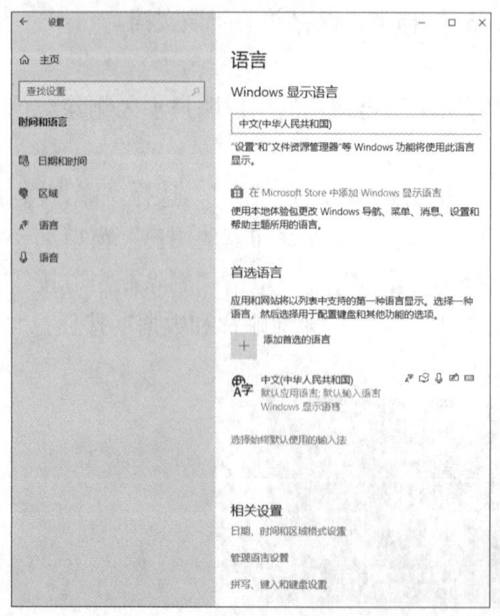

图 1.24　“语言”窗口

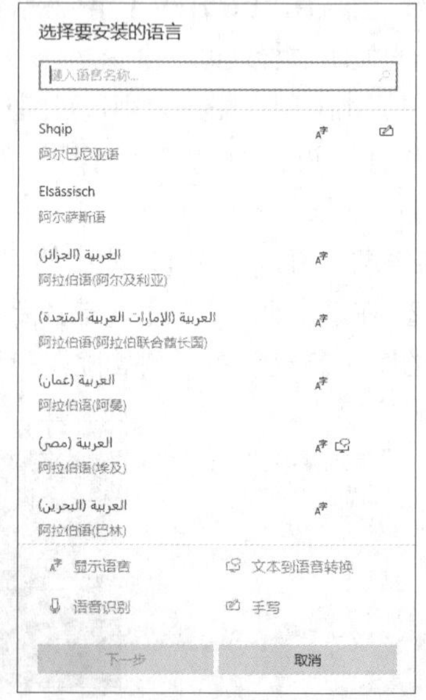

图 1.25　“选择要安装的语言”对话框

（3）若要删除输入法，可在“语言”窗口的“首选语言”区域中选择要删除的输入法，如选择刚才添加的“阿尔巴尼亚语”，单击“删除”按钮，即可删除选定的输入法。

2. 汉字输入法的设置

设置汉字输入法的步骤如下。

（1）选择“首选语言”下的“选择始终默认使用的输入法”命令，在“高级键盘设置”窗口中选择“输入语言热键”命令，出现图 1.26 所示的对话框。

（2）在“输入语言的热键”选项区域中选择一种中文输入法，单击“更改按键顺序”按钮，修改“切换输入语言”及“切换键盘布局”的按键设置，如图 1.27 所示。设置好后单击“确定”按钮依次退出。

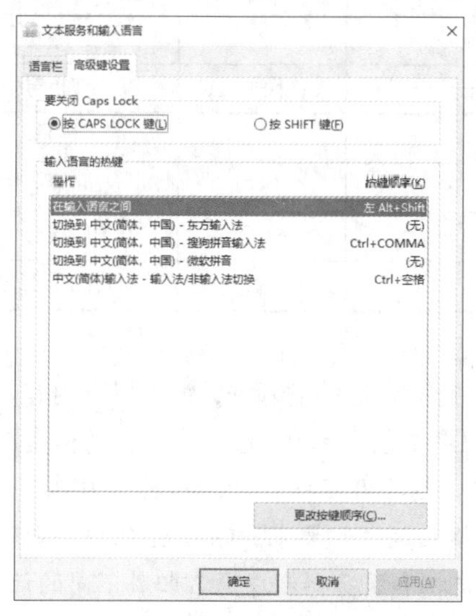

图 1.26　“高级键设置”选项卡

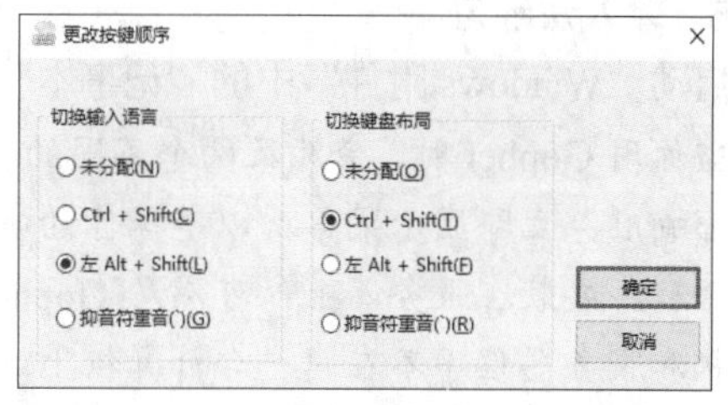

图 1.27　“更改按键顺序”对话框

3. 输入法的选用

选用输入法的方式有以下 2 种。

（1）单击任务栏上的语言栏，弹出当前系统已安装的输入法菜单，选择一种输入法。

（2）通过键盘完成。方法为：按【Ctrl+Space】组合键来切换中英文输入法；按【Ctrl+Shift】组合键在各种输入法之间切换，按【Shift】键切换中英文。

4. 输入法的显示界面

选定汉字输入法后，屏幕上会显示该汉字输入法的状态栏，通过单击相应的按钮，可以控制汉字输入法的工作方式。例如，搜狗拼音输入法的状态栏如图 1.28 所示。

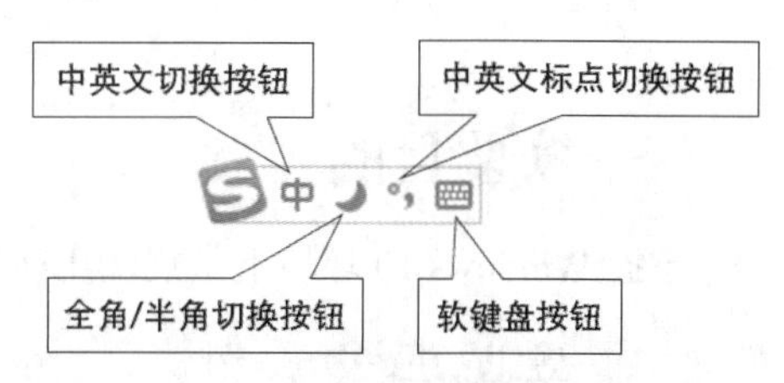

图 1.28　搜狗拼音输入法的状态栏

（1）中英文切换按钮。单击该按钮可切换中文、英文输入状态；按键盘上的【Caps Lock】键（大写锁定键）可切换大写（此状态下不能输入汉字）、小写输入状态。

（2）全角/半角切换按钮。英文字母、数字和键盘上的其他非控制字符有全角和半角之分，全角字符占一个汉字位。单击该按钮可切换全角（呈满月形）、半角（呈半月形）输入状态。

（3）中英文标点切换按钮。中文标点与英文标点是不同的，单击该按钮可切换英文标点（实心句点和英文逗号）、中文标点（空心句号和中文逗号）输入状态。

若要输入键盘上没有的中文标点，如顿号、省略号等，需在中文标点输入状态下采用所对应的键来输入。表 1.1 列出了所有的中文标点与键盘键位之间的对应关系。

表 1.1　中文标点与键盘键位对应表

中文标点	对应键位	中文标点说明	中文标点	对应键位	中文标点说明
。	.	句号	）	)	右括号
，	,	逗号	〈 或《	<	单/双书名号
；	;	分号	〉或 》	>	单/双书名号
：	:	冒号	……	^	省略号
？	?	问号	——	_（下划线）	破折号
！	!	感叹号	、	\	顿号
“”	“	双引号	·	~	间隔号
‘’	‘	单引号	—	-	连接号
（	(	左括号	￥	$	人民币符号

5. 输入法练习

启动“Windows 附件”中的“记事本”应用程序，选择合适的输入法，输入以下内容。

当你用 Gopher 时，会涉及两个不同的程序：一个程序安装在客户机上，它对你的键盘敲击动作做出响应，立即显示菜单，以确保你的命令得到执行，这个程序叫作“Gopher 客户机”程序；另一个程序安装在服务器上，可满足 Gopher 客户机所提出的一切要求。Gopher 的绝妙之处就是客户机和服务器程序不在同一台计算机上运行，这些客户机和服务器程序通常归属不同的计算机。例如，你可能坐在位于加利福尼亚州的一台计算机前，通过 Gopher 来阅读 4 828km 之外的弗吉尼亚州的“今日要闻”。在这种情况下，Gopher 客户机就是你的计算机，它运行着一个程序；此时 Gopher 服务器在美国另一端的一台超级计算机中，它运行着另一个程序。

输入完成后将这个文档命名为“myfile”，并保存在 D 盘根目录下以你的学号命名的文件夹中。将该文件夹中的所有内容压缩为一个 RAR 格式的压缩包，名字为默认文件夹名，并将其放在 D 盘根目录下。

实验三　Windows 10 的优化

一、实验目的

掌握 Windows 10 环境下常规优化项目的使用方法。

二、实验要求

1. 掌握磁盘检查的方法。
2. 掌握磁盘清理的方法。
3. 掌握碎片整理和优化驱动器的方法。

三、实验步骤与操作指导

1. 磁盘检查

Windows 10 的磁盘检查工具可以找出磁盘的错误，分析和改正磁盘的逻辑错误，并尽可能地将出现物理错误的坏扇区中的数据移到其他位置。磁盘检查过程要花费大量的时间。

在磁盘检查期间，必须关闭所检查磁盘中的所有文件，尤其不能向磁盘写入数据。磁盘检查的步骤如下。

（1）打开“文件资源管理器”窗口，右击所要检查的磁盘（此处为 D 盘），在快捷菜单内选择“属性”命令，然后选择图 1.29 所示的“工具”选项卡。

（2）单击“检查”按钮，打开图 1.30 所示的“错误检查（本地磁盘（D:））”对话框。

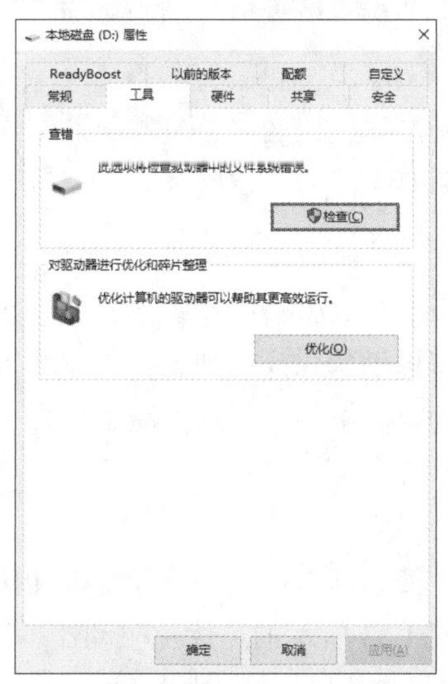

图 1.29 “本地磁盘（D:）属性”对话框中的“工具”选项卡

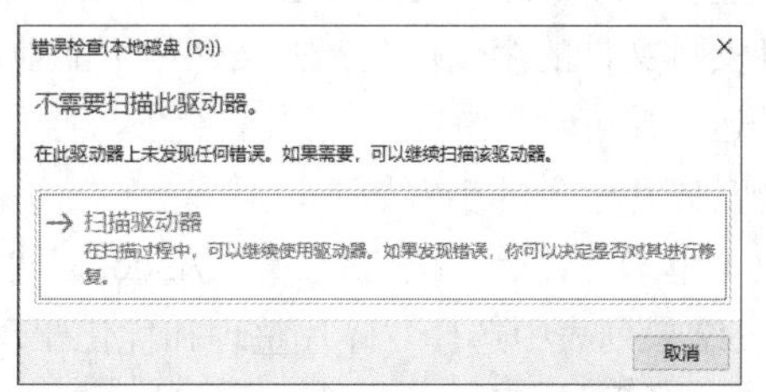

图 1.30 “错误检查（本地磁盘（D:））”对话框

（3）如果需要继续扫描，可选择“扫描驱动器”，开始进行磁盘检查。

2. 磁盘清理

Windows 10 的磁盘清理工具可以将磁盘上无用的文件成批地删除，以释放所占用的存储空间。磁盘清理的步骤如下。

（1）单击“开始”按钮旁的“Windows 搜索”按钮，在搜索框中输入“磁盘清理”，在结果列表中选择“磁盘清理”，打开图 1.31 所示的“磁盘清理：驱动器选择”对话框。

（2）选择要清理的驱动器，单击“确定”按钮。

（3）系统计算能释放多少空间后（可能需要几分钟时间，请耐心等待），将显示图 1.32 所示的“（C：）的磁盘清理”对话框。

（4）由图 1.32 可以看出，磁盘清理工具会扫描用户选择的驱动器，列出临时文件、Internet 临时文件和已下载的程序文件等。用户可根据实际需求选择要清理的选项，单击“确定”按钮即可开始清理。

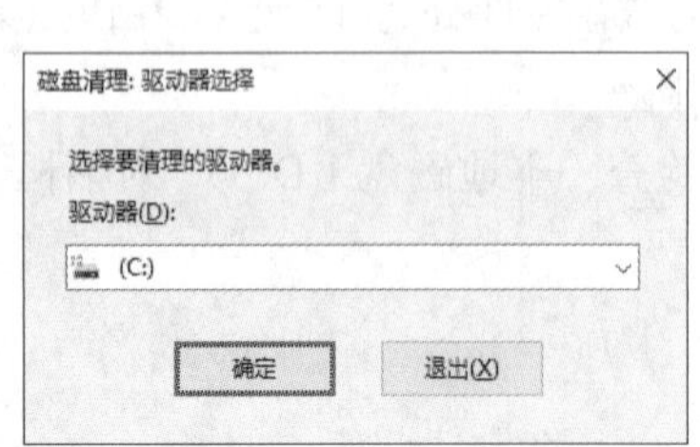

图 1.31 “磁盘清理：驱动器选择”对话框

图 1.32 “（C:）的磁盘清理”对话框

3. 碎片整理和优化驱动器

磁盘碎片是指存放于磁盘不同位置上的一个文件的各个部分。磁盘碎片较多时，会影响文件的存取速度，导致计算机整体运行速度下降。Windows 10 所提供的碎片整理和优化驱动器程序可以重新安排文件的存储位置，将文件尽可能地存放于连续的存储空间中，从而减少碎片，提高计算机的运行速度。

磁盘碎片整理的步骤如下。

（1）单击“开始”按钮旁的“Windows 搜索”按钮，在搜索框中输入“碎片整理和优化驱动器”，在结果列表中选择“碎片整理和优化驱动器”，打开图 1.33 所示的“优化驱动器”窗口。

（2）选择要整理的驱动器，此处选择 D 盘，单击“分析”按钮，由整理程序分析文件的碎片程度。分析完成后，单击“优化”按钮，开始整理碎片。

（3）在整理期间可单击“停止”（之后可在停止的地方再次开始整理）按钮。

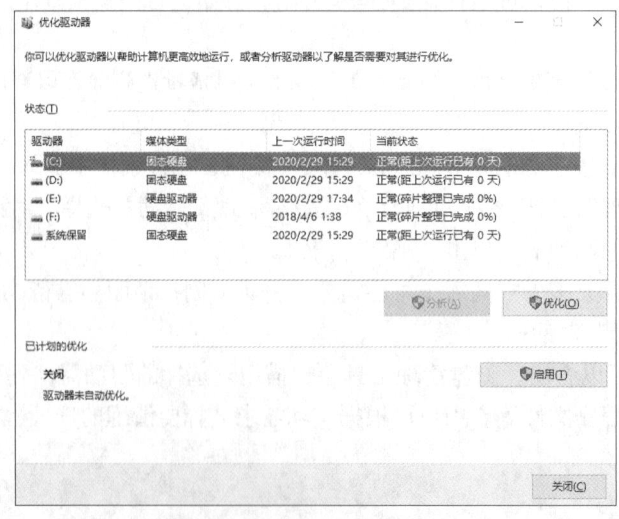

图 1.33 “优化驱动器”窗口

思考与练习

1. 控制面板的主要用途是什么？

2. Windows 10 提供了哪些有用的工具，它们分别有怎样的功能？

3. 打开文件资源管理器，进行以下操作。

（1）在 D 盘根目录下创建一个名为“USER”的文件夹（若已存在，则先将其放入回收站，再重建一个）。

（2）在“USER”文件夹下创建一个以自己姓名命名的子文件夹。

（3）在以自己姓名命名的文件夹下再创建一个名为“PIC”和一个名为“TXT”的子文件夹。

（4）上网搜索 5 张不同颜色的玫瑰花的图片（要求图片的扩展名为“.jpg”），并将其保存到“PIC”子文件夹中。

（5）启动“画图”程序，自定义主题，绘制一幅图画，完成后将其命名为“ABC”并保存在“PIC”子文件夹中。

（6）在“TXT”子文件夹中创建一个文本文件“MYTEXT”，自行在其中输入内容（不少于 20 字）。

（7）启动“写字板”程序，在其中打开在第（6）项中所创建的文件“MYTEXT”，并利用剪贴板将在第（5）项中所画的图画放在文字后面。所形成的新文件的主文件名不变，但要注意其扩展名的变化。

（8）将在第（7）项中所创建的文件复制到以自己姓名命名的文件夹中，并将其属性改为“只读”“隐藏”。

（9）在以自己姓名命名的文件夹中创建子文件夹“PIC”的快捷方式。

（10）将整个“USER”文件夹压缩为一个 RAR 格式的压缩包，名字为默认文件夹名，并将其放在 D 盘根目录下。

第 2 章 Word 2016

2.1 Word 2016 的基本操作

按照要求完成 Word 文档的建立和保存，文本的录入，文字格式、段落格式及页面格式设置等操作。设置后的效果如图 2.1 所示。

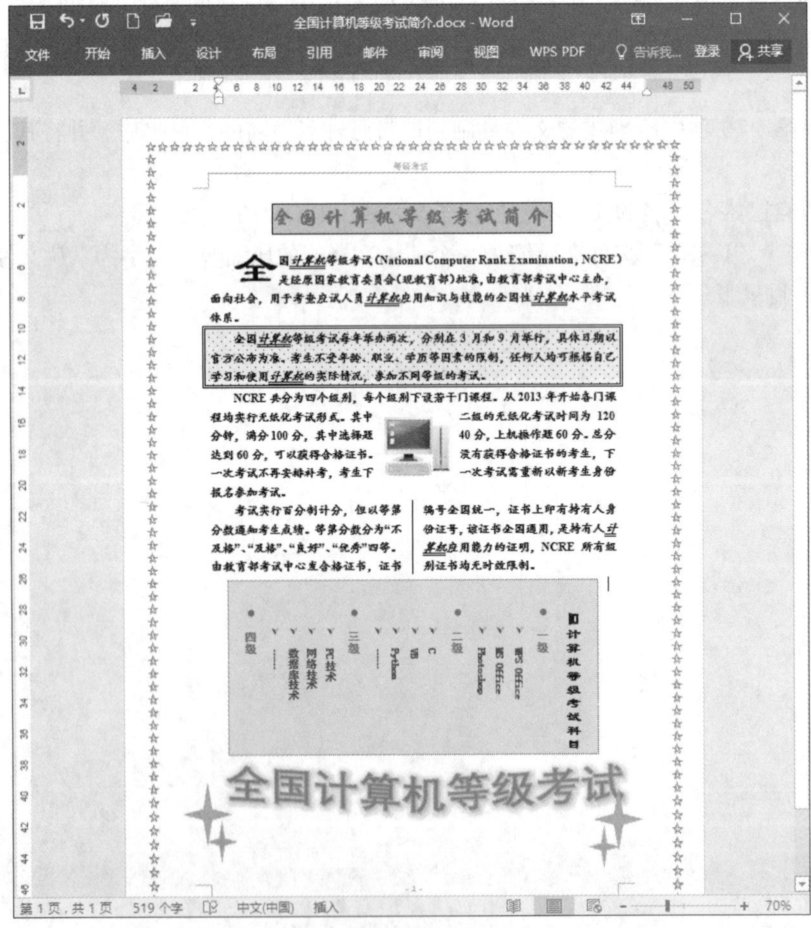

等级考试

全国计算机等级考试简介

全国计算机等级考试（National Computer Rank Examination，NCRE）是经原国家教育委员会（现教育部）批准，由教育部考试中心主办，面向社会，用于考查应试人员计算机应用知识与技能的全国性计算机水平考试体系。

全国计算机等级考试每年举办两次，分别在 3 月和 9 月举行，具体日期以官方公布为准。考生不受年龄、职业、学历等因素的限制，任何人均可根据自己学习和使用计算机的实际情况，参加不同等级的考试。

NCRE 共分为四个级别，每个级别下设若干门课程。从 2013 年开始各门课程均实行无纸化考试形式。其中二级的无纸化考试时间为 120 分钟，满分 100 分，其中选择题 40 分，上机操作题 60 分。总分达到 60 分，可以获得合格证书。没有获得合格证书的考生，下一次考试不再安排补考，考生下一次考试需重新以新考生身份报名参加考试。

考试实行百分制计分，但以等第分数通知考生成绩。等第分数分为“不及格”、“及格”、“良好”、“优秀”四等。由教育部考试中心发合格证书，证书编号全国统一，证书上印有持有人身份证号，该证书全国通用，是持有人计算机应用能力的证明，NCRE 所有级别证书均无时效限制。

计算机等级考试科目

- 一级
  - WPS Office
  - MS Office
  - Photoshop
- 二级
  - C
  - VB
  - Python
  - ……
- 三级
  - PC 技术
  - 网络技术
  - 数据库技术
  - ……
- 四级

全国计算机等级考试

- 1 -

图 2.1 “全国计算机等级考试简介.docx”样文

一、实验目的

1. 掌握新建、保存文档的方法。
2. 熟练掌握文字录入及字符格式设置等基本编辑操作。
3. 熟练掌握段落格式的设置方法。
4. 熟练掌握查找与替换的方法。
5. 熟练掌握格式刷的使用方法。
6. 掌握首字下沉及分栏的设置方法。
7. 掌握特殊符号、项目符号的使用方法。
8. 掌握页眉和页脚的设置方法。
9. 掌握插入图片、艺术字、文本框的方法。
10. 掌握页面格式的设置方法。

二、实验准备

打开文件资源管理器，在E盘根目录下创建一个以自己的学号命名的文件夹，如2019070218。将\实验素材\Word 2016的基本操作\文件夹下的文件“等级考试素材.docx”复制到以自己的学号命名的文件夹中。

三、实验要求

1. 建立Word文档“全国计算机等级考试简介.docx”，录入文字，并设置文字及段落格式。

2. 将“等级考试素材.docx”文档中的文字复制到“全国计算机等级考试简介.docx”文档中，并完成段落重排，插入文本框、图片、艺术字、自选图形等操作。

3. 为段落设置分栏，进行页面设置。

四、实验步骤与操作指导

1. 文本的录入

（1）启动Word 2016，单击“空白文档”图标按钮，建立一个名为“文档1”的新文档。

（2）将新文档保存在E盘根目录下的以你自己的学号命名的文件夹中（如果没有该文件夹，请自行创建），并将其重命名为“全国计算机等级考试简介.docx”。保存新文档的方法有以下3种。

① 选择“文件”→“保存”菜单命令。

② 单击“快速访问工具栏”中的“保存”按钮。

③ 按【Ctrl + S】组合键。

（3）选择中、英文输入法，在文档中输入原文内容。注意：在录入文字和设置文档格式的过程中，要经常保存该文档。

原文如下。

全国计算机等级考试（National Computer Rank Examination，NCRE）是经原国家教育委员会（现教育部）批准，由教育部考试中心主办，面向社会，用于考查应试人员计算机应用知识与技能的全国性计算机水平考试体系。全国计算机等级考试每年举办两次，分别在3月和9月举行，具体日期以官方公布为准。考生不受年龄、职业、学历等因素的限制，任何人均可根据自己学习和使用计算机的实际情况，参加不同等级的考试。

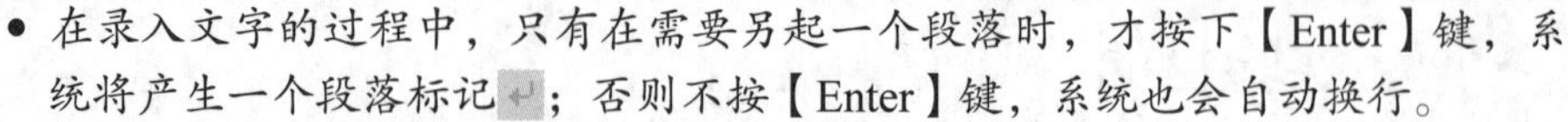

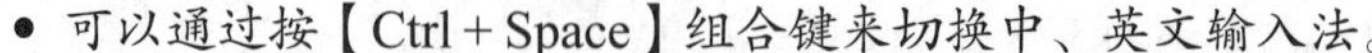

- 在录入文字的过程中，只有在需要另起一个段落时，才按下【Enter】键，系统将产生一个段落标记↵；否则不按【Enter】键，系统也会自动换行。
- 可以通过按【Ctrl + Space】组合键来切换中、英文输入法。
- 输入错误时，按【Delete】键可以删除光标之后的字符，而按【Backspace】键可以删除光标之前的字符。
- 单击状态栏的“改写”按钮或按【Insert】键可以切换改写、插入状态，请自行练习。如果状态栏没有“改写/插入”按钮，可以右键单击状态栏，在弹出的快捷菜单中勾选“改写”菜单项来添加。

2. 文本的复制与粘贴

（1）按下【Enter】键，开始一个新的段落。

（2）打开以自己学号命名的文件夹中的文件“等级考试素材.docx”文档，复制该文档中的全部文字。

（3）切换到文档“全国计算机等级考试简介.docx”，在“开始”选项卡中单击“剪贴板”组的“粘贴”下拉按钮，在下拉列表中选择“选择性粘贴”命令，打开图 2.2 所示的对话框。选择其中的“无格式文本”项，单击“确定”按钮，则仅将不带格式的文字部分复制到当前文档中。

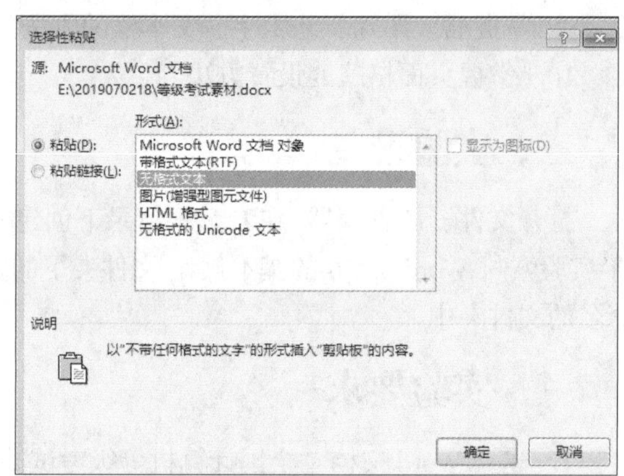

图 2.2 “选择性粘贴”对话框

（4）单击“快速访问工具栏”中的“保存”按钮。

3. 段落的重排

（1）将光标移动到第 1 段的第 3 行“全国计算机等级考试”之前，按【Enter】键，将从该处另起一段。

（2）将光标移动到“从 2013 年开始各门课程均实行无纸化考试形式。”之后，按【Delete】键，删除段落标记↵，将原文正文的第 2 段和第 3 段合并成一个段落。

4. 字符格式的设置

将正文的中文字体设置为“楷体”，英文字体设置为“Times New Roman”，字号设置为“小四”，字形设置为“加粗”。

（1）从全文第 1 个字符开始拖动鼠标至文档末尾，或按【Ctrl+A】组合键，选中全文。打开功能区的“开始”选项卡，使用“字体”组提供的按钮进行设置。打开“字体”下拉列表框，从中选择中文字体“楷体”。

（2）再次打开“字体”下拉列表框，从中选择英文字体“Times New Roman”。

（3）打开“字体”组的“字号”下拉列表框 五号 ，从中选择“小四”。

（4）单击“字体”组的“加粗”按钮 **B**。

5. 标题字体格式的设置

（1）将光标定位至原文第 1 段前，按【Enter】键产生 1 个空行，给文章加标题“全国计算机等级考试简介”。

（2）选中标题文字，单击“开始”选项卡，单击“字体”组的对话框启动器，打开“字体”

对话框，如图 2.3 所示。

（3）单击“字体”选项卡，在“中文字体”下拉列表框中选择“华文行楷”，在“字形”下拉列表框中选择“加粗”，在“字号”下拉列表框中选择“二号”，在“字体颜色”下拉列表框中选择“蓝色”。

（4）单击“高级”选项卡，在“间距”下拉列表框中选择“加宽”，并在“磅值”编辑框中输入“2 磅”，如图 2.4 所示。

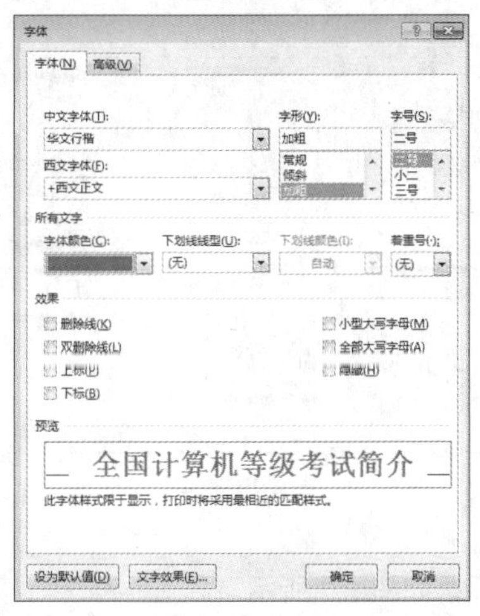

图 2.3 “字体”对话框中的“字体”选项卡

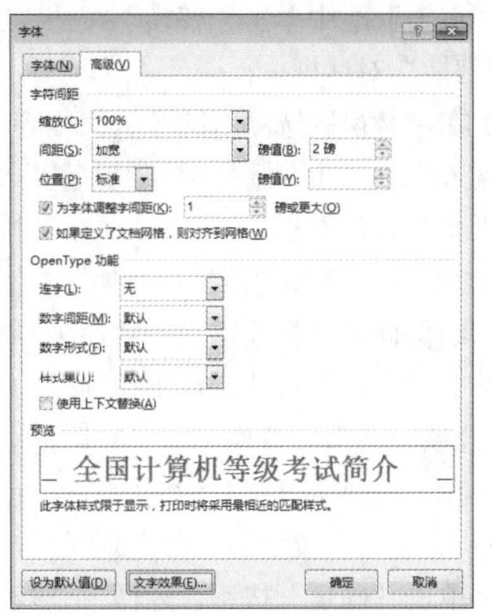

图 2.4 “字体”对话框中的“高级”选项卡

（5）单击“确定”按钮，完成标题字体格式的设置。

文字格式的设置，除以上两种方法之外，还可以用浮动工具栏实现：选中要设置格式的文字，此时在选中的文字区域的右上角将出现图 2.5 所示的浮动工具栏，可使用工具栏提供的按钮进行文字格式的设置。

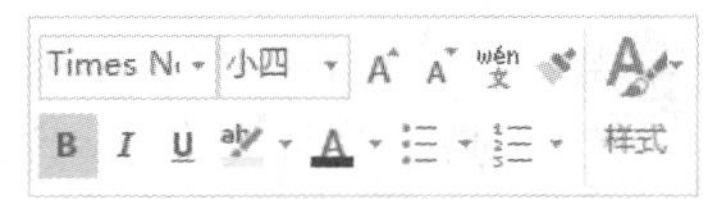

图 2.5 浮动工具栏

6. 段落格式的设置

（1）将光标置于标题段内，单击“开始”选项卡中“段落”组的“居中”按钮，使标题居中。

（2）在“段落”组中单击对话框启动器，打开“段落”对话框中的“缩进和间距”选项卡，如图 2.6 所示，分别在“段前”和“段后”编辑框中输入“1 行”。

（3）选中除标题外的正文的所有段落，在图 2.6 所示的“段落”对话框中打开“特殊格式”下拉列表框，从中选择“首行缩进”选项，并在“缩进值”编辑框内输入“2 字符”。

（4）在图 2.6 所示的“段落”对话框中打开“行距”下拉列表框，从中选择“多倍行距”选项，并在“设置值”编辑框内输入“1.2”。

（5）单击“确定”按钮。

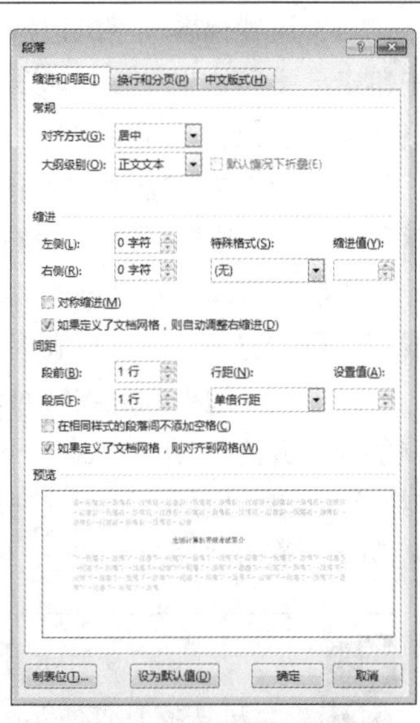

图 2.6 “段落”对话框

（6）单击“快速访问工具栏”中的“保存”按钮，保存所做的设置。

7. 查找和替换

利用“查找和替换”功能将文中所有的“计算机”设置为倾斜字形，并加上双下划线。

（1）选中全部正文文字（注意不能选中最后一段之后的段落标记），单击“开始”选项卡，在“编辑”组中单击“替换”按钮，打开“查找和替换”对话框。

（2）在“替换”选项卡的“查找内容”文本框中输入文字“计算机”，在“替换为”文本框中输入文字“计算机”；单击“更多”按钮，出现图 2.7 所示的完整“查找和替换”对话框。

（3）确保此时光标停留在“替换为”文本框内，单击“格式”按钮，在下拉列表中选择“字体”选项，弹出“替换字体”对话框。

（4）在“替换字体”对话框中，设置字形为“倾斜”、下划线线型为“双下划线”。

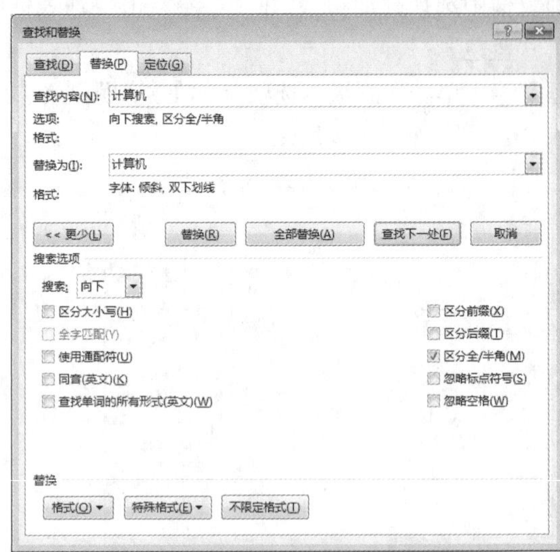

图 2.7 “查找和替换”对话框

（5）单击“确定”按钮，返回“查找和替换”对话框，如图 2.7 所示。

（6）单击“全部替换”按钮。Word 2016 完成替换，并弹出消息框。

（7）单击“否”按钮。

（8）关闭“查找和替换”对话框。

利用“查找和替换”功能不仅可以将多处文字替换成另一文字，还可以为多处文字设置格式，具体方法如前文所示。

8. 设置边框和底纹

（1）设置标题文字的边框和底纹。选中标题文字，在功能区的“开始”选项卡的“字体”组中单击“字符边框”按钮，即可为标题文字添加边框；单击“文本突出显示颜色”按钮右侧的下拉按钮，选择一种颜色作为标题文字的底纹。

（2）为正文第 2 段文字添加边框和底纹。选中正文第 2 段文字，单击“开始”选项卡的“段落”组中的“边框”按钮右侧的下拉按钮，在弹出的下拉列表中选择“边框和底纹”命令，打开“边框和底纹”对话框，如图 2.8 所示。在“边框”选项卡的“样式”列表框中选择“双线”线型，在“宽度”下拉列表框中选择“0.75 磅”，在“应用于”下拉列表框中选择“段落”。

（3）在“边框和底纹”对话框中切换到“底纹”选项卡，在“填充”下拉列表框中设置填充颜色为“黄色”，在“样式”下拉列表框中选择“5%”，在“颜色”下拉列表框中设置图案颜色为“红色”，在“应用于”下拉列表框中选择“段落”，如图 2.9 所示。

（4）单击“确定”按钮。

图 2.9 所示对话框中“应用于”下拉列表框中的“文字”和“段落”有何区别，请读者自行探究。

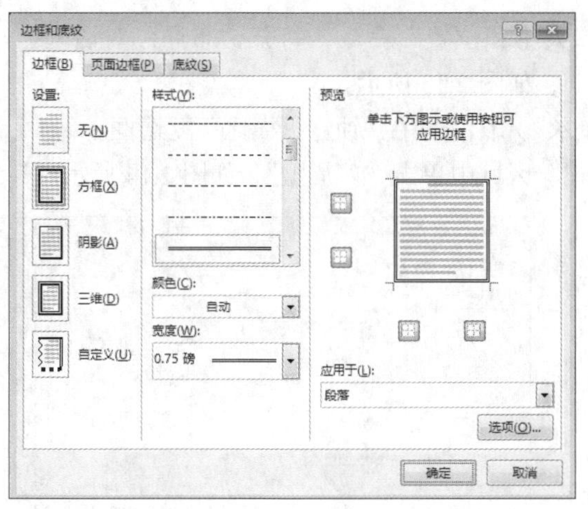

图 2.8 “边框和底纹”对话框中的“边框”选项卡

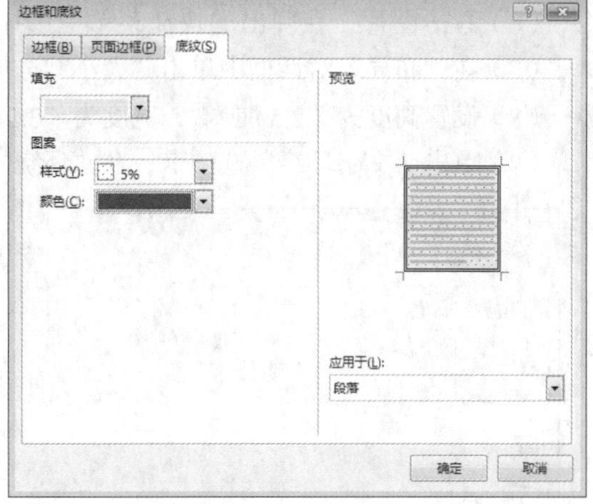

图 2.9 “边框和底纹”对话框中的“底纹”选项卡

9. 首字下沉

（1）将光标定位于正文（不含标题）第 1 段中的任意位置，单击“插入”选项卡，在“文本”组中单击“首字下沉”下拉按钮，在弹出的下拉列表中选择“首字下沉选项”命令，打开“首字下沉”对话框，如图 2.10 所示。

（2）在“位置”选项区域中选择“下沉”，在“选项”区域的“字体”下拉列表框中选择“隶书”，在“下沉行数”编辑框中输入“2”。单击“确定”按钮。

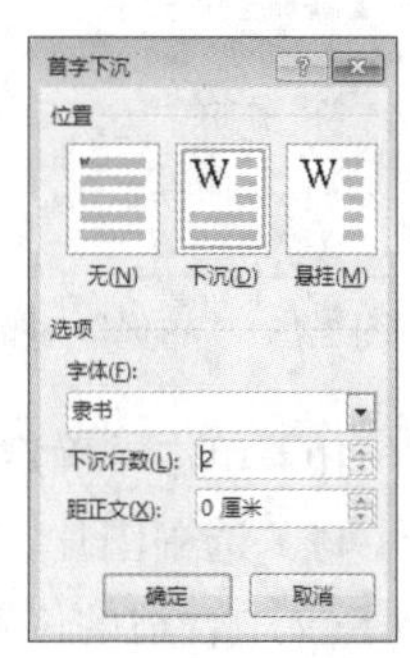

图 2.10 “首字下沉”对话框

10. 插入联机图片

（1）将光标置于正文第 3 段。

（2）在“插入”选项卡的“插图”组中单击“联机图片”按钮，打开“插入图片”对话框，如图 2.11 所示。

（3）在“必应图像搜索”右侧的文本框中输入“计算机”，然后单击“搜索必应”按钮，出现图 2.12 所示的搜索结果对话框。

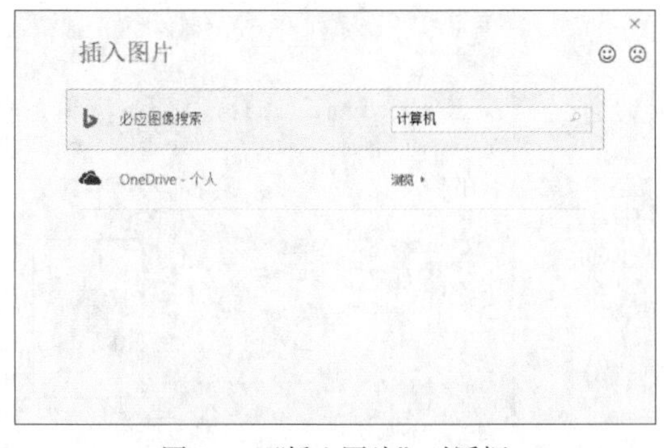

图 2.11 “插入图片”对话框

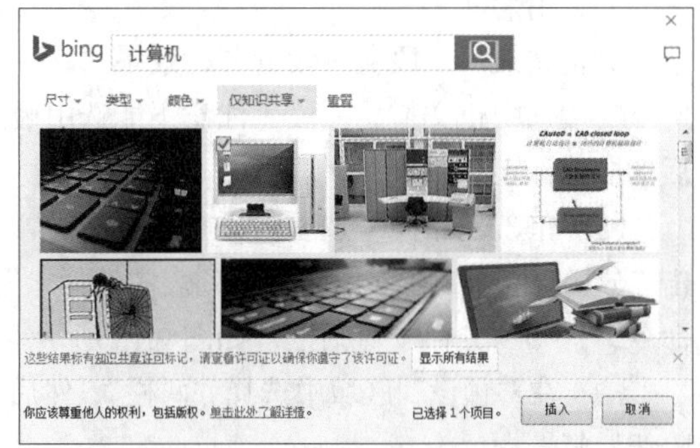

图 2.12 搜索结果对话框

（4）选择其中的图片，单击“插入”按钮，则选中的图片即可被插入正文第 3 段。

（5）单击刚插入的图片，使其处于选中状态，此时在图片周围会出现 8 个控点，这些控点可以用来调整图片的大小。

（6）右击图片，在弹出的快捷菜单中选择“大小和位置”命令，打开“布局”对话框。

（7）在“布局”对话框中单击“大小”选项卡，如图 2.13 所示。

（8）设置高度为“2.5 厘米”，宽度为“2.5 厘米”。取消选中“锁定纵横比”复选框。

（9）单击“文字环绕”选项卡，在“环绕方式”区域中单击“四周型”，如图 2.14 所示。

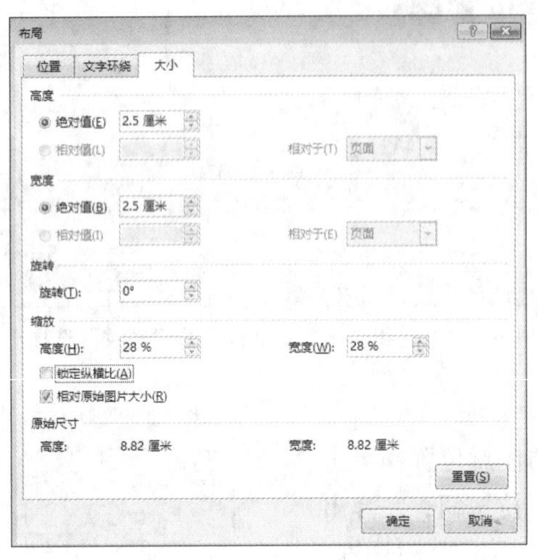

图 2.13 “布局”对话框中的“大小”选项卡

图 2.14 “布局”对话框中的“文字环绕”选项卡

（10）单击“确定”按钮。

（11）选中图片，此时图片处于编辑状态，当鼠标指针的形状变为四向箭头✥时，可拖动图片到正文中合适的位置。

- 设置图片的大小时，若高度与宽度的缩放比例不一致，必须取消选中“锁定纵横比”复选框。
- 选定图片后，即图片处于编辑状态时，右击图片，选择快捷菜单中的“设置图片格式”命令，或利用“图片工具”的“格式”选项卡中的按钮，都可对图片进行编辑。

11. 分栏

为正文最后一段文字设置分栏效果。

（1）选中正文最后一段（注意不能选中最后一段之后的段落标记）。

（2）单击“布局”选项卡，在“页面设置”组中单击“分栏”按钮，在弹出的下拉列表中选择“更多分栏”命令，打开“分栏”对话框，如图 2.15 所示。

（3）在“预设”区域中选择“两栏”，然后选中“分隔线”复选框。

（4）单击“确定”按钮。

（5）在快速访问工具栏中单击“保存”按钮，保存所做的设置。

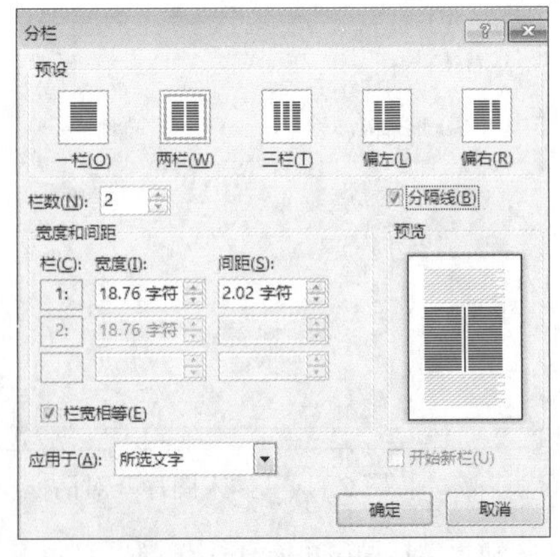

图 2.15 “分栏”对话框

12. 格式刷的使用

（1）在正文末尾另起一段，并按照图 2.16 所示的内容输入文字，一行为一个段落。

（2）设置标题文字“计算机等级考试科目”的格式为隶书、四号、加粗、居中。

（3）设置文字“一级”的格式为蓝色、黑体、小四。

（4）选中已设置好格式的文字“一级”，双击“开始”选项卡的“剪贴板”组中的“格式刷”按钮，此时光标变成带刷子的形状，然后选中文字“二级”，即可将文字“一级”的格式应用于文字“二级”，实现格式的快速设置。

（5）继续选中文字“三级”“四级”。设置完毕后，再次单击“格式刷”按钮，光标即可恢复原状。

（6）将其他文字的格式设置为红色、五号、加粗、宋体。

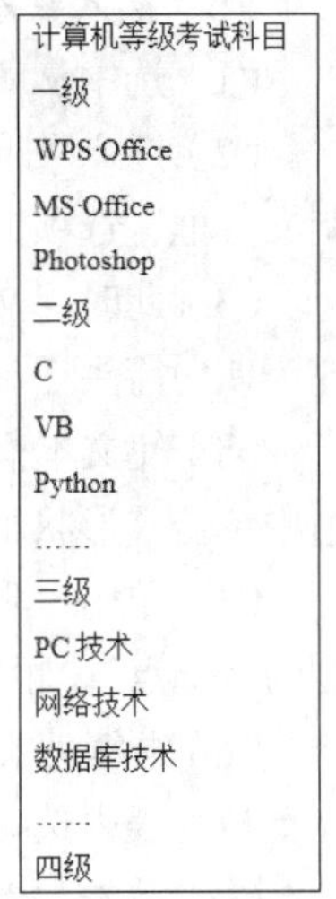

图 2.16　文字内容

使用格式刷不仅可以复制文字的格式，还可以复制段落的格式。如果单击“格式刷”按钮，则只能使用一次；如果双击“格式刷”按钮，则可使用多次。

13. 插入特殊符号

（1）将光标定位于标题“计算机等级考试科目”之前。

（2）打开“插入”选项卡，在“符号”组中单击“符号”按钮，在下拉列表中选择“其他符号”选项，弹出图 2.17 所示的“符号”对话框。在“字体”下拉列表框中选择“Wingdings”，选择要插入的符号💻。

（3）单击“插入”按钮。

（4）单击“关闭”按钮。

14. 项目符号的使用

（1）将光标定位于文字“一级”之前，单击“开始”选项卡，在“段落”组中单击“项目符号”按钮，即可添加默认项目符号●。

（2）使用同样的办法，在文字“二级”“三级”“四级”之前插入项目符号●；或用格式刷将文字“一级”的格式应用于其他 3 处。

（3）选中文字“一级”之下的 3 行文字，单击“项目符号”按钮右侧的下拉按钮，出现图 2.18 所示的“项目符号库”下拉列表，从中选择一种项目符号，如“➢”。

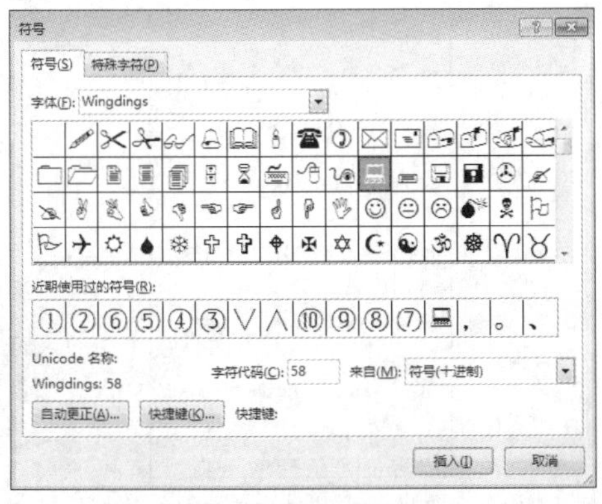

图 2.17　“符号”对话框

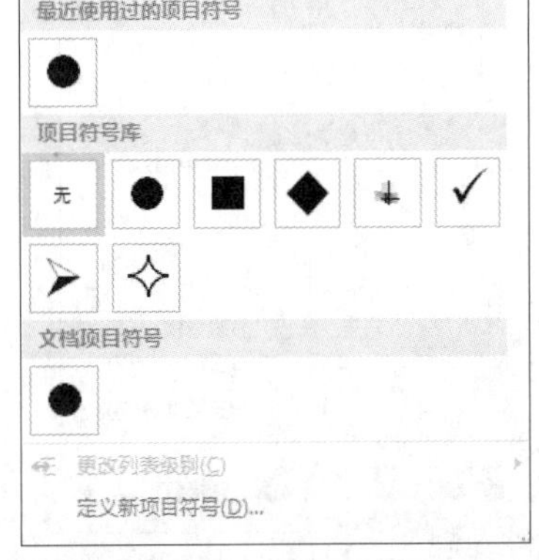

图 2.18　“项目符号库”下拉列表

（4）单击“段落”组中的“增加缩进量”按钮。

（5）用格式刷将此处的格式应用于文字“二级”“三级”之下的文字。

15. 插入文本框

（1）选中从“计算机等级考试科目”开始到文档末尾的文字。

（2）打开“插入”选项卡，单击“文本”组的“文本框”按钮，在弹出的下拉列表中选择“绘制文本框”选项，这时选中的文字将出现在文本框内。

（3）此时，文本框周围出现 8 个控点，可以拖动它们来改变文本框的大小；当鼠标指针形状变为四向箭头时，可拖动文本框到合适的位置。

（4）使文本框处于选中状态，单击功能区的“绘图工具”的“格式”选项卡，在“形状样式”组中单击“形状填充”按钮右侧的下拉按钮，在下拉列表中选择一种颜色。

（5）单击“形状轮廓”按钮右侧的下拉按钮，在下拉列表中设置轮廓颜色为“红色”，线型为“圆点”，粗细为“1.5 磅”。

（6）继续使文本框处于选中状态，单击“文本”组中的“文字方向”按钮右侧的下拉箭头，在下拉列表中选择“垂直”，即可使文本框内的文字垂直排列。

（7）单击“保存”按钮，保存所做的设置。

16. 插入艺术字

（1）将光标定位到文本框的下方，单击“插入”选项卡，在“文本”组中单击“艺术字”按钮，在“艺术字样式”库选择需要的艺术字样式，如图 2.19 所示。

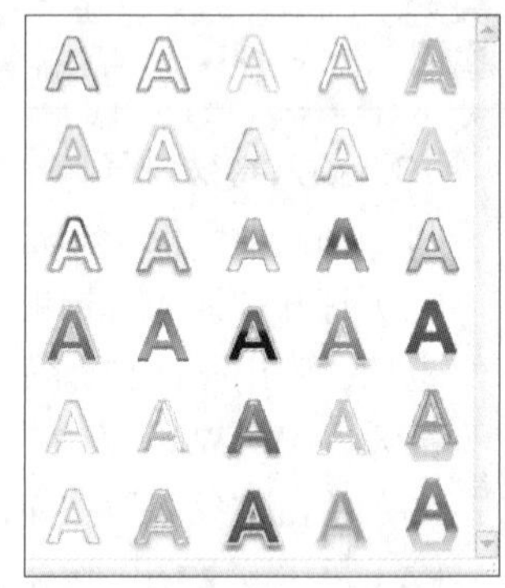

图 2.19 “艺术字样式”库

（2）将文本框拖动到适当的位置，输入内容“全国计算机等级考试”，使艺术字处于选中状态。切换至功能区中的“绘图工具”的“格式”选项卡，在“艺术字样式”组中单击“文本轮廓”按钮右侧的下拉按钮，在下拉列表中选择一种颜色作为艺术字轮廓的颜色。

（3）单击“艺术字样式”组中的“文本效果”按钮，在图 2.20 所示的下拉列表中将鼠标指针移至“发光”选项上，在弹出的列表框中选择一种发光效果。

（4）再次单击“文本效果”按钮，在上述下拉列表中将鼠标指针移至“转换”上，弹出图 2.21 所示的列表，从中选择一种转换效果，如“正 V 形”。

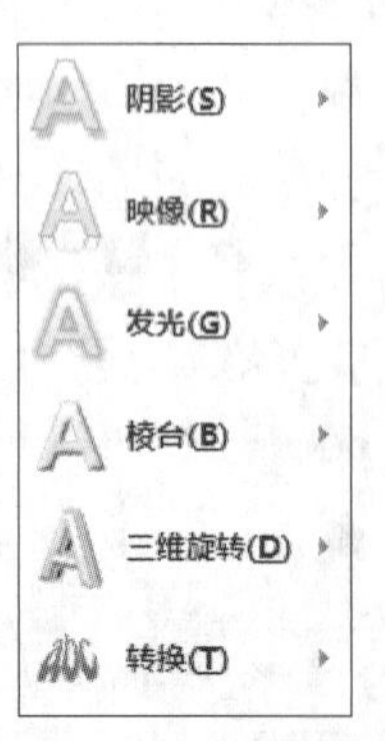

图 2.20 “文字效果”下拉列表

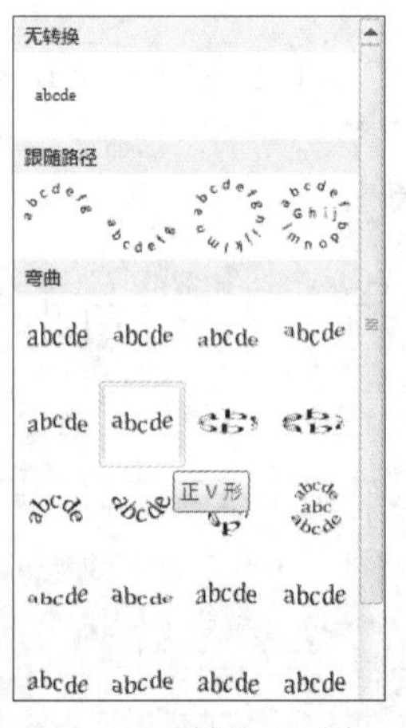

图 2.21 “转换”列表

（5）单击“保存”按钮，保存所做的设置。

17. 插入自选图形

（1）将光标定位在艺术字的左边，单击“插入”选项卡，在“插图”组中单击“形状”按钮，弹出图 2.22 所示的下拉列表。在“星与旗帜”选项区域中选择“十字星”，在文档中将其调整至合适的大小。

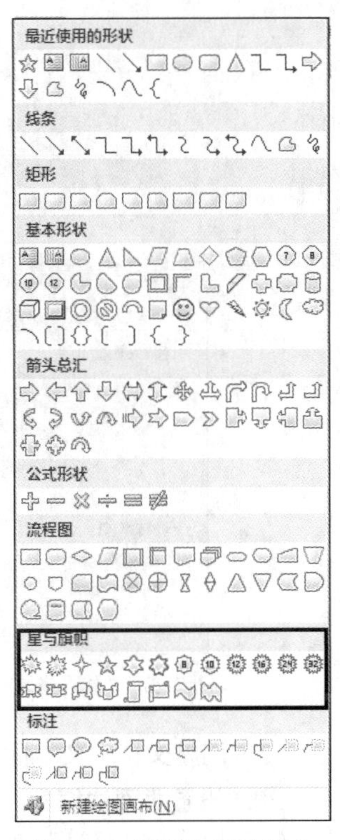

图 2.22　“形状”下拉列表

（2）单击功能区中的“绘图工具”的“格式”选项卡，在“形状样式”组中单击“形状填充”按钮右侧的下拉按钮，在下拉列表中为“十字星”选择一种填充颜色。

（3）用“形状轮廓”按钮和“形状效果”按钮为“十字星”设置线条颜色和效果。

（4）在该图形旁边插入一个相同的图形，移动新插入的图形周围的 8 个控点，改变其大小。

（5）按住【Shift】键，分别单击这两个图形，即可同时选中这两个图形。右击图形，在弹出的快捷菜单中选择“组合”命令，即可将这两个图形组合成一个图形。

（6）选中这个组合图形，按【Ctrl+C】组合键，将组合图形复制到剪贴板，然后按【Ctrl+V】组合键，将组合图形粘贴至文档中，并将这个新粘贴的组合图形拖动至艺术字的右侧。

（7）选中这个新粘贴的组合图形，单击“布局”选项卡，在“排列”组中单击“旋转”按钮，在弹出的下拉列表中选择“水平翻转”选项，即可将这个组合图形水平翻转，效果如图 2.1 所示。

（8）单击“保存”按钮，保存所做的设置。

18. 页眉和页脚的设置

（1）单击“插入”选项卡，在“页眉和页脚”组中单击“页眉”按钮，在弹出的下拉列表中选择“编辑页眉”选项。在页眉处输入文字“等级考试”。

（2）在“页眉和页脚工具”的“设计”选项卡的“页眉和页脚”组中单击“页码”按钮，在下拉列表中选择“页面底端”→“普通数字 2”。

（3）选中插入的页码，再次单击“页码”按钮，在下拉列表中选择“设置页码格式”选项，弹出图 2.23 所示的“页码格式”对话框。

（4）选择一种编号格式，单击“确定”按钮。

（5）单击“页眉和页脚工具”的“设计”选项卡中的“关闭页眉和页脚”按钮，或者双击正文部分，即可退出页眉和页脚编辑状态，返回正文。

19. 页面设置

（1）切换到“布局”选项卡，单击“页面设置”组中的对话框启动器，打开“页面设置”对话框。

（2）单击“页边距”选项卡，依次在“上”“下”“左”“右”编辑框中输入“2 厘米”“2 厘米”“2 厘米”“2 厘米”。单击“纸张方向”区域的“纵向”按钮，在“应用于”下拉列表框中选择“整篇文档”，在“预览”区域可查看设置后的文档显示效果，如图 2.24 所示。单击“确定”按钮。

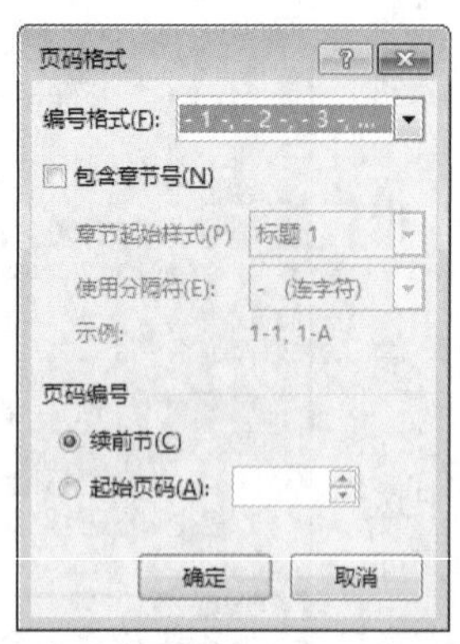

图 2.23 “页码格式”对话框

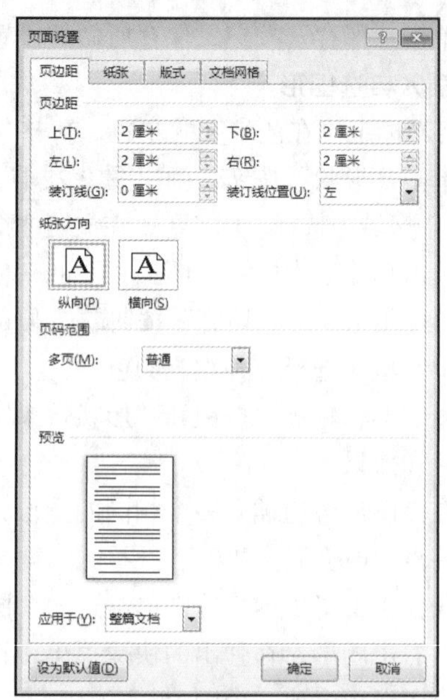

图 2.24 “页面设置”对话框中的“页边距”选项卡

（3）调整文档中文本框和艺术字等的大小，使得文档的全部内容位于一页。

20. 设置页面边框

（1）切换到“设计”选项卡，在“页面背景”组中单击“页面边框”按钮，打开“边框和底纹”对话框。

（2）单击“页面边框”选项卡，在“艺术型”下拉列表框中选择一种图案，在“宽度”编辑框中输入“12 磅”，在“应用于”下拉列表框中选择“整篇文档”，如图 2.25 所示。

（3）设置完毕后的文档效果参考图 2.1。

（4）保存并关闭文档。

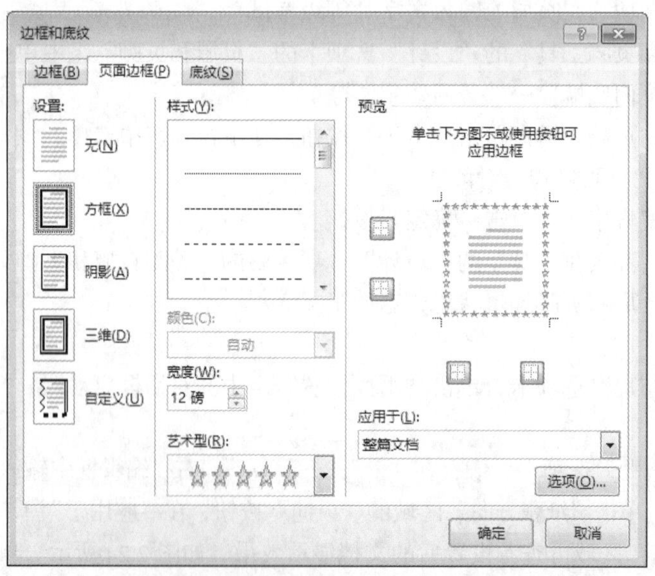

图 2.25 “边框和底纹”对话框中的“页面边框”选项卡

思考与练习

1. 设置字体格式的方法有哪几种?
2. 如何将一篇文档中处于不同位置的同一个词语设置成同一种格式?
3. 段落的对齐方式有哪几种? 这几种对齐方式的区别是什么?
4. 单击和双击格式刷的区别是什么?
5. 如何将图片设置为指定的尺寸?
6. 如何将几个自选图形组合成一个图形?

2.2 Word 2016 的邮件合并操作

利用 Word 2016 的邮件合并功能，制作图 2.26 所示的学生成绩通知单。

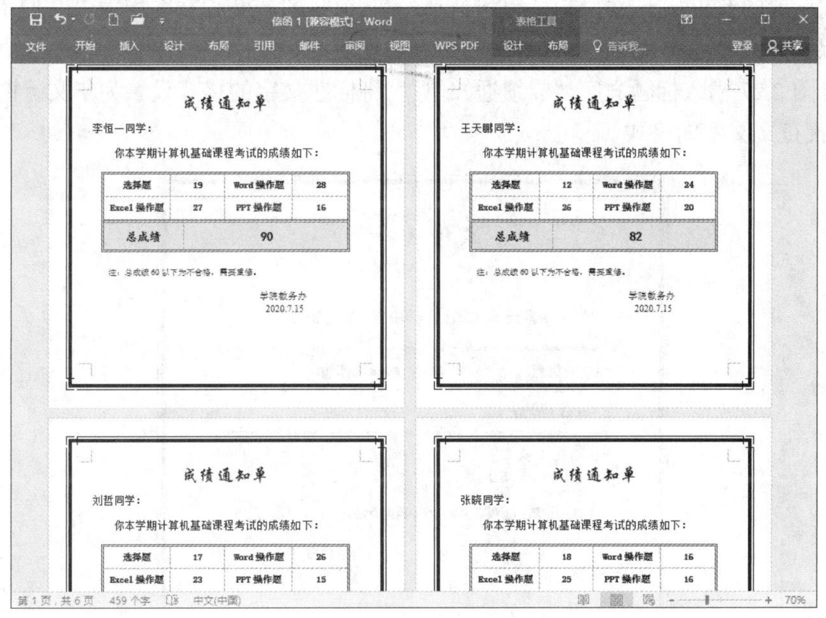

图 2.26 邮件合并后的成绩通知单样文

一、实验目的

1. 掌握 Word 2016 的邮件合并操作。
2. 掌握表格的基本操作。
3. 了解表格中运用公式计算的方法。
4. 掌握“表格和边框”工具栏的使用方法。
5. 掌握修饰表格的方法。

二、实验准备

打开文件资源管理器，在 E 盘根目录下创建一个以自己的学号命名的文件夹，如 2019070218。

三、实验要求

帮助教务办的老师制作计算机基础课程成绩通知单：建立邮件合并主文档、数据源，然后利用 Word 2016 的邮件合并功能制作成绩通知单。

四、实验步骤与操作指导

1. 建立主文档

（1）新建文档。

① 启动 Word 2016 应用程序，新建一个文档，即成绩通知单的主文档，将其命名为“成绩通知单主文档.docx”，并保存在 E 盘根目录下的以你自己的学号命名的文件夹中（如果没有该文件夹，请自行创建）。

② 格式设置的要求如下：字体、字号自行设置；纸张的高度和宽度均为“17 厘米”；上、下、左、右页边距各为“2 厘米”；给页面加上艺术型边框。

③ 参考图 2.27 输入标题文字“成绩通知单”，将标题文字的格式设置为华文行楷、二号、居中。自行设置正文文字的格式。

图 2.27 “成绩通知单主文档”样文

（2）绘制基本表格。

① 单击“插入”选项卡，在“表格”组中单击“表格”按钮，在打开的下拉列表中选择“插入表格”选项。

② 在弹出的图 2.28 所示的“插入表格”对话框中设置列数为“4”，行数为“3”。

③ 单击“确定”按钮，即可出现一个 3 行 4 列的规则表格。

此时在功能区会出现用于编辑表格的“表格工具”的两个选项卡：“设计”和“布局”。

（3）修改表格。

利用“合并单元格”和“拆分单元格”按钮将规则的表格修改成不规则的表格。

① 选中表格第 3 行的第 1～4 个单元格，单击“表格工具”的“布局”选项卡的“合并”组中的“合并单元格”按钮，即可合并上述单元格。

② 选中表格第 3 行，右击，在弹出的快捷菜单中选择“拆分单元格”命令，打开图 2.29 所示的“拆分单元格”对话框。单击“确定”按钮即可将第 3 行拆分成 3 列，然后合并最后一行的第 2、3 列。

③ 在表格内输入图 2.27 所示的文字，将表格前两行文字的格式设置为宋体、小四号，第 3 行文字的格式设置为楷体、四号、加粗。

④ 单击“保存”按钮。

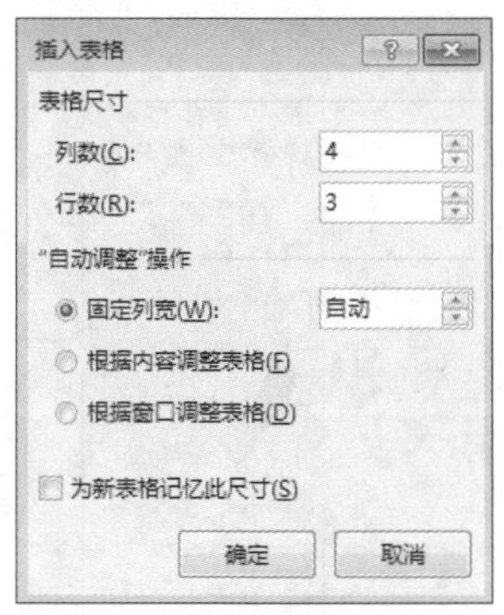

图 2.28　“插入表格”对话框

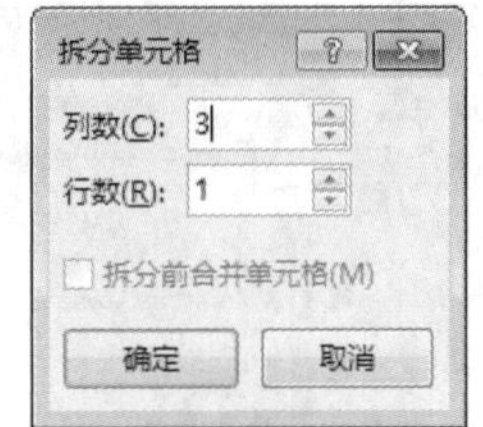

图 2.29　“拆分单元格”对话框

（4）设置表格的对齐方式及表格内文字的对齐方式。

① 将光标置于表格内部，表格左上角出现全选标记 ⊞，单击该标记，即可选中整张表格。

② 单击“表格工具”的“布局”选项卡中“单元格大小”组的“表格属性”对话框启动器，打开“表格属性”对话框。

③ 在对话框中单击“表格”选项卡，在“对齐方式”选项区域中选择“居中”选项，在“尺寸”选项区域中选中“指定宽度”复选框，并在其右侧的编辑框中输入“11 厘米”。相关设置如图 2.30 所示。

④ 单击“确定”按钮，则表格在页面中水平居中对齐。

⑤ 选中整张表格，在“表格工具”的“布局”选项卡“对齐方式”组中单击“水平居中”按钮，则表格内所有文字在其单元格内在水平和垂直方向上均居中对齐。

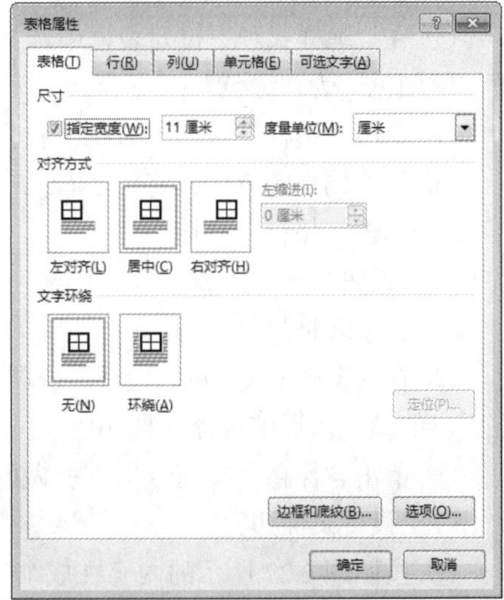

图 2.30　“表格属性”对话框

（5）设置表格的行高和列宽。

① 选中表格前 2 行，单击“单元格大小”组中的“高度”编辑框右侧的微调按钮，调整前 2 行的行高为“1 厘米”。

② 选中表格的第 3 行，调整行高为“1.2 厘米”。

③ 移动光标到表格第 1 列的右边框上，直到光标变为用来调整大小的指针，然后拖动边框，直到得到所需的列宽为止。

（6）设置表格边框。

将表格的外侧框线设置为红色、0.75 磅的双实线，内部框线设置为绿色、0.5 磅的虚线。

① 选中整张表格，切换到“表格工具”的“设计”选项卡，在“边框”组中的“笔样式”下拉列表框中选择双实线，在“笔划粗细”下拉列表框中选择“0.75 磅”，并设置“笔颜色”为“红色”，如图 2.31 所示。

② 在“表格工具”的“设计”选项卡的“边框”组中单击“边框”按钮下方的下拉按钮，在下拉列表中选择“外侧框线”，如图 2.32 所示。

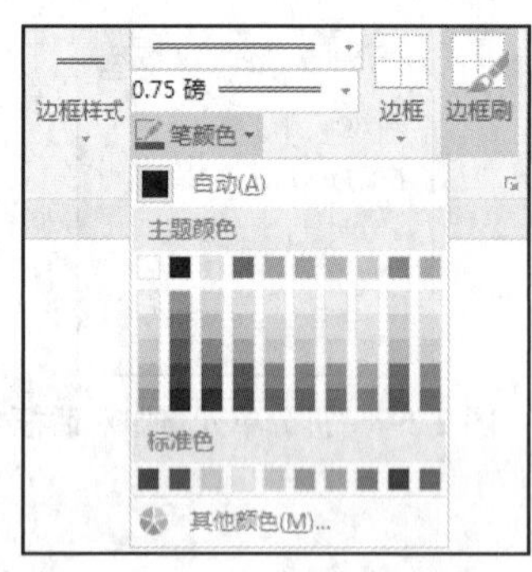

图 2.31　笔划的设置

图 2.32　“边框”下拉列表

③ 在“笔样式”下拉列表框中选择虚线，在“笔划粗细”下拉列表框中选择“0.5 磅”，并设置“笔颜色”为“绿色”。

④ 单击“边框”按钮下方的下拉按钮，在下拉列表中选择“内部框线”。

⑤ 使用同样的方法，将第 3 行的上框线设置为上粗下细线型、3 磅、蓝色。

⑥ 单击“保存”按钮。

（7）设置单元格底纹。

① 选中表格最后一行。

② 在“表格工具”的“设计”选项卡的“表格样式”组中单击“底纹”按钮下方的下拉按钮，在弹出的颜色面板中选择一种颜色。

③ 单击“保存”按钮，保存所做的设置。

（8）设置页面边框。

① 按照图 2.27 所示的内容在成绩通知单主文档中输入其他文字。

② 切换到“设计”选项卡，在“页面背景”组中单击“页面边框”按钮，打开“边框和底纹”对话框。

③ 单击“页面边框”选项卡，在“艺术型”下拉列表框中选择一种图案，在“应用于”下拉列表框中选择“整篇文档”。

④ 设置完毕后的文档效果参考图 2.27。

⑤ 保存并关闭文档。

2. 建立数据源

建立数据源

（1）绘制基本表格。

① 新建一个 Word 文档，将其命名为“成绩通知单数据源.docx”，并保存到以自己学号为名的文件夹中。

② 插入一个 7 行 6 列的表格。

③ 输入图 2.33 所示的数据。

姓名	选择题	Word	Excel	PPT	总分
刘哲	17	26	23	15	
王天鹏	12	24	26	20	
张晓	18	16	25	16	
杨洋	20	16	24	12	
顾小霞	15	10	17	14	
李恒一	19	28	27	16	

图 2.33　成绩通知单数据源

（2）用 Word 2016 中的公式计算总分。

① 将光标定位于“总分”列的第 2 行，即计算刘哲的总分。

② 单击“表格工具”的“布局”选项卡“数据”组中的“公式”按钮，弹出“公式”对话框，如图 2.34 所示。

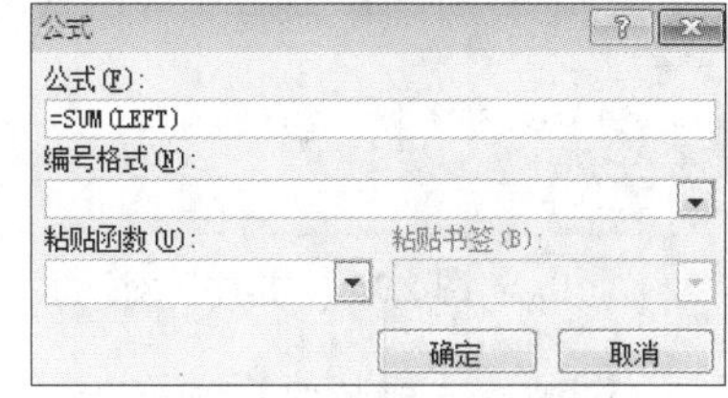

图 2.34　“公式”对话框

③ 在“公式”对话框中，系统会自动根据情况在“公式”文本框中写入公式，如“=SUM(LEFT)”。此时保留此公式，单击“确定”按钮，系统将自动计算出刘哲的总分为“81”。此时将光标放在总分数字的中间，发现该数字呈现灰色。

④ 将刘哲的总分复制到“总分”列的其他单元格中，这时所有同学的总分都为“81”。选中第 2 位同学的总分，右击，在弹出的快捷菜单中选择“更新域”命令，这时该同学的总分变为“82”。用同样的方法修改其他同学的总分。

⑤ 单击“保存”按钮，保存所做的设置。

在编辑表格公式时，有时并不能用 Above、Left 等英文单词完全代替参与运算的单元格，这时需要为单元格定义名字。在表格中，一个单元格是由行和列交叉形成的，所以只要定义行和列的名称，就可以定义单元格的名称。Word 2016 系统在默认情况下，以“A、B、C、D……”英文字母从左至右依次为各列命名，以“1、2、3、4……”阿拉伯数字从上至下依次为各行命名。因此，单元格的名称是由行标识和列标识组成的。例如，第 3 行第 3 列的单元格名称是“C3”（注意：先写列标识，再写行标识）。

（3）对表格中的数据进行排序。

① 选中整个表格，然后单击“布局”选项卡中“数据”组中的“排序”按钮，打开图 2.35 所示的“排序”对话框。

② 在“主要关键字”下拉列表框中选择“总分”，则“类型”自动变为“数字”，再选中“降序”单选按钮。

③ 使用同样的方式设置“次要关键字”为“选择题”，“第三关键字”为“Word”。排序方式均为“降序”。

④ 在对话框底部选中“有标题行”单选按钮，则标题行不参与排序。

⑤ 单击“确定”按钮，完成排序。

（4）添加、删除列。

① 将光标定位于表格最后一列，切换到“布局”选项卡，在“行和列”组中单击“在右侧插入”按钮，即可插入新列，然后输入列标题“总成绩”。

② 选中“总分”列的 6 行数据，按【Ctrl+C】组合键，复制数据。然后选中“总成绩”列的第 2～7 行。单击“开始”选项卡中“剪贴板”组中的“粘贴”按钮下方的下拉按钮，在下拉列表中选择“选择性粘贴”命令，打开图 2.36 所示的“选择性粘贴”对话框。选择其中的“无格式文本”项，单击“确定”按钮，即可将原来由公式得到的数据以“不带任何格式的文本”的形式复制到当前位置。

图 2.35 “排序”对话框

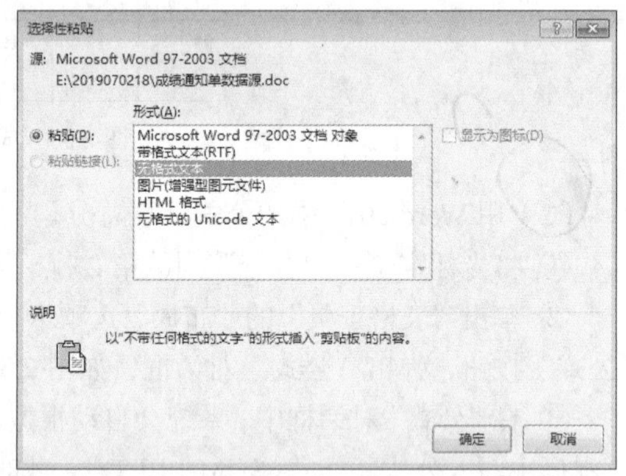

图 2.36 “选择性粘贴”对话框

③ 用格式刷将其他列的文本的格式应用于“总成绩”列。

④ 将光标定位于“总分”列，右击，在弹出的快捷菜单中选择“删除单元格”命令，在弹出的图 2.37 所示的“删除单元格”对话框中选中“删除整列”单选按钮，单击“确定”按钮即可删除“总分”列。

（5）调整表格的行高和列宽。

① 选中整个表格，打开“表格工具”的“布局”选项卡，在“单元格大小”组的“高度”编辑框中输入“0.7 厘米”，或单击编辑框内的微调按钮将其调整为需要的高度，如图 2.38 所示。

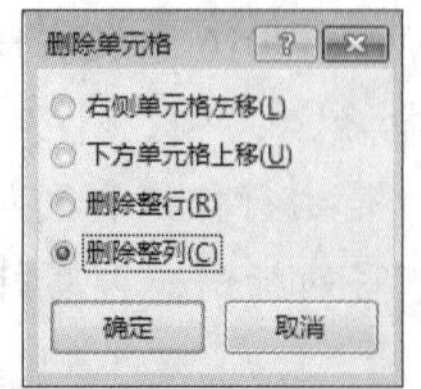

图 2.37 “删除单元格”对话框

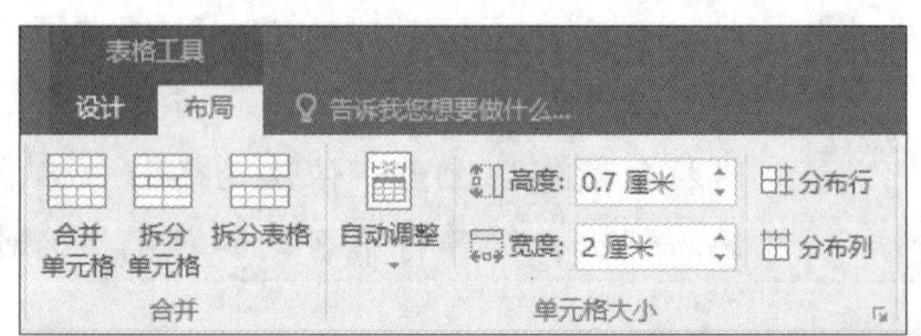

图 2.38 “布局”选项卡中的“单元格大小”组

② 在“单元格大小”组中的“宽度”编辑框中输入“2 厘米”，或单击编辑框内的微调按钮

将其调整为需要的宽度，如图 2.38 所示。

③ 保存并关闭“成绩通知单数据源.docx”文档。

3. 邮件合并（即生成全部成绩通知单）

（1）打开“成绩通知单主文档.docx”。

（2）切换到“邮件”选项卡，在“开始邮件合并”组中单击“开始邮件合并”按钮，在下拉列表中选择“邮件合并分步向导”选项，弹出“邮件合并”窗格，如图 2.39 所示。

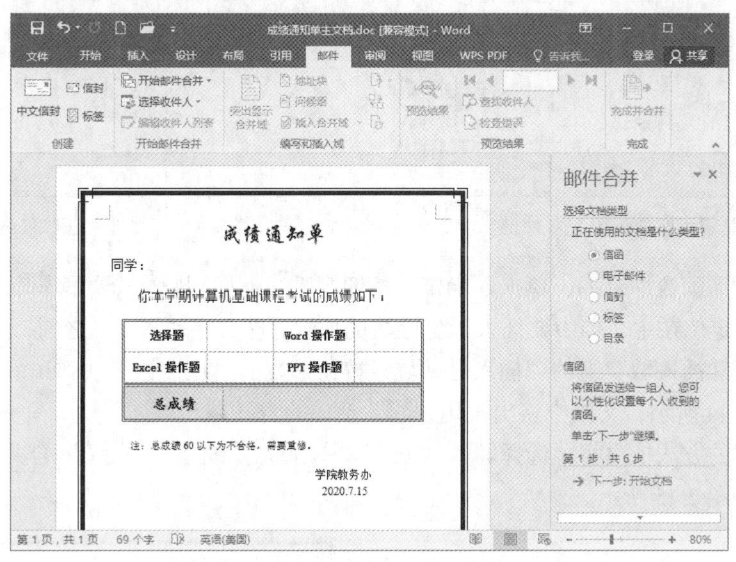

图 2.39 “邮件合并”窗格

（3）在“选择文档类型”选项区域中选中“信函”单选按钮，然后单击“下一步：开始文档”按钮，进入“邮件合并”第 2 步，如图 2.40 所示。

（4）在“选择开始文档”选项区域中选中“使用当前文档”单选按钮，然后单击“下一步：选取收件人”按钮，进入“邮件合并”第 3 步，如图 2.41 所示。

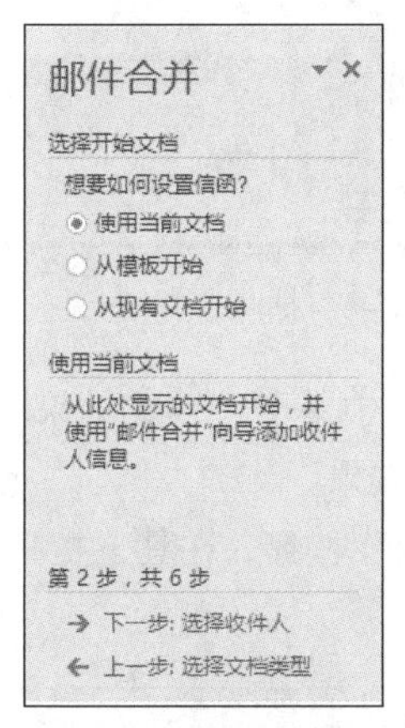

图 2.40 “邮件合并”第 2 步

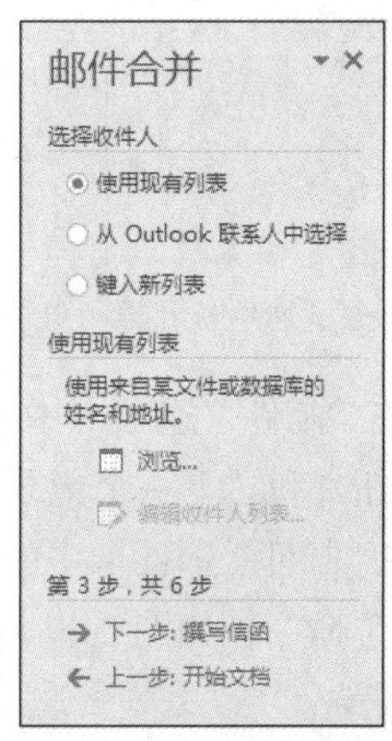

图 2.41 “邮件合并”第 3 步

（5）在“使用现有列表”选项区域中单击“浏览”超链接按钮，打开“选取数据源”对话框，如图 2.42 所示。

（6）在对话框中找到刚刚建立的文档“成绩通知单数据源.docx”，选中该文档并单击“打开”

按钮，弹出“邮件合并收件人”对话框，如图 2.43 所示。

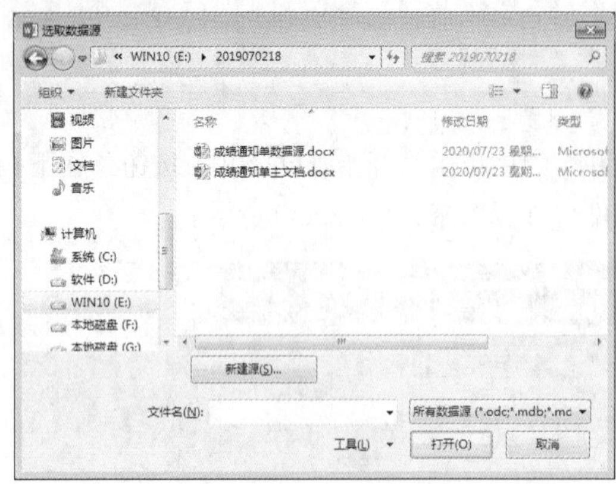

图 2.42 “选取数据源”对话框

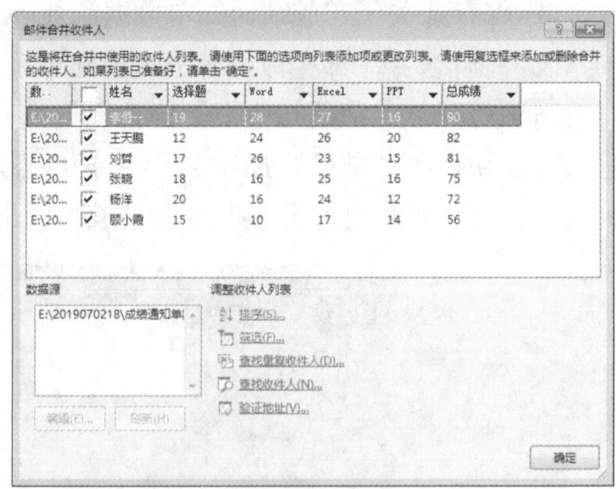

图 2.43 “邮件合并收件人”对话框

（7）选取所需的数据范围，单击“确定”按钮，系统返回到邮件合并编辑状态。

（8）将光标定位在主文档中要插入学生姓名的位置，即文字“同学”之前，然后单击“邮件”选项卡的“编写和插入域”组的“插入合并域”按钮下方的下拉按钮，在弹出的下拉列表中选择“姓名”，如图 2.44 所示，文档中将出现用“《 》”括住的合并域。

（9）用同样的方法依次将“选择题”“Word”“Excel”“PPT”“总成绩”合并域插入主文档中相应的位置，如图 2.45 所示。

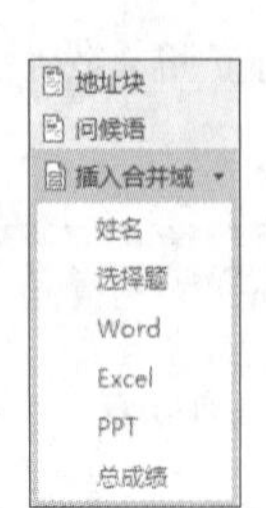

图 2.44 “插入合并域”下拉列表

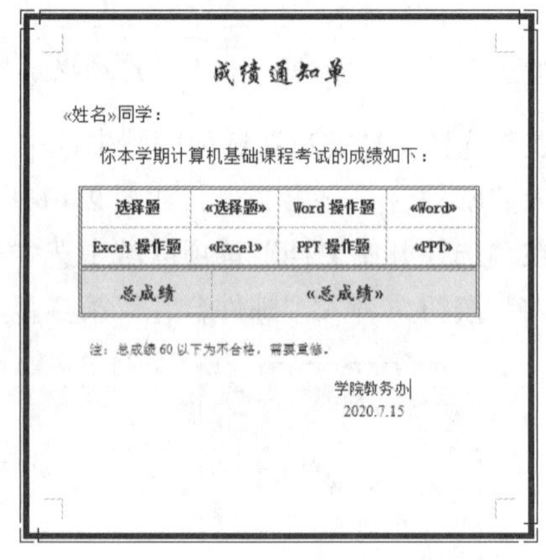

成绩通知单

«姓名»同学：

你本学期计算机基础课程考试的成绩如下：

选择题	«选择题»	Word 操作题	«Word»
Excel 操作题	«Excel»	PPT 操作题	«PPT»
总成绩	«总成绩»		

注：总成绩 60 以下为不合格，需要重修。

学院教务办

2020.7.15

图 2.45 插入合并域

（10）在“邮件”选项卡中的“预览结果”组（见图 2.46）中单击“预览结果”按钮、“上一个记录”按钮◀和“下一个记录”按钮▶，可以查看合并后的效果。

（11）在“邮件”选项卡中的“完成”组中单击“完成并合并”按钮，在其下拉列表中选择“编辑单个文档”命令，如图 2.47 所示。

图 2.46 “预览结果”组

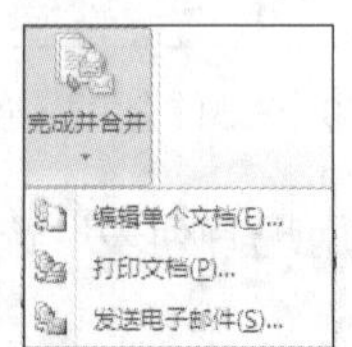

图 2.47 “完成并合并”下拉列表

（12）在弹出的“合并到新文档”对话框中选中“合并记录”选项区域中的“全部”单选按钮，如图 2.48 所示，然后单击“确定”按钮，Word 2016 会将合并结果保存到一个新文档“信函 1”中。请将新文档保存在以自己的学号命名的文件夹中，并取名为“成绩通知单”。至此，邮件合并完成。

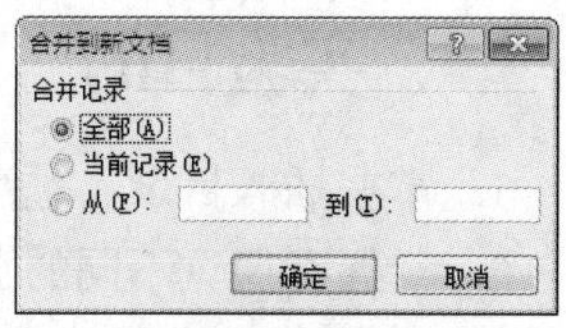

图 2.48 “合并到新文档”对话框

（13）关闭“成绩通知单主文档.docx”。

思考与练习

1. 简述邮件合并的步骤。
2. 表格的对齐方式和表格内文字的对齐方式有何区别？分别如何设置？
3. 设置表格的行高和列宽的方法有哪几种？
4. 如何绘制无框线的表格？
5. 绘制图 2.49 所示的表格，要求：外侧框线为红色、3 磅、粗实线，内部框线为蓝色、1.5 磅、细实线。

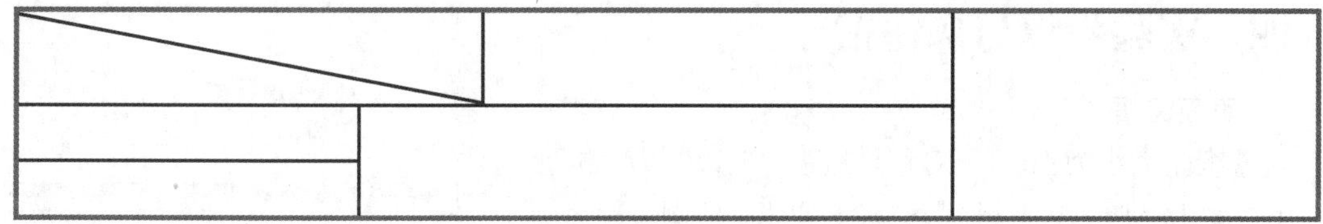

图 2.49 样表

2.3 Word 2016 的长文档操作

按要求完成长文档排版操作，排版后的参考效果如图 2.50 所示。

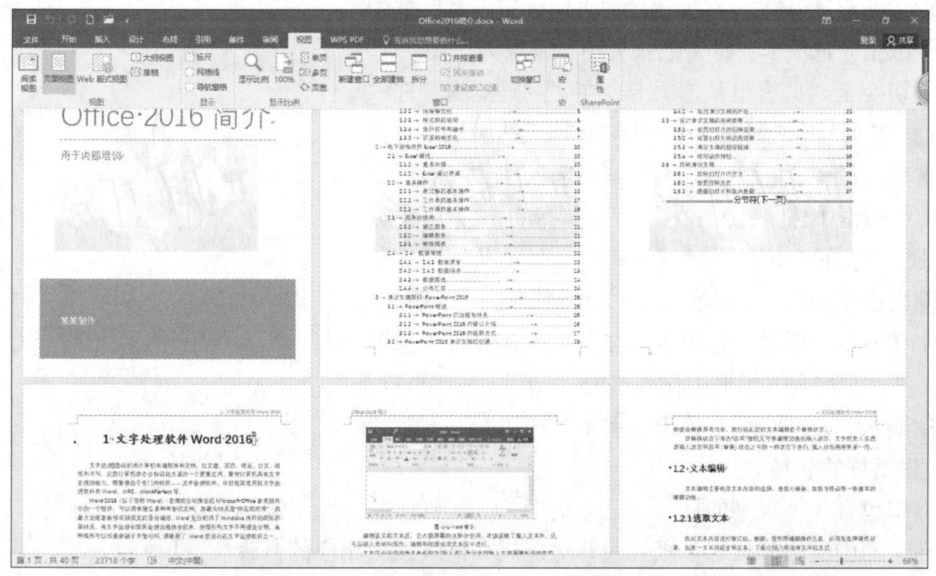

图 2.50 排版后的“Office 2016 简介.docx”参考样文

一、实验目的

1. 掌握插入目录、题注的方法。
2. 掌握奇偶页不同的页眉的设置方法。
3. 掌握使用样式的方法。
4. 掌握分节的方法。

二、实验准备

在 E 盘根目录下创建一个以自己的学号命名的文件夹，如 2019070218。将\实验素材\Word 2016 的长文档操作\文件夹中的文档“Office 2016 简介.docx”及图片文件“Tulips.jpg”复制到以自己的学号命名的文件夹中。

三、实验要求

某出版社的编辑小刘有一篇未排版的书稿“Office 2016 简介.docx”，打开该文档，按要求帮助小刘在书稿中完成插入封面、目录、题注等长文档排版操作。

四、实验步骤与操作指导

1. 页面设置

设置纸张大小为 16 开，对称页边距，上边距为 2.5 厘米、下边距为 2 厘米，内侧边距为 2.5 厘米、外侧边距为 2 厘米，装订线为 1 厘米，页眉距边界 1.5 厘米，页脚距边界 1.0 厘米。

（1）打开以自己学号为名的文件夹中的文档“Office 2016 简介.docx”。

（2）根据要求，单击“布局”选项卡中的“页面设置”组中的对话框启动器，在弹出的“页面设置”对话框中切换至“纸张”选项卡，将“纸张大小”设置为“16 开”。

（3）切换至“页边距”选项卡，在“页码范围”选项区域中的“多页”下拉列表框中选择“对称页边距”。在“页边距”选项区域中，在“上”编辑框中输入“2.5 厘米”、在“下”编辑框中输入“2 厘米”、在“内侧”编辑框中输入“2.5 厘米”、在“外侧”编辑框中输入“2 厘米”、在“装订线”编辑框中输入“1 厘米”。相关设置如图 2.51 所示。

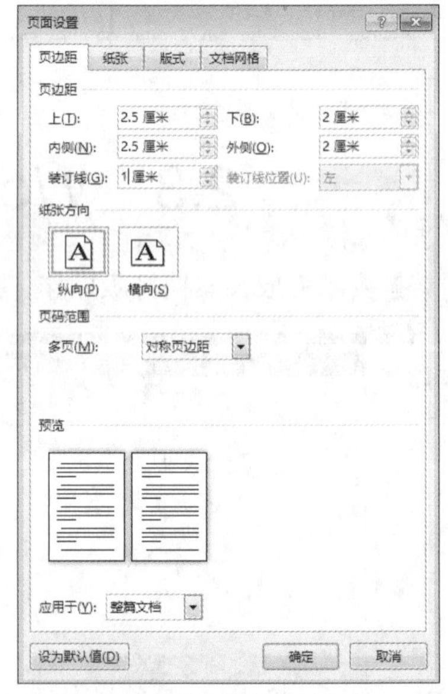

图 2.51 “页面设置”对话框中的“页边距”选项卡

（4）切换至“版式”选项卡，在“页眉和页脚”选项区域中，在“页眉”编辑框中输入“1.5 厘米”、在“页脚”编辑框中输入“1.0 厘米”。单击“确定”按钮。

2. 设置样式和格式

书稿中包含 3 个级别的标题，已分别用“（一级标题）”“（二级标题）”“（三级标题）”的字样标出。在文档中应用样式、多级列表并对样式和格式做出相应的修改。

（1）选中文中带有“（一级标题）”字样的整段文字，如第 1 段文字“文字处理软件 Word

2016（一级标题）”，然后选择“开始”选项卡下“样式”组中的“标题 1”样式，即可将该段文字的样式设置为“标题 1”样式。

（2）由于文档较长，带有“（一级标题）”“（二级标题）”“（三级标题）”字样的段落比较多，下面用“查找和替换”功能来完成样式的设置。

设置样式和格式

① 单击“开始”选项卡下“编辑”组中的“替换”按钮，弹出“查找和替换”对话框，在“查找内容”编辑框中输入“（一级标题）”，在“替换为”编辑框中不输入内容，但将光标放在该编辑框中。单击“更多”按钮，然后单击“替换”选项区域中的“格式”按钮，在下拉列表中选择“样式”命令，如图 2.52 所示。

② 在弹出的“替换样式”对话框中的“用样式替换”列表框中选择“标题 1”项，如图 2.53 所示。单击“确定”按钮。最后再单击“全部替换”按钮。

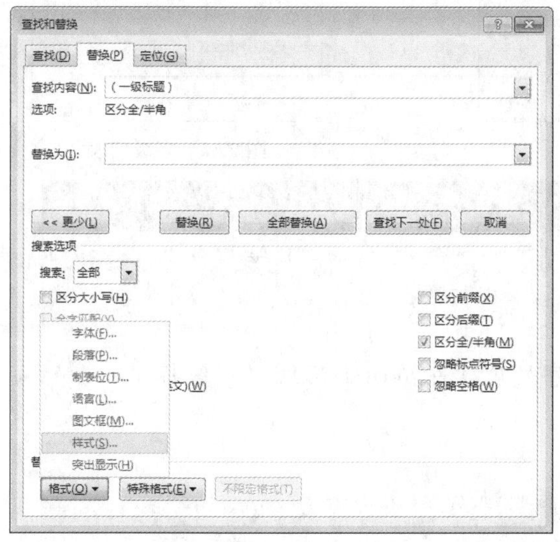

图 2.52 “查找和替换”对话框中的“替换”选项卡

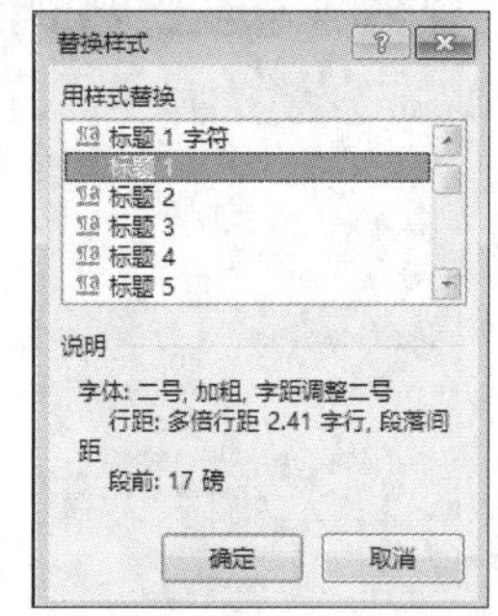

图 2.53 “替换样式”对话框

③ 使用同样的方式分别为“（二级标题）”和“（三级标题）”字样所在的整段文字应用“标题 2”样式和“标题 3”样式。

（3）修改“标题 1”样式的格式。将光标放于全文第 1 行文字“文字处理软件 Word 2016（一级标题）”中间，右键单击“开始”选项卡的“样式”组中的“标题 1”，在弹出的快捷菜单中选择“修改”命令，弹出图 2.54 所示的“修改样式”对话框。在其中设置字体为华文楷体、二号，段落为居中对齐，单击“确定”按钮。

（4）为书稿添加多级列表。单击“开始”选项卡下“段落”组中的“多级列表”按钮，在下拉列表中选择图 2.55 所示的多级列表。

（5）选中“视图”选项卡下“显示”组中的“导航窗格”复选框，即可看见文档中的各级标题出现在导航窗格中，如图 2.56 所示。

（6）为书稿正文的所有段落设置“首行缩进”格式。选中正文第 1 段文字，即标题“1 文字处理软件 Word 2016（一级标题）”下面的第 1 段文字。切换到“开始”选项卡，单击“编辑”组中的“选择”下拉按钮，在弹出的下拉列表中选择“选定所有格式类似的文本”，然后单击“段落”组右下角的对话框启动器，在弹出的“段落”对话框中设置段落格式为“首行缩进”，“缩进值”

为“2 字符”，即可将书稿中所有的正文段落均设置为首行缩进 2 个字符。

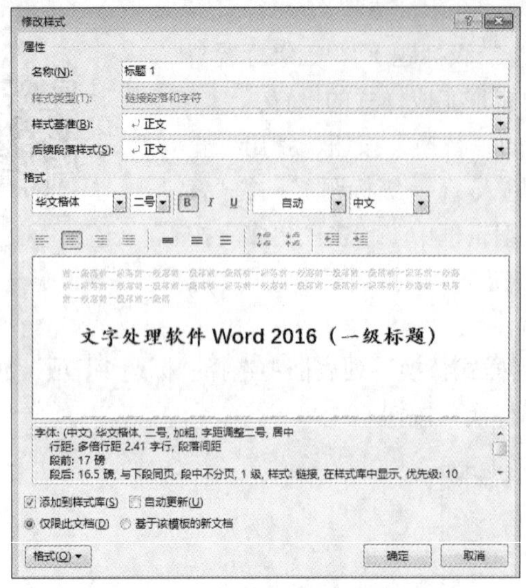

图 2.54 “修改样式”对话框

图 2.55 多级列表

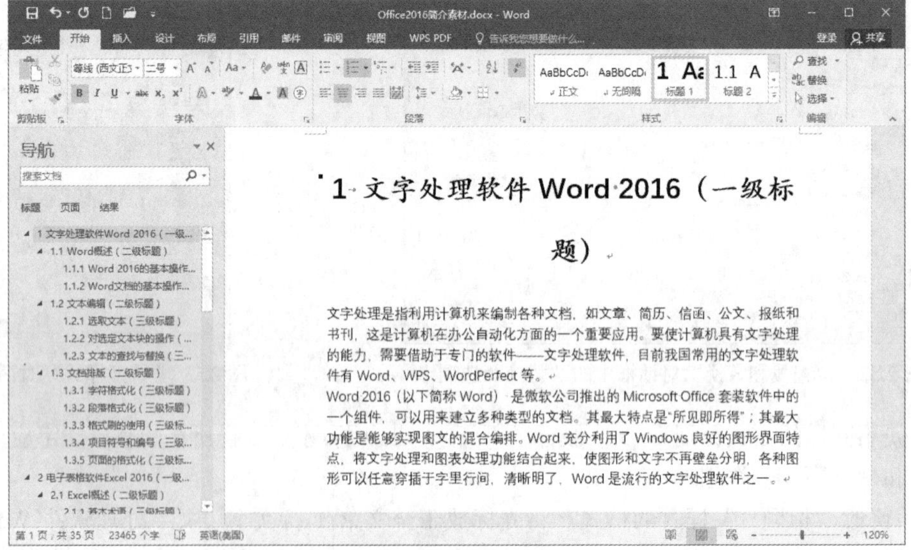

图 2.56 导航窗格

（7）单击窗口左上角的保存按钮，保存所做的设置。

3. 用“查找和替换”功能删除文字

样式设置完毕后，将书稿中各级标题后面的括号及括号中的提示文字——“(一级标题)”“(一级标题)”“(三级标题)”全部删除。

（1）单击“开始”选项卡下“编辑”组中的“替换”按钮，弹出“查找和替换”对话框。在“查找内容”编辑框中输入“(一级标题)”，在“替换为”编辑框中不输入内容，如果有格式，则单击“不限定格式”按钮，然后单击“全部替换”按钮。

（2）使用上述操作方法删除“(二级标题)”和“(三级标题)”字样。

4. 表格设置

将书稿中的部分文字转成表格，并设置表格的格式。

（1）在导航窗格的搜索框中输入“算术运算符”，找到“2.2.1 单元格基本操作 3.公式中的‘算术运算符’”。选中图 2.57 所示的 4 行文字。

算术运算符	含义（示例）	算术运算符	含义（示例）
+	加法运算（3+3）	–	负（–1）
–	减法运算（3–1）	^	乘幂运算（3^2）
*	乘法运算（3*3）	/	除法运算（3/3）

图 2.57 用于转成表格的文字

（2）单击“插入”选项卡的“表格”组中的“表格”按钮，在下拉列表中选择“文本转换成表格”命令，弹出“将文字转换成表格”对话框，系统将根据文字格式自动识别行数及列数，单击“确定”按钮即可将文字转换成一个 4 行 4 列的表格。

（3）选中表格，单击鼠标右键，在弹出的快捷菜单中选择“表格属性”命令，弹出“表格属性”对话框。在“表格”选项卡中选中“指定宽度”复选框并设置宽度值为“13.5 厘米”，对齐方式为“居中”，如图 2.58 所示。

（4）单击“表格属性”对话框右下角的“边框和底纹”按钮，弹出“边框和底纹”对话框。在对话框的“预览”选项区域中，单击表格示意图的左框线和右框线，如图 2.59 所示，单击“确定”按钮即可去掉表格的左右框线。

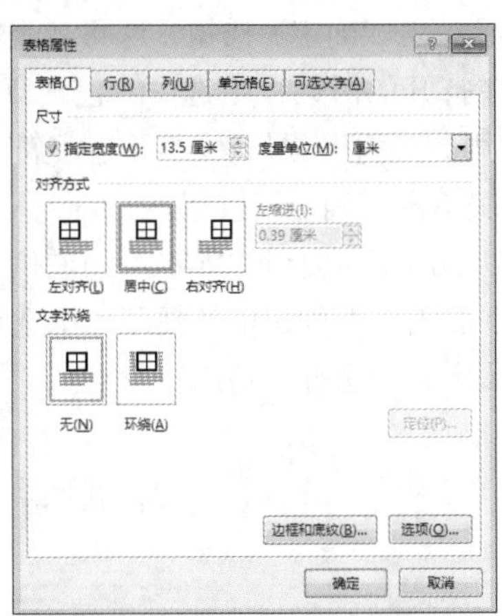

图 2.58 “表格属性”对话框中的“表格”选项卡

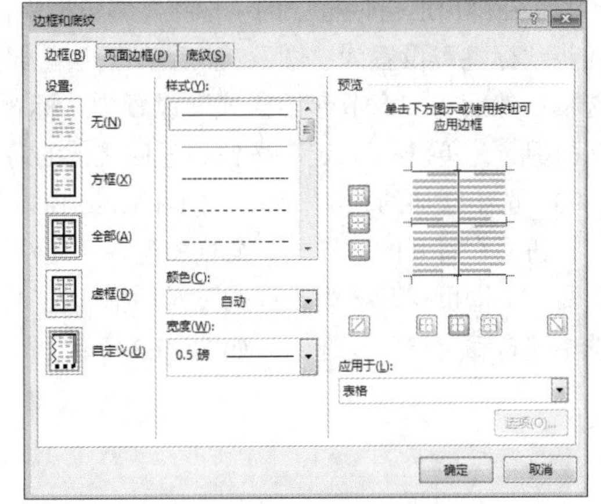

图 2.59 “边框和底纹”对话框

（5）在“表格属性”对话框中，打开“行”选项卡。在“选项”区域中取消选中“允许跨页断行”复选框，然后选中“在各页顶端以标题行形式重复出现”复选框，如图 2.60 所示，这样表格就不会跨页。

（6）重复第（5）步，将后面的连续 4 张表格也设置为不可跨页。

（7）选中最后一张表格，即“常用函数”。在“表格工具”的“设计”选项卡中的“表格样式”组中为表格套用一个样式。

（8）将光标定位在表格中，单击“表格工具”的“布局”选项卡下“表”组中的“属性”按钮，

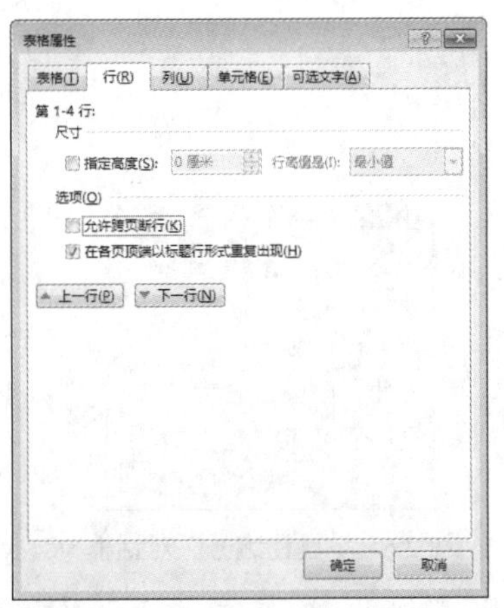

图 2.60 “表格属性”对话框中的“行”选项卡

在弹出的“表格属性”对话框中选中“行”选项卡中的“允许跨页断行”复选框，取消选中“在各页顶端以标题行形式重复出现”复选框，单击“确定”按钮。

（9）选中该表格的标题行，单击“表格工具”的“布局”选项卡下“数据”组中的“重复标题行”按钮，这样表格即使在不同页也能显示标题行。

（10）单击“保存”按钮，保存所做的设置。

若要将表格转换为文本，可以选定表格，打开“表格工具”的“布局”选项卡，再单击“数据”组中的“转换为文本”按钮。

5. 插入题注

书稿中有若干图片和表格，分别在图片下方和表格上方的说明文字左侧添加如“图 1-1”“图 2-1”“表 1-1”“表 2-1”的题注，其中连字符“-”前面的数字代表章号，“-”后面的数字代表图或表的序号，各章节的图和表分别连续编号。添加完毕后，将“题注”样式的格式修改为仿宋、小五号、居中。

（1）将光标定位于文档第 2 页第 1 张图片下方的说明文字的左侧，单击“引用”选项卡下“题注”组中的“插入题注”按钮，在打开的对话框中单击“新建标签”按钮。

（2）在弹出的对话框中的“标签”编辑框中输入“图”，单击“确定”按钮，返回之前的对话框。将“标签”设置为“图”，然后单击“编号”按钮，在打开的对话框中选中“包含章节号”复选框，然后将“章节起始样式”设置为“标题 1”，“使用分隔符”设置为“-（连字符）”，如图 2.61 所示。单击“确定”按钮，返回之前的对话框后再次单击“确定”按钮。

（3）选中添加的题注，即“图 1-1 Word 窗口”，单击“开始”选项卡下“样式”组右侧的“其他”按钮，在打开的“样式”窗格中选择“题注”样式，并右击，在弹出的快捷菜单中选择“修改”命令，即可打开“修改样式”对话框。在“格式”选项区域中选择“仿宋”“小五”“居中”，并选中“自动更新”复选框，如图 2.62 所示。

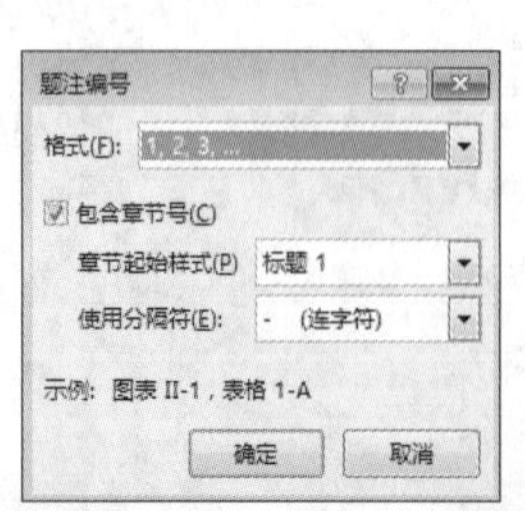

图 2.61 “题注编号”对话框

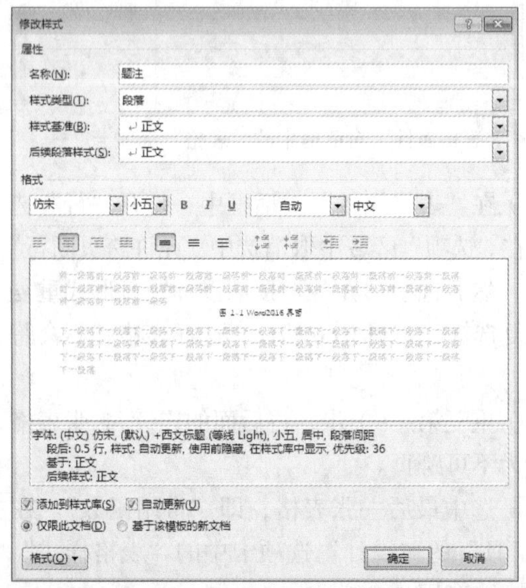

图 2.62 “修改样式”对话框

（4）将光标定位于下一张图片下方的说明文字的左侧，可以直接在“引用”选项卡下“题注”

组中单击“插入题注”按钮，在打开的对话框中，单击“确定”按钮即可插入题注。使用此方法依次为书稿中的全部图片插入题注。

（5）使用同样的方法在表格上方的说明文字的左侧插入题注，并设置题注格式（书稿中的 6 张表格在“2.2.1 单元格基本操作”节）。

6. 自动引用题注

为书稿中的“如图所示”“如表所示”等文字设置自动引用题注号。

（1）将光标移动到文档第 1 行，在导航窗格的“查找”编辑框中输入文字“如图”，选中书稿中的文字“图”，单击“引用”选项卡下“题注”组中的“交叉引用”按钮。

（2）在弹出的“交叉引用”对话框中，将“引用类型”设置为“图”，“引用内容”设置为“只有标签和编号”，在“引用哪一个题注”列表框中选择“图 1-1Word 窗口”项，如图 2.63 所示。单击“插入”按钮。

（3）单击导航窗格的“查找”编辑框下方的向下箭头，继续查找文字“如图”，并设置自动引用题注号。使用此方法依次完成全部图片的交叉引用，最后关闭该对话框。

（4）使用同样的方法为所有“如表所示”文字设置自动引用题注号。

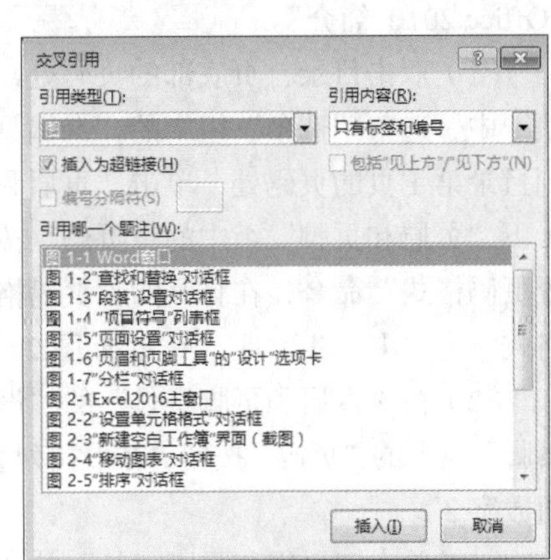

图 2.63 “交叉引用”对话框

（5）单击“保存”按钮。

7. 插入目录

在书稿的前面插入目录，要求目录包含第1 ~ 3级标题及对应页号。目录和书稿的每一章均为独立的一节。

（1）将光标定位于第1页一级标题的左侧，单击“布局”选项卡下“页面设置”组中的“分隔符”按钮，在下拉列表（见图2.64）中选择“下一页”，即可将目录与正文分成不同的两节。

（2）将光标定位于新页（即首页）中，单击“引用”选项卡下“目录”组中的“目录”按钮，在下拉列表中选择“自动目录1”，如图2.65所示，则Word 2016将为书稿添加包含章节名称和页码的自动目录。

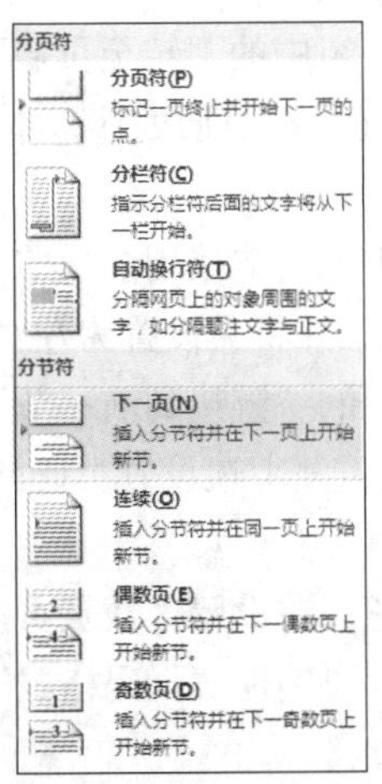

图 2.64 “分隔符”下拉列表

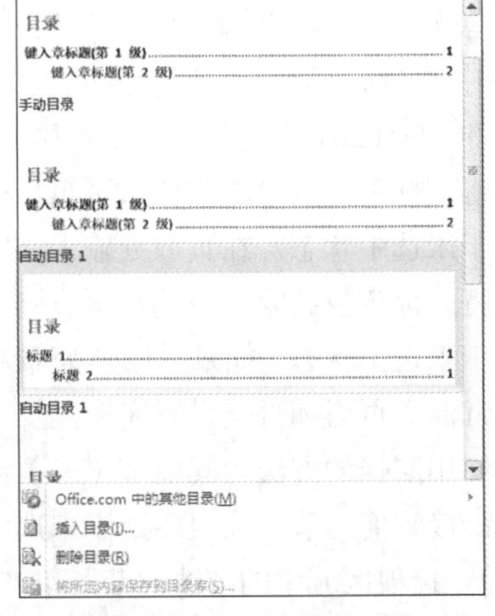

图 2.65 “目录”下拉列表

（3）单击“保存”按钮。

（4）使用第（1）步的方法为其他章节分节，使每一章均为独立的一节。

8. 设置页码和页眉

设置页码和页眉

目录与书稿的页码分别独立编排，目录页码使用大写罗马数字（Ⅰ、Ⅱ、Ⅲ……），书稿页码使用阿拉伯数字（1、2、3……），且各章节间连续编码。要求奇数页页码显示在页脚右侧，偶数页页码显示在页脚左侧。奇数页页眉显示在页眉右侧，内容为本章标题；偶数页页眉显示在页眉左侧，内容为“Office 2016 简介”。

（1）双击目录首页底部的页码处，在“页眉和页脚工具”的“设计”选项卡中，选中“选项”组中的“奇偶页不同”复选框。将光标定位到目录第 1 页的页码处，单击“页眉和页脚工具”的“设计”选项卡下“页眉和页脚”组中的“页码”按钮，在下拉列表中选择“设置页码格式”命令，在打开的“页码格式”对话框中，设置“编号格式”为“Ⅰ，Ⅱ，Ⅲ，…”，如图 2.66 所示。单击“确定”按钮。

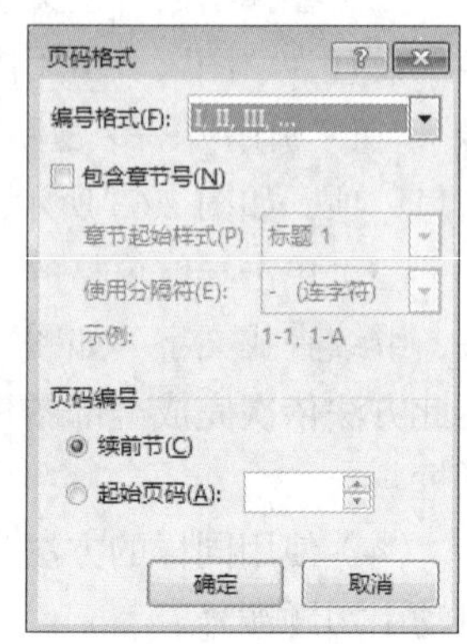

图 2.66 “页码格式”对话框

（2）在“页眉和页脚工具”的“设计”选项卡下单击“页眉和页脚”组中的“页码”按钮，在下拉列表中选择“页面底端”→“普通数字 3”。

（3）单击“页眉和页脚工具”的“设计”选项卡下“导航”组中的“转至页眉”按钮，在页眉处输入文字“目录”，然后单击“开始”选项卡“段落”组中的“居中”按钮。

（4）将光标定位到目录第 2 页的页眉处，输入文字“目录”，然后切换到该页的页脚处，并打开“页眉和页脚工具”的“设计”选项卡。单击“页眉和页脚”组中的“页码”按钮，在下拉列表中选择“页面底端”→“普通数字 1”。至此，目录部分的页眉和页码的设置就完成了。

（5）单击“页眉和页脚工具”的“设计”选项卡下“导航”组中的“下一节”按钮，将光标定位到第 2 节（即第 1 章）的奇数页页脚处。单击“导航”组中的“链接到前一节”按钮，确保该按钮处于未选中状态。单击“页眉和页脚”组中的“页码”下拉按钮，在下拉列表中选择“设置页码格式”。在打开的对话框中设置“编号格式”为“1，2，3，…”，选中“页码编号”选项区域中的“起始页码”单选按钮并输入数字“1”。单击“确定”按钮。

（6）单击“页眉和页脚工具”的“设计”选项卡下“导航”组中的“转至页眉”按钮，单击“导航”组中的“链接到前一节”按钮，确保该按钮处于未选中状态。在页眉处输入本章标题“1 文字处理软件 Word 2016”，并将其设置为右对齐。

（7）将光标定位到第 2 节偶数页页眉处，单击“导航”组中的“链接到前一节”按钮，确保该按钮处于未选中状态。在页眉处输入文字“Office 2016 简介”，并将其设置为左对齐。

（8）将光标定位到第 2 节偶数页页脚处，单击“导航”组中的“链接到前一节”按钮，确保该按钮处于未选中状态。如果页码不为靠左对齐的数字“2”，则重复上述设置页码的步骤。至此，第 2 节的奇偶页页眉和页码设置完毕。

（9）使用同样的方法为其他节（章）设置页眉及页码。注意，在设置奇数页页眉时，“导航”组中的“链接到前一节”按钮要处于未选中状态。设置页码时，要确保“页码格式”对话框中的“页码编号”选项区域中的“续前节”单选按钮处于选中状态。

（10）设置完成后，单击“关闭页眉和页脚”按钮，然后保存文档。

9. 更新目录

（1）将光标定位到目录页，切换到“引用”选项卡，单击“目录”组中的“更新目录”按钮，打开图 2.67 所示的“更新目录”对话框。选中“只更新页码”单选按钮，然后单击“确定”按钮，则目录的页码将自动更新。

（2）将文档第 1 页的文字“目录”设为居中对齐。

（3）在目录区域中，将光标定位在任意标题处，在按住【Ctrl】键的同时单击，即可将标题链接到其所对应的正文部分。

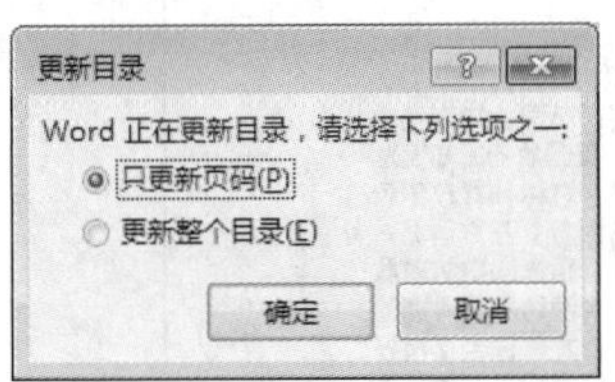

图 2.67 “更新目录”对话框

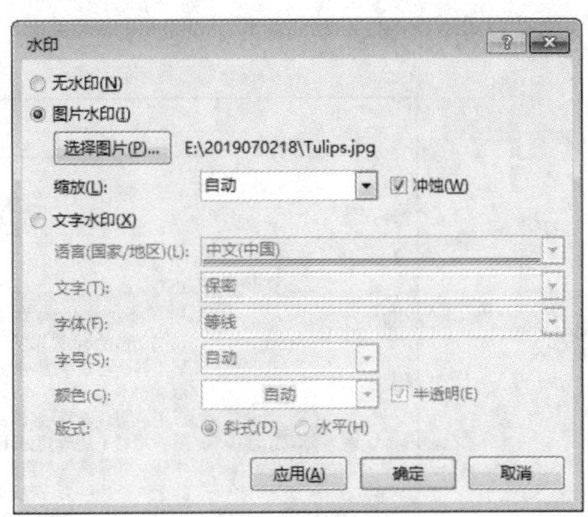

图 2.68 “水印”对话框

10. 设置水印

将以自己学号为名的文件夹下的图片“Tulips.jpg”设置为本文档的水印，并将水印置于页面的中间位置，同时，为图片增加“冲蚀”效果。

（1）将光标定位到文稿中，单击“设计”选项卡下“页面背景”组中的“水印”按钮，在下拉列表中选择“自定义水印”选项，打开“水印”对话框，如图 2.68 所示。

（2）在打开的“水印”对话框中选中“图片水印”单选按钮，然后单击“选择图片”按钮，在弹出的对话框中选择自己的文件夹中的图片“Tulips.jpg”，单击“插入”按钮。返回“水印”对话框，选中“冲蚀”复选框，单击“确定”按钮即可设置水印。

11. 插入封面

单击“插入”选项卡下“页面”组中的“封面”按钮，在弹出的下拉列表中选择一种封面，在“文档标题”处输入“Office 2016 简介”，在“文档副标题”处输入“用于内部培训”，并添加制作人的信息。单击“保存”按钮，保存所做的设置。

12. 生成 PDF 文档

打开“文件”选项卡，选择“导出”→“创建 PDF/XPS 文档”命令，单击“创建 PDF/XPS”按钮，将文档“Office 2016 简介.pdf”保存在以自己学号为名的文件夹中。

思考与练习

1. 为长文档的每一部分以及奇偶页设置不同的页眉时，应注意什么？
2. 简述在文档中插入目录的步骤。
3. 在一篇长文档中，如何在每一段的后面均插入一个空行？
4. 简述如何插入题注。

2.4 Word 2016 的综合练习

实验一 综合运用 Word 2016 编辑文本

建立图 2.69 所示的文档。

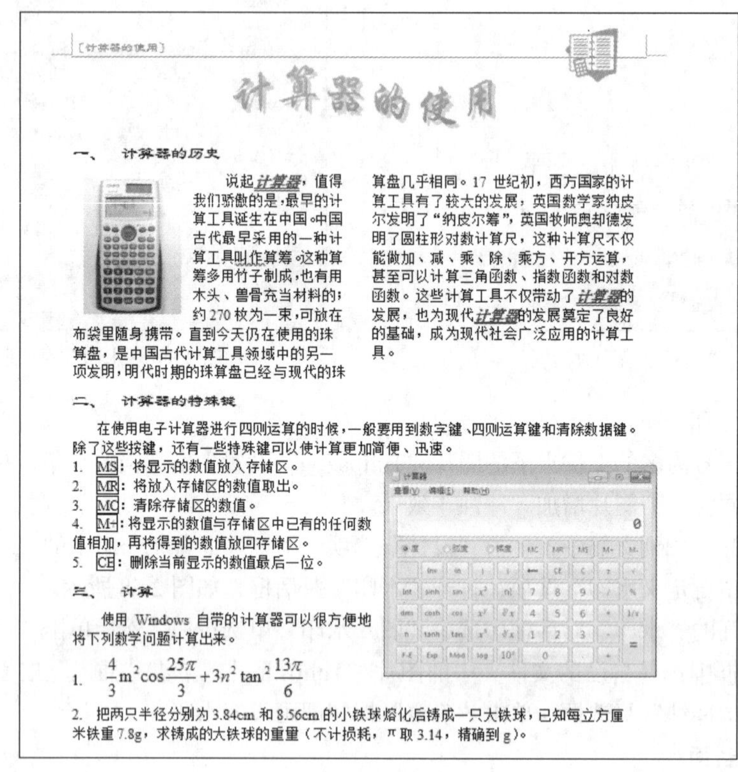

［计算器的使用］

计算器的使用

一、 计算器的历史

说起计算器，值得我们骄傲的是，最早的计算工具诞生在中国。中国古代最早采用的一种计算工具叫作算筹。这种算筹多用竹子制成，也有用木头、兽骨充当材料的；约 270 枚为一束，可放在布袋里随身携带。直到今天仍在使用的珠算盘，是中国古代计算工具领域中的另一项发明，明代时期的珠算盘已经与现代的珠算盘几乎相同。17 世纪初，西方国家的计算工具有了较大的发展，英国数学家纳皮尔发明了“纳皮尔筹”，英国牧师奥却德发明了圆柱形对数计算尺，这种计算尺不仅能做加、减、乘、除、乘方、开方运算，甚至可以计算三角函数、指数函数和对数函数。这些计算工具不仅带动了计算器的发展，也为现代计算器的发展奠定了良好的基础，成为现代社会广泛应用的计算工具。

二、 计算器的特殊键

在使用电子计算器进行四则运算的时候，一般要用到数字键、四则运算键和清除数据键。除了这些按键，还有一些特殊键可以使计算更加简便、迅速。

1. MS：将显示的数值放入存储区。
2. MR：将放入存储区的数值取出。
3. MC：清除存储区的数值。
4. M+：将显示的数值与存储区中已有的任何数值相加，再将得到的数值放回存储区。
5. CE：删除当前显示的数值最后一位。

三、 计算

使用 Windows 自带的计算器可以很方便地将下列数学问题计算出来。

1. $\frac{4}{3}m^2\cos\frac{25\pi}{3}+3n^2\tan^2\frac{13\pi}{6}$

2. 把两只半径分别为 3.84cm 和 8.56cm 的小铁球熔化后铸成一只大铁球，已知每立方厘米铁重 7.8g，求铸成的大铁球的重量（不计损耗，π 取 3.14，精确到 g）。

图 2.69 “计算器的使用.docx”样文

一、实验目的

1. 掌握文字录入的方法。
2. 掌握字体设置的方法。
3. 掌握段落设置的方法。
4. 掌握页面格式设置的方法。
5. 掌握插入图片的方法。

二、实验要求与步骤

1. 新建 Word 文档

新建一个 Word 文档，以“计算器的使用.docx”为文件名，并保存在自己的文件夹中。

2. 输入以下文字

说起计算器，值得我们骄傲的是，最早的计算工具诞生在中国。中国古代最早采用的一种计算工具叫作算筹。这种算筹多用竹子制成，也有用木头、兽骨充当材料的；约 270 枚为一束，可放在布袋里随身携带。直到今天仍在使用的珠算盘，是中国古代计算工具领域中的另一项发明，明代时期的珠算盘已经与现代的珠算盘几乎相同。17 世纪初，西方国家的计算工具有了较大的发展，英国数学家纳皮尔发明了“纳皮尔筹”，英国牧师奥却德发明了圆柱形对数计算尺，这种计算尺不仅能做加、减、乘、除、乘方、开方运算，甚至可以计算三角函数、指数函数和对数函数。这些计算工具不仅带动了计算器的发展，也为现代计算器的发展奠定了良好的基础，成为现代社会广泛应用的计算工具。

在使用电子计算器进行四则运算的时候，一般要用到数字键、四则运算键和清除数据键。除了这些按键，还有一些特殊键可以使计算更加简便、迅速。

MS：将显示的数值放入存储区。

MR：将放入存储区的数值取出。

MC：清除存储区的数值。

M+：将显示的数值与存储区中已有的任何数值相加，再将得到的数值放回存储区。

CE：删除当前显示的数值的最后一位。

使用 Windows 自带的计算器可以很方便地将下列数学问题计算出来。

3. 设置文档的编排格式

（1）为文档的 3 个部分分别加上标题：“计算器的历史”“计算器的特殊键”“计算”，并添加编号格式为“一、”“二、”“三、”……

（2）为“二、计算器的特殊键”中的 5 个特殊键添加字符边框，并设置编号格式为“1.”“2.”“3.”……

（3）将正文文字全部设置为宋体、小四号字，并设置每段首行缩进 2 个字符。同时，将标题文字设置为隶书、四号字。

（4）将正文第 1 段中所有的“计算器”设置为斜体、红色、加双下划线的形式。

4. 页面格式设置

（1）将正文第 1 段分成两栏。

（2）插入页眉，内容为“[计算器的使用]”，字体格式为隶书、五号字，且靠左对齐。在页眉的右边插入一张联机图片。

（3）将整篇文档的纸张大小设置为 A4，上、下、左、右页边距均设置为 2 厘米；页眉、页脚各距边界 1.5 厘米，页脚的内容为页码，且居中显示。

5. 插入设置

（1）为文档添加艺术字标题“计算器的使用”。

（2）在文档的左上角插入联机图片，图片内容为“计算器”。设置图片的版式为“四周型”。

（3）将“Windows 附件”中“计算器”的窗口截图复制到文档中。将图片的版式设置为“四周型”，并调整图片的大小及位置。

运行“Windows 附件”中的“计算器”程序，按【Alt+PrintScreen】组合键即可将当前窗口的截图复制到剪贴板上，然后在当前文档中按【Ctrl+V】组合键即可将剪贴板上的内容粘贴到当前文档中。

（4）在文档的最后插入图 2.69 所示的两道题目，并添加编号。

输入第 1 题中的数学公式时可按如下步骤操作。

① 单击“插入”选项卡，在“符号”组中单击“公式”按钮π右侧的下拉按钮，在弹出的下拉列表中选择“插入新公式”选项，当前选项卡将变成“公式工具”的“设计”选项卡，如图 2.70 所示。

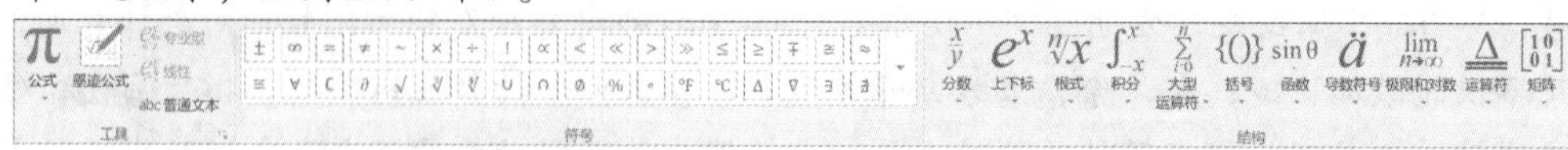

图 2.70 “公式工具”的“设计”选项卡

② 通过单击“结构”组中的“分数”“上下标”和“函数”等按钮来完成公式的输入。

6. 保存文档

单击“快速访问工具栏”中的“保存”按钮，保存所做的设置。

实验二　表格与邮件合并功能的综合运用

用邮件合并功能制作图 2.71 所示的准考证。

2020 年秋季全国计算机等级考试 准考证				
准考证号：	1200211	报考语种：	VB	贴照片
姓名：	张晓	性别：	女	
班级：	金融 1901	学号：	19010112	
注：考生必须带准考证、学生证或身份证，不得带计算器及寻呼机和手机等通信工具。				

2020 年秋季全国计算机等级考试 准考证				
准考证号：	1200212	报考语种：	VB	贴照片
姓名：	杨洋	性别：	女	
班级：	金融 1901	学号：	19010118	
注：考生必须带准考证、学生证或身份证，不得带计算器及寻呼机和手机等通信工具。				

图 2.71 “准考证.docx”样文

一、实验目的

1. 掌握表格的基本操作。
2. 掌握邮件合并的方法。

二、实验要求与步骤

1. 制作准考证主文档（见图 2.72）

2020 年秋季全国计算机等级考试 准考证				
准考证号：		报考语种：		贴照片
姓名：		性别：		
班级：		学号：		
注：考生必须带准考证、学生证或身份证，不得带计算器及寻呼机和手机等通信工具。				

图 2.72　准考证主文档

（1）采用自动建立表格的方式，首先建立一个 5 行 5 列的基本表格，再在基本表格的基础上，使用单元格拆分与合并的方法来得到“准考证”表格。

（2）表格的外侧框线为 3 磅、一粗二细的实线，图 2.72 所示“准考证”行的下框线为 1.5 磅、双实线，组成个人信息栏的 12 个单元格不合并，仅将边框设置为无框线即可。

（3）“2020 年秋季全国计算机等级考试”为宋体、小四号字，居中；“准考证”为华文行楷、三号字，居中。

（4）“准考证号”到“学号”内容为宋体、五号字，对齐方式为中部两端对齐。

（5）“注”一栏为宋体、小五号字，左对齐。

（6）列宽均为“2.5 厘米”，调整各行行高到适当的高度。

（7）以“准考证主文档.docx”为名保存该文档。

2. 制作数据源

（1）新建一个 Word 文档，建立图 2.73 所示的表格，并将其作为用于邮件合并的数据源。

（2）以“准考证数据源.docx”为名保存该文档。

姓名	性别	班级	学号	报考语种	准考证号
张晓	女	金融 1901	19010112	VB	1200211
杨洋	女	金融 1901	19010118	VB	1200212
顾小霞	女	经管 1901	19010322	VB	1200213
王天鹏	男	经管 1901	19010324	VB	1200214
刘哲	男	国贸 1901	19020202	C	1200215

图 2.73　准考证数据源

3. 邮件合并

（1）切换到“准考证主文档.docx”。单击“邮件”选项卡，在“开始邮件合并”组中单击“开始邮件合并”按钮，在下拉列表中选择“邮件合并分步向导”选项，弹出“邮件合并”窗格。按步骤进行邮件合并。

（2）将合并后的新文档保存为“准考证.docx”。

第 3 章 Excel 2016

3.1 Excel 2016 的基本操作

请按照要求，完成工作簿文件的建立和保存、基础数据的输入、数据格式的设置、公式的使用、图表的创建与编辑等操作。完成后的效果如图 3.1 所示。

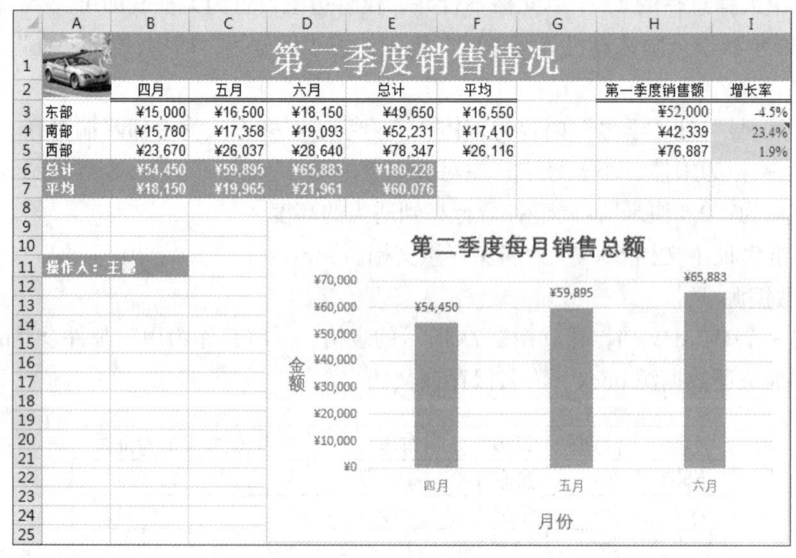

图 3.1 “第二季度最终统计”工作表样文

一、实验目的

1. 掌握启动和退出中文 Excel 2016 的方法。
2. 掌握建立、保存和关闭工作簿文件的方法。
3. 掌握工作表的常用操作。
4. 掌握单元格格式的设置方法。
5. 掌握条件格式的设置方法。
6. 掌握在工作表中插入图片的方法。
7. 掌握在工作表中输入与使用公式的方法。

8. 掌握根据一个数据系列创建图表的方法。

9. 掌握编辑和修改图表的方法。

二、实验准备

打开文件资源管理器，在E盘根目录下创建一个以你的学号命名的文件夹，如2019070218，并将\实验素材\Excel 2016的基本操作\文件夹中的图片“car.jpg”复制到该文件夹中。

三、实验要求

1. 建立工作簿“销售情况”，在其中的工作表“第二季度”中输入基础数据，并完成数据的编辑、计算与复制等基本操作。

2. 在工作簿“销售情况”中增加一张工作表“第二季度最终统计”，要求在工作表“第二季度”中已有数据的基础上，在新工作表中完成单元格的选取与格式设置、格式的复制、剪贴画的插入、图表的创建与编辑等操作。

四、实验步骤与操作指导

1. 启动Excel 2016

单击任务栏中的“开始”按钮，在弹出的“开始”菜单中选择“Excel 2016”命令，系统自动进入“新建”页面。然后选择右侧窗格中的“空白工作簿”，即可进入Excel 2016的工作界面。默认文件名为“工作簿1”，默认活动工作表为“Sheet1”，如图3.2所示。另外，注意观察Excel 2016的窗口，并熟悉窗口的组成。

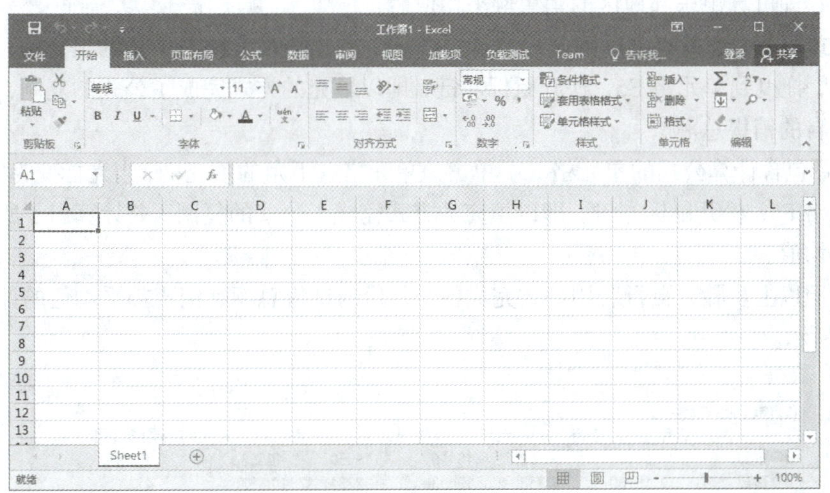

图3.2　Excel 2016的窗口

2. 重命名工作表

（1）双击“Sheet1”工作表标签，在功能区的“开始”选项卡的“单元格”组中单击“格式”按钮，在出现的下拉列表中选择“重命名工作表”；或在“Sheet1”工作表标签上右击，在快捷菜单中选择“重命名”命令，都可使得原工作表标签呈反白显示状态。

（2）输入新名称“第二季度”，按【Enter】键即可完成重命名。

3. 输入基础数据

输入图 3.3 所示的基础数据。

	A	B	C	D	E	F	G	H
1	第二季度销售情况							
2		四月	五月	六月	总计	平均	第一季度销售额	增长率
3	东部	15000	16500	18150			31000	
4	南部	15780	17358	19093			42339	
5	西部	23670	26037	28640			76887	
6	总计							
7	平均							

图 3.3　基础数据

4. 首次保存工作簿文件

（1）单击快速访问工具栏中的“保存”按钮或选择“文件”→“保存”，在展开的“另存为”列表中，选择“浏览”选项。在弹出的“另存为”对话框中，先确定文件的存储位置（本题要求保存在实验准备中创建好的位于 E 盘根目录下以你的学号命名的文件夹中），然后输入文件名称“销售情况”，最后单击“保存”按钮。

（2）选择“文件”→“选项”，弹出“Excel 选项”对话框，观察其中的内容，然后在“用户名”文本框内输入你的姓名，最后单击“确定”按钮。

5. 利用公式计算各地区的销售总额和销售额平均值

（1）双击单元格 E3，则单元格 E3 成为活动单元格，在其中输入公式“=B3+C3+D3”，按【Enter】键结束输入，即可算出东部地区的销售总额。

（2）双击单元格 F3，则单元格 F3 成为活动单元格，在其中输入公式“=E3/3”，按【Enter】键结束输入，即可算出东部地区的销售额平均值。

（3）公式填充。选择包含计算公式的单元格 E3，单击该单元格右下角的填充柄，当光标变为实心十字时，拖曳到单元格 E5，松开鼠标左键，即以填充的方式完成了公式的复制，并计算出了所有地区各自的销售总额。

（4）选择包含计算公式的单元格 F3，单击该单元格右下角的填充柄，当光标变为实心十字时，拖曳到单元格 F5，松开鼠标左键，即以填充的方式完成了公式的复制，并计算出了所有地区各自的销售额平均值。

（5）参照以上步骤，自行利用公式完成各个月份的销售总额和销售额平均值的计算，最终结果如图 3.4 所示。

	A	B	C	D	E	F	G	H
1	第二季度销售情况							
2		四月	五月	六月	总计	平均	第一季度销售额	增长率
3	东部	15000	16500	18150	49650	16550	31000	
4	南部	15780	17358	19093	52231	17410.333	42339	
5	西部	23670	26037	28640	78347	26115.667	76887	
6	总计	54450	59895	65883	180228			
7	平均	18150	19965	21961	60076			

图 3.4　最终结果

提示

- 公式以等号“=”开始，由常数、单元格、函数和运算符等组成，它将在工作表的其他单元格中的现有数据的基础上产生新的数据。
- 在单元格中输入公式后，其中显示的是公式的计算结果（除非公式出错），选中该单元格后，在编辑栏中可以看到输入的公式。
- 在复制包含相对引用的公式时，Excel 2016 将自动调整所复制的公式，以便引用与当前公式的位置相对应的其他单元格。

- 如果在复制公式时不希望 Excel 2016 调整所引用的单元格，那么请使用绝对引用。
- 如果创建了一个公式，并希望将相对引用更改为绝对引用（反之亦然），那么请先选定包含该公式的单元格，然后在编辑栏中选择要更改的引用并按【F4】键。每次按【F4】键时，Excel 2016 会在以下组合间切换：绝对列与绝对行（如$C$1）、相对列与绝对行（如 C$1）、绝对列与相对行（如$C1）以及相对列与相对行（如 C1）。例如，在公式中选择地址$A$1 并按【F4】键，该地址将变为“A$1”，再一次按【F4】键，该地址将变为$A1。

6. 进一步编辑与操作

（1）更改东部地区第一季度销售额。

① 单击单元格 G3。

② 删除该单元格中原来的值，再输入“52000”，按【Enter】键确认。

（2）在原 G 列的左边添加一个新列，使界面更美观。

① 单击列号“G”，则 G 列整列被选中。

② 在 G 列上右击，在弹出的快捷菜单中选择“插入”命令；或者在功能区的“开始”选项卡的“单元格”组中单击“插入”按钮下方的下拉按钮，在出现的下拉列表中选择“插入工作表列”，都可在“第一季度销售额”所在列的左边增加一个空列。

（3）计算第二季度销售额相对于第一季度销售额的增长率。

① 双击单元格 I3，则单元格 I3 成为活动单元格，在其中输入公式“=(E3−H3)/H3”，按【Enter】键结束输入，即可算出东部地区的增长率。

② 选择包含计算公式的单元格 I3，将该单元格右下角的填充柄拖曳到单元格 I5，松开鼠标左键，即以填充的方式完成了公式的复制，并计算出了所有地区各自的增长率。

（4）输入操作人的名字。

双击 Excel 2016 窗口中的单元格 A11，先输入“操作人:”，然后输入你的姓名。

7. 再次保存工作簿文件

单击快速访问工具栏中的“保存”按钮，或选择“文件”→“保存”，即可再次保存工作簿文件（文件名及保存位置均不变）。最后工作表“第二季度”中的内容如图 3.5 所示。

	A	B	C	D	E	F	G	H	I
1	第二季度销售情况								
2		四月	五月	六月	总计	平均		第一季度销售额	增长率
3	东部	15000	16500	18150	49650	16550		52000	-0.04519231
4	南部	15780	17358	19093	52231	17410.333		42339	0.233638017
5	西部	23670	26037	28640	78347	26115.667		76887	0.018988906
6	总计	54450	59895	65883	180228				
7	平均	18150	19965	21961	60076				
8									
9									
10									
11	操作人：王鹏								

图 3.5　工作表“第二季度”中的内容

8. 生成一张新工作表

（1）在 Excel 2016 窗口下方的“第二季度”工作表标签上右击，在快捷菜单中选择“移动或复制”命令，在出现的“移动或复制工作表”对话框中选中“建立副本”复选框，如图 3.6 所示，则该表将被复制到目标工作簿中（本处为同一工作簿）；如果未选中“建立副本”复选框，则仅将该表移动到目标工作簿中，同时，该表将从原工作簿中消失。

（2）单击“确定”按钮，则将为当前工作表建立一个副本，位置在工作表“第二季度”之前。新工作表默认名为“第二季度（2）”。

（3）在“第二季度（2）”工作表标签上双击；或在“第二季度（2）”工作表标签上右击，在弹出的快捷菜单中选择“重命名”命令，都可使该工作表标签呈反白显示状态。直接输入新的工作表名“第二季度最终统计”，按【Enter】键即可完成重命名。

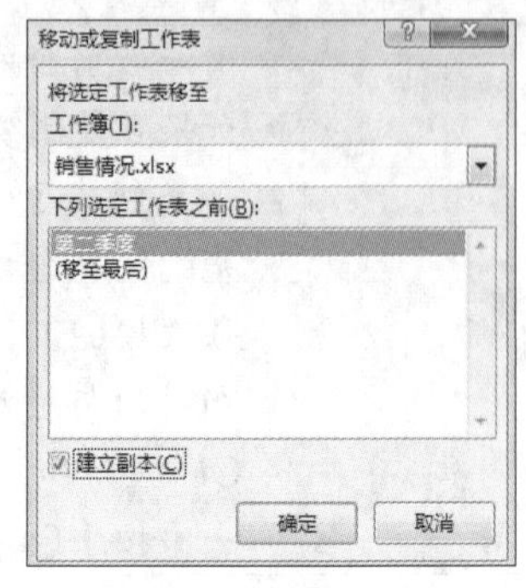

图 3.6 “移动或复制工作表”对话框

9. 将“增长率”所在列设为百分比格式，并保留 1 位小数

（1）在工作表“第二季度最终统计”中选取单元格区域 I3:I5。

（2）在功能区的“开始”选项卡中单击“数字”组右下角的对话框启动器，弹出“设置单元格格式”对话框。

（3）在“设置单元格格式”对话框中的“数字”选项卡中，在“分类”列表框中选择“百分比”，再在“小数位数”编辑框中将小数位数设置为“1”，如图 3.7 所示。最后单击“确定”按钮。

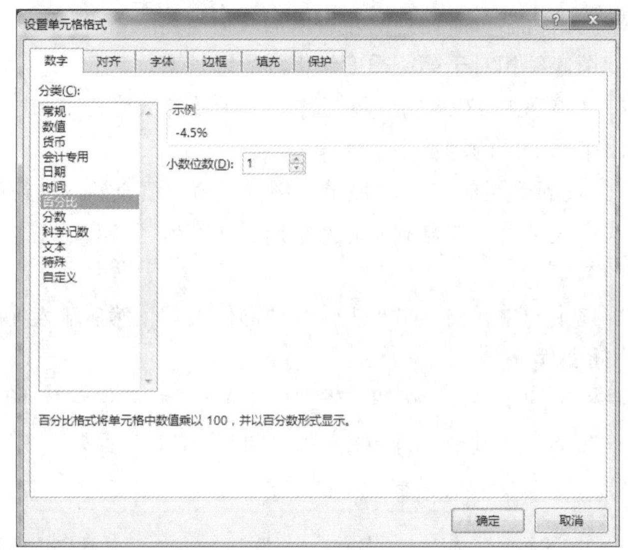

图 3.7 “设置单元格格式”对话框中的“数字”选项卡（设置百分比格式）

10. 将工作表中的销售额数据全部设为货币格式，且不保留小数

（1）在工作表“第二季度最终统计”中选取单元格区域 B3:H7。

（2）在功能区的“开始”选项卡中单击“数字”组右下角的对话框启动器，弹出“设置单元格格式”对话框。

（3）在“设置单元格格式”对话框中的“数字”选项卡中，在“分类”列表框中选择“货币”，再在“小数位数”编辑框中将小数位数设置为“0”，保持货币符号不变，如图 3.8 所示。最后单击“确定”按钮。

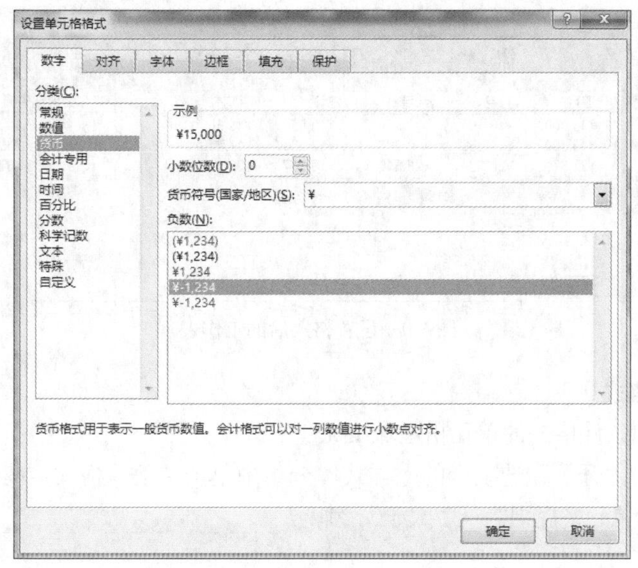

图 3.8 “设置单元格格式”对话框中的“数字”选项卡（设置货币格式）

11．设置单元格格式

（1）选取多个不连续的区域。单击单元格 A1，然后按住【Ctrl】键，选取单元格区域 A6:E7，继续按住【Ctrl】键，再选取单元格 A11。

（2）设置字体格式。在功能区的“开始”选项卡的“字体”组中单击“填充颜色”按钮右侧的下拉按钮，在出现的颜色面板中选择“浅蓝”。再单击“字体颜色”按钮右侧的下拉按钮，在出现的颜色面板中选择“白色，背景 1”。最后单击“加粗”按钮，即可将所选文字加粗。

（3）设置边框和文字对齐方式。选取单元格区域 B2:F2，然后按住【Ctrl】键，再选取单元格区域 H2:I2。在功能区的“开始”选项卡的“字体”组中单击“下框线”按钮右侧的下拉按钮，在出现的下拉列表中选择“双底框线”，然后在“对齐方式”组中单击“居中”按钮，即可使文字居中对齐。

（4）使多个单元格合并后居中（多用于标题）。选取单元格区域 A1:I1，然后在功能区的“开始”选项卡的“对齐方式”组中单击“合并后居中”按钮，再在“字体”组中单击“字号”编辑框右侧的下拉按钮，在弹出的下拉列表中选择“24”。

（5）合并单元格。选取单元格区域 A11:B11，在功能区的“开始”选项卡中单击“字体”组右下角的对话框启动器，弹出“设置单元格格式”对话框，在“对齐”选项卡中选中“合并单元格”复选框。最后单击“确定”按钮。

12．插入图片

（1）单击单元格 A1，然后在功能区的“插入”选项卡的“插图”组中单击“图片”按钮。

（2）在出现的“插入图片”对话框中选择以你的学号”命名的文件夹中的“car.jpg”，然后单击“插入”按钮即可插入该图片。

（3）拖曳图片四周的控点，将图片调整为合适的大小。此时的工作表如图 3.9 所示。

	A	B	C	D	E	F	G	H	I
1		第二季度销售情况							
2		四月	五月	六月	总计	平均		第一季度销售额	增长率
3	东部	¥15,000	¥16,500	¥18,150	¥49,650	¥16,550		¥52,000	-4.5%
4	南部	¥15,780	¥17,358	¥19,093	¥52,231	¥17,410		¥42,339	23.4%
5	西部	¥23,670	¥26,037	¥28,640	¥78,347	¥26,116		¥76,887	1.9%
6	总计	¥54,450	¥59,895	¥65,883	¥180,228				
7	平均	¥18,150	¥19,965	¥21,961	¥60,076				
8									
9									
10									
11	操作人：王鹏								

图 3.9　设置格式后的工作表

13. 设置条件格式

（1）选定要使用条件格式的单元格区域 I3:I5。

（2）在功能区的“开始”选项卡的“样式”分组中单击“条件格式”按钮，在出现的下拉列表中选择“突出显示单元格规则”→“大于”，弹出“大于”对话框。

（3）在“大于”对话框中，将大于 0 的增长率所在的单元格的格式设置为“浅红填充色深红色文本”，如图3.10 所示。最后单击“确定”按钮。

图 3.10　“大于”对话框

14. 为单元格添加批注

（1）选中单元格 I4。

（2）在功能区的“审阅”选项卡的“批注”组中单击“新建批注”按钮。

（3）在出现的批注框内输入“最大增长率”，拖曳批注框四周的控点，将其调整为合适的大小，然后单击任一单元格结束输入。此时会发现批注框不见了，但单元格 I4 的右上角出现了一个红色的三角标记。将鼠标指针移到该三角标记上，批注的内容就会出现。

- 如果要编辑已添加的批注，只需在功能区的“审阅”选项卡的“批注”组中单击“显示所有批注”按钮即可。
- 在工作表中对各数据项进行排序时，批注也会随着数据项而移动到排序后的新位置。

单击快速访问工具栏中的“保存”按钮；或选择“文件”→“保存”命令，即可保存该文件（文件名及保存位置均不变）。最后工作表“第二季度最终统计”中的内容如图 3.11 所示。

	A	B	C	D	E	F	G	H	I
1		第二季度销售情况							
2		四月	五月	六月	总计	平均		第一季度销售额	增长率
3	东部	¥15,000	¥16,500	¥18,150	¥49,650	¥16,550		¥52,000	-4.5%
4	南部	¥15,780	¥17,358	¥19,093	¥52,231	¥17,410		¥42,339	23.4%
5	西部	¥23,670	¥26,037	¥28,640	¥78,347	¥26,116		¥76,887	1.9%
6	总计	¥54,450	¥59,895	¥65,883	¥180,228				
7	平均	¥18,150	¥19,965	¥21,961	¥60,076				
8									
9									
10									
11	操作人：王鹏								

图 3.11　工作表“第二季度最终统计”中的内容

15. 创建图表

根据工作表中的单元格区域 B2:D2 和单元格区域 B6:D6 中的数据创建二维簇状柱形图，具体步骤如下。

（1）选择数据源。选取单元格区域 B2:D2，然后按住【Ctrl】键，再选取单元格区域 B6:D6。

（2）选择图表类型。在功能区的“插入”选项卡的“图表”组中单击“插入柱形图或条形图”按钮，出现图 3.12 所示的下拉列表。在“二维柱形图”选项区域中选择“簇状柱形图”，即可直接在工作表中插入相应的图表。

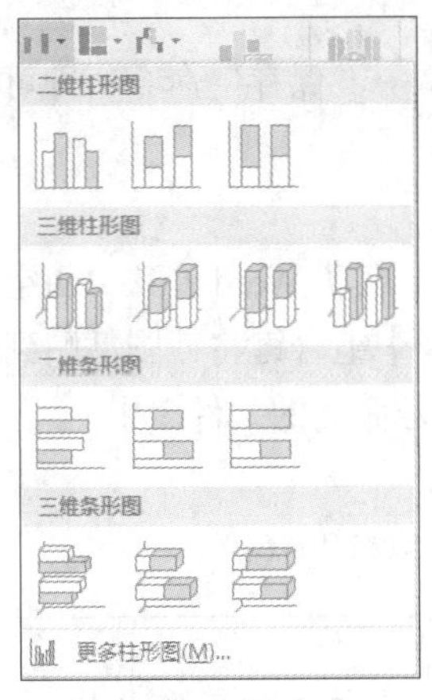

图 3.12　“插入柱形图或条形图”下拉列表

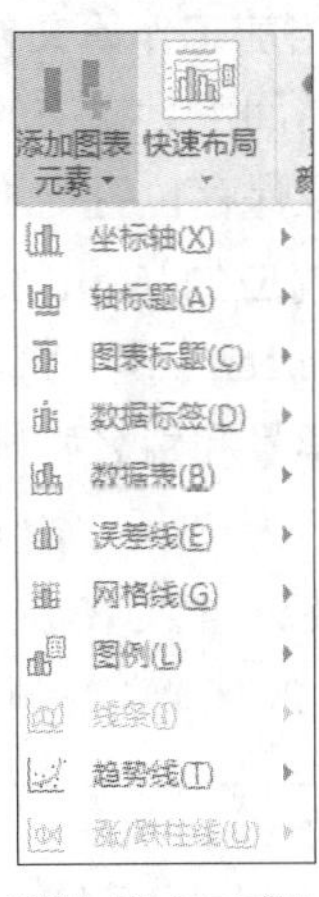

图 3.13　“添加图表元素”下拉列表

16. 编辑和修改图表

对图表进行编辑和修改。

（1）输入图表标题。

单击图表区中的“图表标题”文本框，删除默认的标题内容，输入标题“第二季度每月销售总额”。将图表标题的字号设置为“16”，字体颜色设置为“深红”，再将标题文字加粗（可以直接在“开始”选项卡的“字体”组中设置）。在“图表标题”文本框中右击，在弹出的快捷菜单中选择“设置图表标题格式”选项，此时屏幕右侧会出现“设置图表标题格式”窗格，可以在其中设置图表标题的格式。

（2）添加坐标轴标题。

选中图表，然后在“图表工具”的“设计”选项卡的“图表布局”组中单击“添加图表元素”按钮，在弹出的图 3.13 所示的下拉列表中，先选择“轴标题”→“主要横坐标轴”，并设置横坐标轴的标题为“月份”，再选择“轴标题”→“主要纵坐标轴”，并设置纵坐标轴的标题为“金额”，且呈竖排显示（可以在屏幕右侧出现的“设置坐标轴标题格式”窗格中的“文本选项”选项卡中，单击“文本框”图标按钮，在“文本框”区域设置文字方向为“竖排”，如图 3.14 所示）。

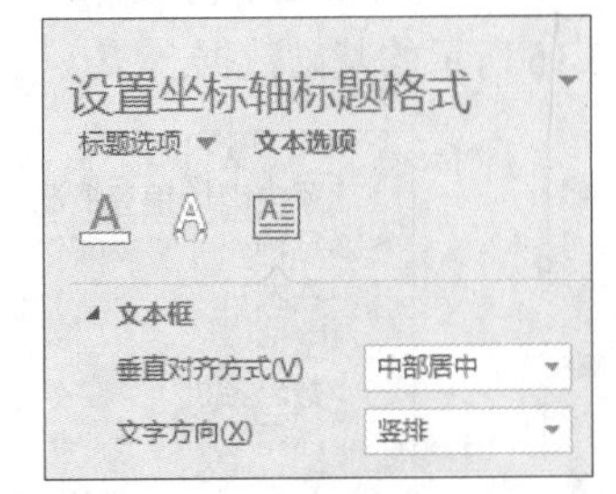

图 3.14　“设置坐标轴标题格式”窗格

将两个坐标轴标题的字号均设置为“12”，字体颜色设置为“紫色”（可以直接在“开始”选项卡的“字体”组中设置）。

（3）添加数据标签。

在图表中任一柱形上右击，在弹出的快捷菜单中选择“添加数据标签”→“添加数据标签”

命令，即可将各柱形对应的数据显示出来。此时屏幕右侧会出现“设置数据标签格式”窗格，可以在其中设置数据标签的格式。

（4）将图表移动到原工作表中合适的位置，并改变图表的大小。

将鼠标指针移动到选中的图表上，在指针变成四向箭头时拖动鼠标，将图表移动到新的位置——其左上角与单元格 D9 的左上角重合。

选中图表，将鼠标指针置于图表区边界的控点上，当指针变成双向箭头时，即可拖动鼠标来改变图表的大小。本实验中，请将图表调整至与单元格区域 D9:I25 差不多的大小，如图 3.1 所示。

17. 保存当前工作簿文件

单击快速访问工具栏中的“保存”按钮，或选择“文件”→“保存”命令，即可保存所做的设置（文件名及保存位置均不变）。

18. 创建对应的 Word 文档

按【PrintScreen】键，将当前屏幕的截图复制到剪贴板上。启动 Word 2016，在空白文档的第 1 行输入你的学号和姓名，按【Enter】键换行，再按【Ctrl+V】组合键将截图粘贴到文档中，然后将该文档命名为“第二季度销售情况”，并保存在以你的学号命名的文件夹中。

19. 退出 Excel 2016

单击 Excel 2016 窗口右上角的“关闭”按钮，即可退出 Excel 2016。

选择“文件”→“关闭”，即可关闭当前工作簿文件（但不退出 Excel 2016）。

20. 提交本次作业

按照任课教师的要求，提交“销售情况.xlsx”和“第二季度销售情况.docx”这两个文件。

思考与练习

1. 如何重命名工作簿？如何重命名工作表？

2. Excel 2016 功能区的“开始”选项卡中有两个命令：“清除”和“删除”。请查阅帮助或参考书，写出它们的区别。

3. 新建一个工作簿文件，将该工作簿中的工作表“Sheet1”重命名为“销售情况表”，输入图 3.15 所示的基础数据。

	A	B	C	D	E	F
1	家电市场销售情况					
2	品种	2009年	2010年	2011年	2012年	总计
3	洗衣机	5643	3452	3456	4432	
4	空调	2213	3242	4322	7521	
5	数码相机	2123	3421	4123	12340	
6	冰箱	3211	4543	3452	4123	
7	彩电	2435	2543	4321	3453	

图 3.15　销售情况表

然后进行如下操作。

（1）将标题“家电市场销售情况”的格式设置为黑体、加粗、字号 16、跨列居中。

（2）利用公式计算出各类产品的“总计”。

（3）设置表示金额的数据设置为货币格式，小数位数为 2 位，货币符号为“$”。

（4）将各列的列宽调整为最适合的列宽，以保证结果正确显示。

（5）先使单元格区域 A2:F7 中的所有内容在水平和垂直方向上居中，再对该区域应用“表样式中等深浅 2”格式，然后取消套用表格格式后默认的自动筛选状态。

编辑完成后，将该文件保存到以你的学号命名的文件夹中，并命名为“Excel_lx1.xlsx”。

3.2　数据管理

请按照要求，完成工作簿文件的建立和保存、数据格式的设置、公式与常用函数的使用、图表的创建与编辑、数据的筛选、数据的排序和分类汇总等操作。完成后的效果如图 3.16 和图 3.17 所示。

	A	B	C	D	E	F	G	H	I	J	K
1	2020/2/11	《计算机文化基础》成绩测算									
2											
3		姓名	测试1	测试2	测试3	测试4	测试平均分	家庭作业	学期总评	成绩排名	最终等级
4		王林	80	71	70	84	76.3	差	76.3	11	中等
5		张龙	96	98	97	90	95.3	好	98.3	1	优秀
6		宁一	78	81	70	78	76.8	好	79.8	7	中等
7		向勇	65	65	65	60	63.8	好	66.8	12	及格
8		李平	92	95	79	80	86.5	好	89.5	3	良好
9		张华	90	90	90	70	85.0	好	88.0	4	良好
10		李明	60	50	40	79	57.3	好	60.3	14	及格
11		刘平	75	70	65	95	76.3	好	79.3	8	中等
12		宁玉	90	90	80	90	87.5	差	87.5	5	良好
13		赵龙	82	78	62	77	74.8	好	77.8	10	中等
14		马军	92	88	65	78	80.8	好	83.8	6	良好
15		刘力	94	92	86	84	89.0	好	92.0	2	优秀
16		李博	92	78	65	82	79.3	差	79.3	8	中等
17		王芳	60	50	65	80	63.8	差	63.8	13	及格
18											
19	2013070218						作业加分	3			
20											
21		统计结果：	等级	人数							
22			优秀	2							
23			良好	4							
24			中等	5							
25			及格	3							
26			不及格	0							

成绩等级分布
不及格 0.00%
优秀 14.29%
良好 28.57%
中等 35.71%
及格 21.43%

图 3.16　“学生成绩测算表”工作表样文

	A	B	C	D	E	F	G	H	I	J	K	L	M
1	考试成绩统计表							筛选结果					
2													
3	姓名	性别	语文	数学	总分	名次		姓名	性别	语文	数学	总分	名次
4	吴冰冰	女	82	90	172	1		吴冰冰	女	82	90	172	1
5	程丽丽	女	81	91	172	2		程丽丽	女	81	91	172	2
6	柳萍	女	86	78	164	5		王一民	男	88	81	169	3
7		女 平均值	83	86.33333									
8	王一民	男	88	81	169	3		张华	男	95	70	165	4
9	张华	男	95	70	165	4		柳萍	女	86	78	164	5
10	马军	男	79	81	160	6							
11	展昭	男	83	73	156	7							
12	李伟	男	78	75	153	8							
13		男 平均值	84.6	76									
14		总计平均值	84	79.875									
15													
16													
17													
18	性别	总分											
19	女	>150											
20	男	>160											

图 3.17　“成绩分析”工作表样文

一、实验目的

1. 理解数据清单的概念。
2. 掌握数据的计算方法。
3. 掌握套用表格格式的方法。
4. 熟练掌握公式和常用函数的使用方法。
5. 熟练掌握填充序列的操作方法。
6. 掌握数据的自动筛选和高级筛选方法。
7. 掌握数据的排序方法。
8. 掌握数据的分类汇总方法。

二、实验准备

打开文件资源管理器，在 E 盘根目录下创建一个以你的学号命名的文件夹，如 2013070218。将\实验素材\数据管理\文件夹中的文件“成绩测算表基础数据.xlsx”和“成绩分析基础数据.xlsx”复制到以你的学号命名的文件夹中。

三、实验要求

1. 在工作表“学生成绩测算表”中，利用各种常用函数进行成绩的测算，最后再设置格式、统计数据并创建图表，以达到比较好的视觉效果。

2. 在工作表“成绩分析”中，计算所有同学两门课的总分，并按总分的降序顺序进行排序以得到名次。筛选出总分成绩在 150 分以上（不包含 150 分）的女同学和总分成绩在 160 分以上（不包含 160 分）的男同学的名单，将筛选结果复制到原数据的右边。最后按性别对所有同学两门课的成绩进行分类汇总。

四、实验步骤与操作指导

1. 打开第 1 个工作簿文件并另存

在文件资源管理器中，双击工作簿“成绩测算表基础数据.xlsx”，直接进入 Excel 2016 的工作界面。选择“文件”→“另存为”命令，在展开的“另存为”列表中选择“浏览”命令 浏览 。然后在出现的“另存为”对话框中，先确定文件的存储位置（本题要求保存在实验准备中创建好的以你的学号命名的文件夹中），然后输入新的文件名称“成绩测算表_学号”（此处“学号”应为操作人的具体学号，如 2013070218），最后单击“保存”按钮。

2. 观察两张工作表中的基础数据

当前工作簿中有两张工作表：“学生成绩测算表”和“等级标准”。工作表“学生成绩测算表”中的内容是同学们的平时测试成绩和家庭作业情况，工作表“等级标准”中的内容是五级制的区分标准。

工作表“学生成绩测算表”实际上是一个数据清单（Table）。Excel 2016 可以把工作表中的一个连续的数据区域当作数据库来处理，这一数据区域称为数据清单，它的特征如下。

① 数据清单的第 1 行应有列标题，此标题相当于数据库中的字段名，而每一列相

当于字段。

② 每一行相当于数据库中的一个记录。

③ 同一列的所有单元格的数据格式应一致。

④ 数据清单内部不能存在空行或空列。

⑤ 为了方便处理数据，最好每张工作表只有一个数据清单。

3. 使用 AVERAGE 函数计算测试平均分

（1）在工作表“学生成绩测算表”中，在 G 列的左侧插入一列，在单元格 G3 中输入“测试平均分”。

（2）调整列宽。在相应的列号上单击，选定目标列（此处为 G 列），然后在功能区的“开始”选项卡的“单元格”组中，单击“格式”下拉按钮，出现图 3.18 所示的下拉列表。选择“自动调整列宽”命令，Excel 2016 会自动将该列的列宽调整为最适合的宽度。

如果要将列宽设置为一个相对精确的数值，可以在图 3.18 所示的下拉列表中选择“列宽”命令，然后在出现的“列宽”对话框中输入该数值即可。

（3）插入函数。在工作表中选定单元格 G4，再在功能区的“公式”选项卡的“函数库”组中单击“插入函数”按钮，弹出“插入函数”对话框，如图 3.19 所示。

（4）选择 AVERAGE 函数，公式为“=AVERAGE(C4:F4)”，算出“王林”的平均分并设置结果的小数位数为 1 位。

（5）公式填充。选择包含计算公式的单元格 G4，单击该单元格右下角的填充柄，当光标变为实心十字时，拖曳到单元格 G17，松开鼠标左键，即以填充的方式完成了公式的复制，并计算出了所有学生的测试平均分。

一般情况下，Excel 2016 会在上述第（4）步读者完成公式输入并单击“确定”按钮后，自动填充数据清单中该列剩余单元格（此处为单元格区域 G5:G17）中的公式。此时可以统一设置计算结果的小数位数为 1 位，具体方法为：选中单元格区域 G4:G17，在该区域中右击，在弹出的快捷菜单中选择“设置单元格格式”命令，打开“设置单元格格式”对话框，在“数字”选项卡中的“分类”列表框中选择“数值”，并在右侧窗格内设置小数位数为 1 位，最后单击“确定”按钮。

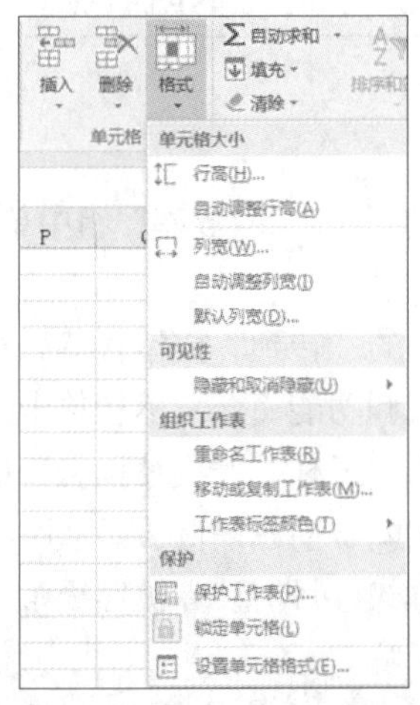

图 3.18 “格式”下拉列表

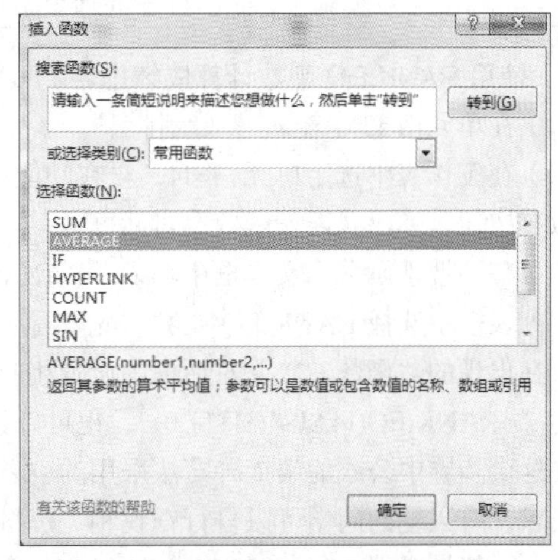

图 3.19 “插入函数”对话框

4. 使用 IF 函数计算学期总评

为了鼓励学生注重平时的学习，做好家庭作业，所以在计算学期总评时，给平时家庭作业完成情况好的同学加 3 分，完成情况差的不加分。最终根据测试平均分和家庭作业完成情况算出学期总评。

（1）在单元格 I3 中输入“学期总评”，在单元格 G19 中输入“作业加分”，在单元格 H19 中输入“3”。

（2）在工作表中选定单元格 I4，再在功能区的“公式”选项卡的“函数库”组中单击 “插入函数”按钮，弹出“插入函数”对话框。

（3）选择 IF 函数，算出“王林”的学期总评。给平时家庭作业完成情况好的同学加上预先设置好的分数（本实验为放在单元格 H19 中的数值），完成情况差的同学不加分。最终公式可以为“=IF(H4="好",G4+$H$19,G4)”，也可以为“=IF([@家庭作业]="好",[@测试平均分]+$H$19,[@测试平均分]) ”。

在这个步骤中公式的第 2 种写法采用的是结构化引用的方式，特点是字段名外有一对方括号“[ ]”。“@”指示的是当前行。用这种方式代替日常的单元格引用方式有助于提高公式的易读性，但并非要求必须以这种方式输入公式。鼠标的操作会被自动以结构化引用的方式记录并呈现。

（4）一般情况下，Excel 2016 会在上述第（3）步读者完成公式输入并单击“确定”按钮后，自动填充数据清单中该列剩余单元格（此处为单元格区域 I5:I17）中的公式，从而计算出所有学生的学期总评。此时可统一设置计算结果的小数位数为 1 位。

提示

- 这里公式中的“$H$19”是绝对地址的写法。因为默认写法“H19”是相对地址，复制时会自动调整。而对于本实验来说，平时家庭作业完成情况好的同学的加分应该指向同一个单元格——H19 中的值，所以不希望单元格地址在复制时发生变化。
- 将公式从一个单元格复制到另一个单元格时，原来公式中所引用的单元格地址将被修改成与新的单元格对应的地址。例如，单元格 E3 中有一公式“=B3+C3+D3”，当该公式被复制到单元格 E6 时，此公式将自动转换成“=B6+C6+D6”。这种引用称为相对引用（相对地址）。
- 若希望公式中的单元格地址在复制时不发生变化，则必须把它改为绝对引用（绝对地址），即在行号和列号前面加上符号“$”。例如，“=$B$3+$C$3+$D$3”。

5. 使用 RANK.EQ 函数计算成绩排名

（1）在单元格 J3 中输入“成绩排名”。

（2）在工作表中选定单元格 J4，再在功能区的“公式”选项卡的“函数库”组中单击 “插入函数”按钮，弹出“插入函数”对话框。

（3）在“搜索函数”文本框中输入“RANK.EQ”，单击右侧的“转到”按钮，然后在“选择函数”列表框中选择 RANK.EQ 函数。先查看一下该函数的语法和功能简介，然后单击“确定”按钮。在出现的“函数参数”对话框中设置相应参数，从而算出“王林”的成绩排名。最终公式可以为“=RANK.EQ(I4,$I$4:$I$17,0)”，也可以为“=RANK.EQ([@学期总评],[学期总评],0) ” 。

在这个步骤中公式的第 2 种写法采用的也是结构化引用的方式，目前计算机等级考试中未作明确要求，有兴趣的同学可以自行查找相关资料进行进一步的了解。

（4）一般情况下，Excel 2016 会在上述第（3）步读者完成公式输入并单击“确定”按钮后，自动填充数据清单中该列下方剩余单元格（此处为单元格区域 J5:J17）中的公式，从而计算出所有学生的成绩排名。

自 Excel 2010 版本发布以来，微软后续又开发了两个排位函数——RANK.EQ 函数和 RANK. AVG 函数。它们的区别如下。

- RANK.EQ 函数返回某数值在一列数值中相对于其他数值的大小排名。如果多个数值排名相同，则返回该组数值的最佳排名。
- RANK. AVG 函数返回某数值在一列数值中相对于其他数值的大小排名。如果多个数值排名相同，则返回平均值排名。
- RANK.EQ 函数和原来的 RANK 函数的功能完全一样，现在的版本之所以保留 RANK 函数，是为了与低版本的 Excel 兼容。

6. 使用 VLOOKUP 函数计算最终等级

目前考查学生的课程成绩时经常使用五级制，可以利用 VLOOKUP 函数来快速实现百分制与五级制之间的转换。

（1）在单元格 K3 中输入“最终等级”。观察工作表“等级标准”，其中单元格区域 A1:B6 中的内容是五级制的区分标准，内容如图 3.20 所示。其具体含义是：学期总评大于等于 0 且小于 60 对应“不及格”；大于等于 60 且小于 70 对应“及格”；大于等于 70 且小于 80 对应“中等”；大于等于 80 且小于 90 对应“良好”；大于等于 90 对应“优秀”。

	A	B
1	分数段	等级
2	0	不及格
3	60	及格
4	70	中等
5	80	良好
6	90	优秀

图 3.20　五级制的区分标准

（2）在“学生成绩测算表”工作表中选定单元格 K4，再在功能区的“公式”选项卡的“函数库”组中单击“插入函数”按钮，弹出“插入函数”对话框。

（3）在“选择类别”下拉列表框中选择“查找与引用”，在“选择函数”列表框中选择 VLOOKUP 函数；另一种更直接的方法是在“搜索函数”文本框中输入“VLOOKUP”，单击右侧的“转到”按钮，然后在“选择函数”列表框中选择 VLOOKUP 函数。先查看一下该函数的语法和功能简介，然后单击“确定”按钮。按照图 3.21 所示的内容，并注意灵活使用在前面实验中用过的技巧设置好各参数，从而算出“王林”的成绩的最终等级。最终公式为“=VLOOKUP(I4,等级标准!$A$2:$B$6,2)”，最后单击“确定”按钮即可完成输入。

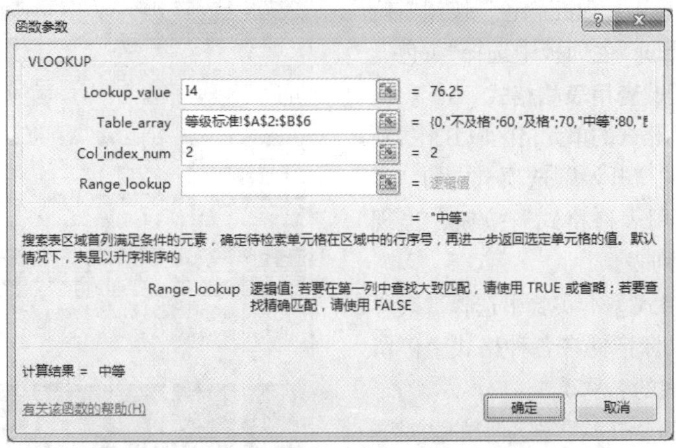

图 3.21　VLOOKUP“函数参数”对话框

公式里的“!”（感叹号）是三维引用运算符，用于引用另一张工作表中的数据。同一工作簿中单元格引用格式为“<工作表的引用>!<单元格的引用>”。例如，“Sheet2!A6”即工作表“Sheet2”

中的单元格 A6。不同工作簿中单元格的引用格式为“[<工作簿名称>]<工作表的引用>!<单元格的引用>”。例如，“[Book2]Sheet2!A6”即工作簿“Book2”中的工作表“Sheet2”中的单元格 A6。

（4）一般情况下，Excel 2016 会在上述第（3）步读者完成公式输入并单击“确定”按钮后，自动填充数据清单中该列剩余单元格（此处为单元格区域 K5:K17）中的公式，从而计算出所有学生的成绩的最终等级。

VLOOKUP 函数的使用方法为：在表格或数组的首列查找指定的值，并由此返回表格或数组中该值所在行中指定的列处的值。这里所说的“数组”可以理解为表格中的一个区域。

VLOOKUP 函数的语法为：VLOOKUP(要查找的值,要查找的区域,列序号)

- 要查找的值：需要在数组首列中查找的值，它可以是数值、引用或字符串。
- 要查找的区域：数组所在的区域，如“B2:E10”。它可以是对区域或区域名称的引用，如数据库或数据清单。
- 列序号：数组中待返回的匹配值的列序号。为“1”时，返回第 1 列中的值，为“2”时，返回第 2 列中的值，依此类推。若列序号小于“1”，VLOOKUP 函数返回错误值“#VALUE!”；如果列序号大于区域的列数，VLOOKUP 函数返回错误值“#REF!”。

7. 给数据清单加上标题并设置相应格式

（1）输入标题。

在工作表“学生成绩测算表”中的单元格 B1 中输入标题“《计算机文化基础》成绩测算”。

（2）使标题合并后居中。

选取单元格区域 B1:K1，然后在功能区的“开始”选项卡的“对齐方式”组中单击“合并后居中”按钮即可。

（3）设置标题的字体属性。

在功能区的“开始”选项卡的“字体”组中单击“字号”编辑框右侧的下拉按钮，设置字号为“16”。然后单击“填充颜色”按钮右侧的下拉按钮，在出现的颜色面板中选择“黄色”。

8. 给选定的区域套用表格格式

（1）选择要套用格式的单元格区域 B3:K17。

（2）在功能区的“开始”选项卡中的“样式”组中单击“套用表格格式”按钮，出现图 3.22 所示的下拉列表。

（3）选择一种格式。本实验中选择“表样式中等深浅 3”（鼠标指针在各种格式上停留时，将会出现该格式的名称）。

（4）在功能区的“开始”选项卡的“对齐方式”组中，单击“居中”按钮☰，将文本居中对齐。

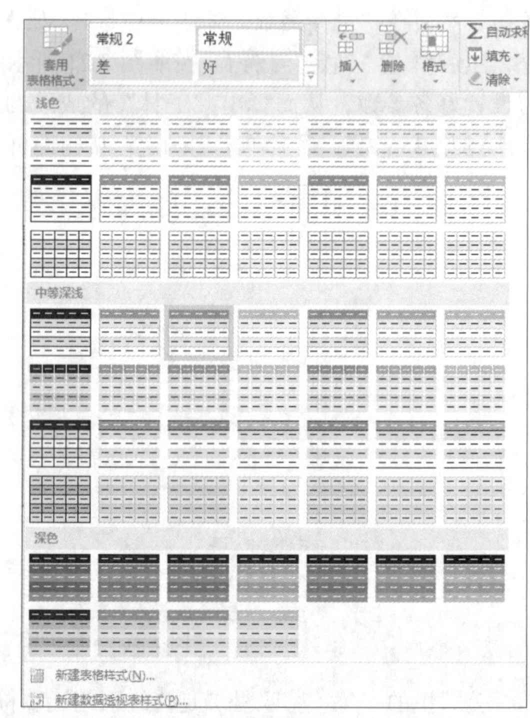

图 3.22 “套用表格格式”下拉列表

9. 设置文字属性

（1）选择要设置文字属性的单元格区域 G19:H19。

（2）在功能区的“开始”选项卡的“字体”组中，单击“字体颜色”按钮右侧的下拉箭头，在出现的颜色面板中选择“蓝色”，再单击“加粗”按钮，将所选文字加粗。

（3）在功能区的“开始”选项卡的“对齐方式”组中，单击“居中”按钮，将文本居中对齐。

10. 使用 TODAY 函数，插入系统日期

（1）选中单元格 A1。

（2）在功能区的“公式”选项卡的“函数库”组中单击 “插入函数”按钮，弹出“插入函数”对话框。

（3）在“搜索函数”文本框中输入“TODAY”，单击右侧的“转到”按钮，然后在“选择函数”列表框中选择 TODAY 函数。先查看一下该函数的语法和功能简介，然后单击“确定”按钮即可。该函数不需要参数，功能是返回日期格式的当前日期。

（4）在功能区的“开始”选项卡的“字体”组中，单击“字体颜色”按钮右侧的下拉按钮，在出现的颜色面板中选择“紫色”。

（5）在单元格 A19 中输入你的学号，如 2013070218。设置字号为“11”，字体颜色为“紫色”。

此时工作表“学生成绩测算表”中的内容如图 3.23 所示。

	A	B	C	D	E	F	G	H	I	J	K
1	2020/2/11	《计算机文化基础》成绩测算									
2											
3		姓名	测试1	测试2	测试3	测试4	测试平均分	家庭作业	学期总评	成绩排名	最终等级
4		王林	80	71	70	84	76.3	差	76.3	11	中等
5		张龙	96	98	97	90	95.3	好	98.3	1	优秀
6		宁一	78	81	70	78	76.8	好	79.8	7	中等
7		向勇	65	65	65	60	63.8	好	66.8	12	及格
8		李平	92	95	79	80	86.5	好	89.5	3	良好
9		张华	90	90	90	70	85.0	好	88.0	4	良好
10		李明	60	50	40	79	57.3	好	60.3	14	及格
11		刘平	75	70	65	95	76.3	好	79.3	8	中等
12		宁玉	90	90	80	90	87.5	差	87.5	5	良好
13		赵龙	82	78	62	77	74.8	好	77.8	10	中等
14		马军	92	88	65	78	80.8	好	83.8	6	良好
15		刘力	94	92	86	84	89.0	好	92.0	2	优秀
16		李博	92	78	65	82	79.3	差	79.3	8	中等
17		王芳	60	50	65	80	63.8	差	63.8	13	及格
18											
19	2013070218						作业加分	3			

图 3.23　工作表“学生成绩测算表”中的内容

11. 使用 COUNTIF 函数统计各等级的人数

（1）在工作表“学生成绩测算表”的单元格 B21 中输入“统计结果:”，在单元格区域 C21:C26 中输入等级信息，在单元格 D21 中输入“人数”。效果如图 3.24 所示。

21		统计结果：	等级	人数
22			优秀	
23			良好	
24			中等	
25			及格	
26			不及格	

图 3.24　要输入的内容

（2）选定单元格 D22，在功能区的“公式”选项卡的“函数库”组中单击“插入函数”按钮，弹出“插入函数”对话框。

（3）在“搜索函数”文本框中输入“COUNTIF”，单击右侧的“转到”按钮，然后在“选择函数”列表框中选择 COUNTIF 函数。先查看一下该函数的语法和功能简介，然后单击“确定”按钮，再按照图 3.25 所示的内容在出现的“函数参数”对话框中设置相应的参数，最后单击“确定”按钮即可算出最终等级为“优秀”的人数。最终公式为“=COUNTIF($K$4:$K$17,C22)”。

（4）复制公式。

选择包含计算公式的单元格D22，将该单元格右下角的填充柄往下拖曳到单元格D26，松开鼠标左键，即以填充的方式完成了公式的复制，从而计算出了不同等级对应的人数。

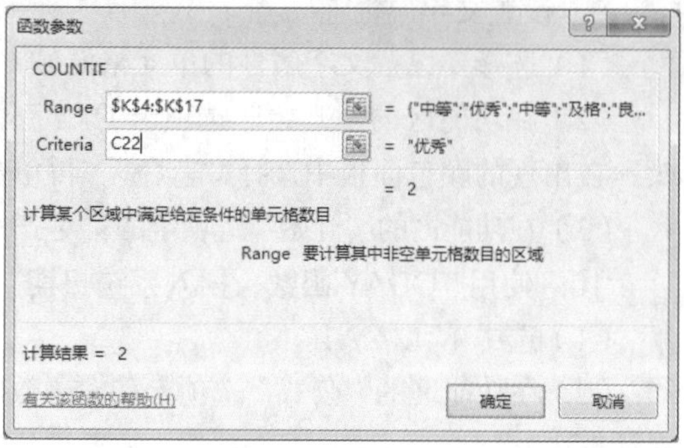

12. 创建图表

为统计结果创建图表。根据工作表中的单元格区域C21:D26中的数据创建三维簇状柱形图，具体步骤如下。

图3.25　COUNTIF“函数参数”对话框

（1）选择数据源。选取单元格区域C21:D26。

（2）选择图表类型。在功能区的“插入”选项卡的“图表”组中单击“插入柱形图或条形图”按钮。

（3）在“三维柱形图”选项区域中选择“三维簇状柱形图”，即可直接在工作表中插入相应的图表。

13. 改变图表类型

Excel 2016提供了多种类型的图表，适用于各种不同的情况。柱形图用于反映一段时间内数据的变化情况，或者不同项目之间的对比情况；饼图则多用于显示组成数据系列的项目在项目总和中所占的比例。此处，我们希望用饼图来显示各等级的人数在总人数中所占的比例。

（1）单击图表区来激活图表。

（2）在功能区的“设计”选项卡的“类型”组中，单击“更改图表类型”按钮，出现“更改图表类型”对话框，如图3.26所示。

（3）在“更改图表类型”对话框中选择左侧的“饼图”，再选择右侧第1种子类型的“饼图”，单击“确定”按钮，则原来的柱形图变成饼图。

14. 设置图表的格式

（1）输入图表标题。

选中图表，然后在功能区的“设计”选项卡的“图表布局”组中，单击“添加图表元素”按钮，在弹出的下拉列表中选择“图表标题”→“图表上方”。删除原标题内容，输入标题“成绩等级分布”。将图表标题的字号设置为“16”，字体颜色设置为“深红”，再将标题文字加粗（可以直接在“开始”选项卡的“字体”组中设置）。在图表标题文本框上右击，在弹出的快捷菜单中选择“设置图表标题格式”选项，此时屏幕右侧会出现“设置图表标题格式”窗格，可以在其中设置图表标题的格式。

（2）添加数据标签。

在饼图上右击，在出现的快捷菜单中选择“添加数据标签”→“添加数据标签”命令，则饼图的各组成块上将显示相应的数据。

（3）设置数据标签格式。

在饼图的任一组成块上右击，在出现的快捷菜单中选择“设置数据标签格式”命令，此时屏幕右侧会出现“设置数据标签格式”窗格，如图3.27所示，可以在其中设置数据标签的格式。

（4）在“设置数据标签格式”窗格的“标签选项”下，在“标签包括”选项区域中选中“类别名称”和“百分比”两个复选框，取消选中“值”和“显示引导线”复选框。

（5）在“设置数据标签格式”窗格中，单击“数字”展开列表，在“类别”下拉列表框中选择“百分比”，在“小数位数”文本框中输入“2”，如图 3.28 所示。单击“关闭”按钮即可关闭窗格。

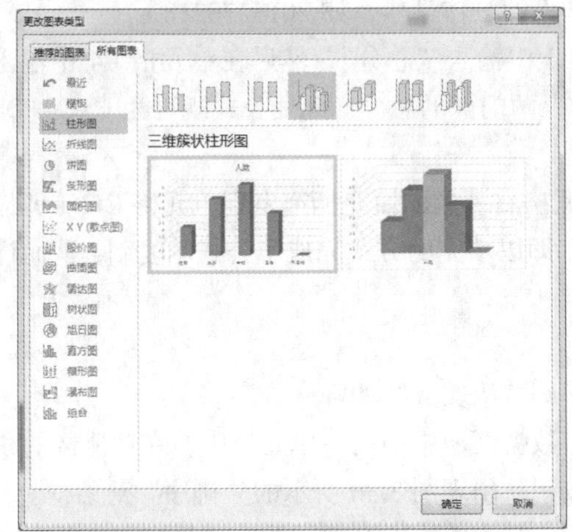

图 3.26　“更改图表类型”对话框

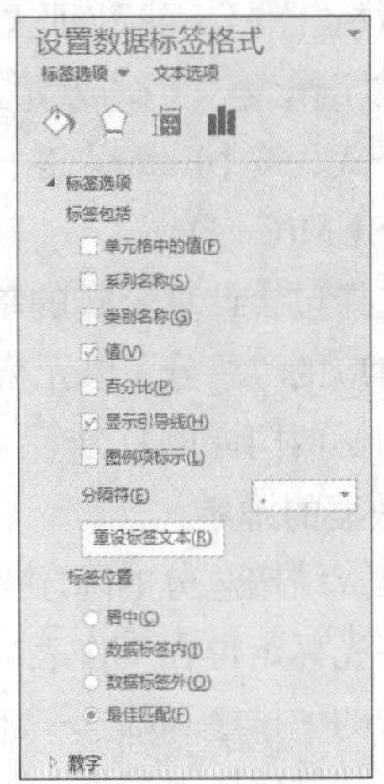

图 3.27　“设置数据标签格式”窗格

（6）在图表区右击，在出现的快捷菜单中选择“设置图表区域格式”命令，此时屏幕右侧会出现“设置图表区格式”窗格，如图 3.29 所示。在“填充”列表中，设置颜色为“浅蓝”。

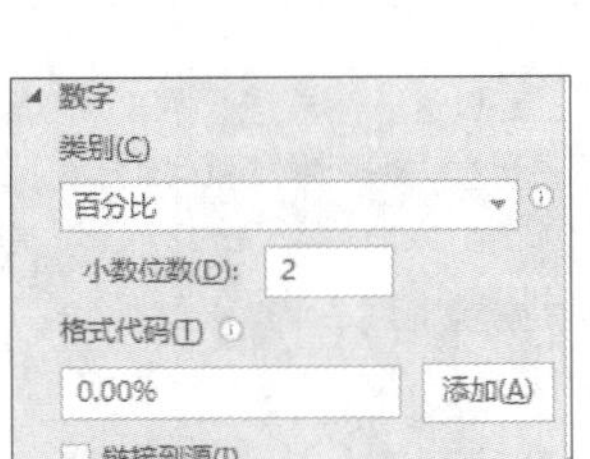

图 3.28　“设置数据标签格式”窗格中的“数字”列表

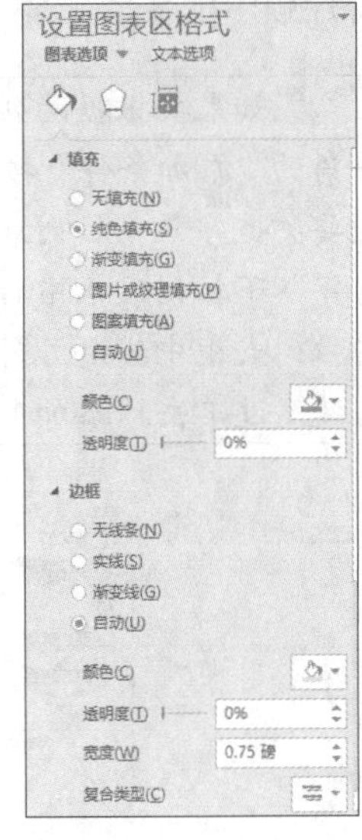

图 3.29　“设置图表区格式”窗格

右击图表中的各个图表元素，如数据系列、图例等，观察相应的快捷菜单，选择与图表元素的格式有关的命令。此时屏幕上会出现相应的对话框，用户可以在其中选择不同的命令来实现不同的效果。

（7）移动图表，改变图表的大小。

移动图表至单元格区域 F20:K32 的内部，再将图表调整至与该区域差不多的大小。最终工作表“学生成绩测算表”中的内容如图 3.16 所示。单击 Excel 2016 窗口右上角的“关闭”按钮 即可退出 Excel 2016。

15. 打开并另存第 2 个工作簿文件，计算所有同学两门课的总分

（1）在以你的学号命名的文件夹中，双击工作簿“成绩分析基础数据.xlsx”，将其另存为工作簿“成绩分析_学号.xlsx”（此处“学号”应为操作人的具体学号，如 2013070218）。

（2）在工作表“考试成绩统计表”的单元格 E3 中输入“总分”，然后在单元格 E4 中输入相应的计算公式，按【Enter】键，即可算出“吴冰冰”两门课的总分。此处公式既可为“=C4+D4”，也可为“=SUM(C4:D4)”。

（3）选择包含计算公式的单元格 E4，将该单元格右下角的填充柄拖曳到单元格 E11（即最后一名同学对应的“总分”单元格），松开鼠标左键，即以填充的方式完成了公式的复制，从而计算出了所有同学两门课的总分。

16. 数据的排序

将所有成绩按总分的降序顺序排序，总分相同则按语文成绩的降序排序。

（1）将光标定位在工作表“考试成绩统计表”数据区域中的任一单元格中，在功能区的“数据”选项卡的“排序和筛选”组中单击“排序”按钮，出现图 3.30 所示的“排序”对话框。

（2）在“排序”对话框中的“主要关键字”下拉列表框中选择“总分”，“排序依据”为“数值”不变，再在“次序”下拉列表框中选择“降序”。单击左上角的“添加条件”按钮，在“次要关键字”下拉列表框中选择“语文”，“排序依据”为“数值”不变，再在“次序”下拉列表框中选择“降序”。最后单击“确定”按钮，即可将所有成绩按总分的降序顺序排序，总分相同则按语文成绩的降序顺序排序。

如果要根据两列或更多列中的内容来对行进行排序，则可以通过单击对话框左上角的“添加条件”按钮来添加条件，然后在“排序”对话框中的“主要关键字”和“次要关键字”下拉列表框中选择需要排序的列。此时的排序规则是：如果在“主要关键字”下拉列表框中指定的数据列中含有重复的内容，则可以通过在“次要关键字”下拉列表框中指定另外一列数据来进行进一步的排序，如果还有相同的内容，则可以继续通过单击“添加条件”按钮来添加条件。

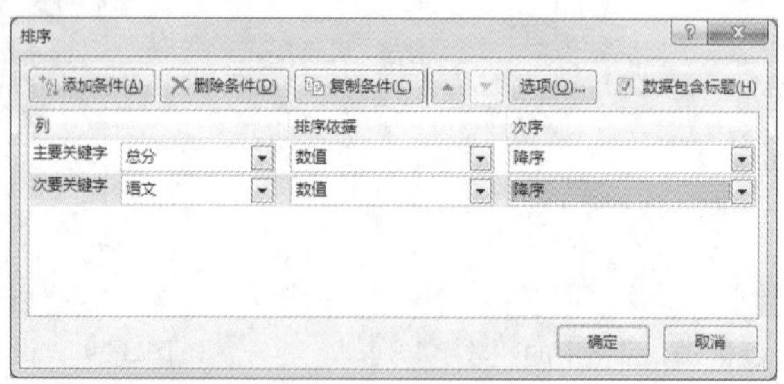

图 3.30 “排序”对话框

17. 利用自动填充功能填充名次

（1）在单元格 F3 中输入“名次”。

（2）在“名次”这一列的单元格 F4 和 F5 内分别输入数字“1”和“2”。选定 F4 和 F5 这两个单元格，将鼠标指针移到此区域的右下角，当指针变为实心十字时，将填充柄拖曳到单元格 F11，松开鼠标左键，系统即自动将数字 3 ~ 8 分别填入单元格 F6 ~ F11 中。

18. 添加标题并将标题居中

（1）在此工作表中的单元格 A1 中输入“考试成绩统计表”。

（2）选取单元格区域 A1:F1，然后在功能区的“开始”选项卡的“对齐方式”组中单击“合并后居中”按钮，即可使标题居中。再在“字体”组中单击“字号”文本框右侧的下拉按钮，在弹出的下拉列表中选择“12”。

计算后的“考试成绩统计表”如图 3.31 所示。

19. 数据的筛选

数据的筛选是指从数据清单中快速选出满足条件的数据行，且将所有不满足条件的数据行都隐藏起来。

（1）自动筛选。

选定工作表“考试成绩统计表”数据清单内的任一单元格，在功能区的“数据”选项卡的“排序和筛选”组中单击“筛选”按钮，在每一个列标题（字段名）的右侧都会出现一个下拉按钮，如图 3.32 所示，此时单击该按钮即可在弹出的下拉列表中选择列筛选器。

	A	B	C	D	E	F
1	考试成绩统计表					
2						
3	姓名	性别	语文	数学	总分	名次
4	吴冰冰	女	82	90	172	1
5	程丽丽	女	81	91	172	2
6	王一民	男	88	81	169	3
7	张华	男	95	70	165	4
8	柳萍	女	86	78	164	5
9	马军	男	79	81	160	6
10	展昭	男	83	73	156	7
11	李伟	男	78	75	153	8

图 3.31 计算后的“考试成绩统计表”

	A	B	C	D	E	F
1	考试成绩统计表					
2						
3	姓名	性别	语文	数学	总分	名次
4	吴冰冰	女	82	90	172	1
5	程丽丽	女	81	91	172	2
6	王一民	男	88	81	169	3
7	张华	男	95	70	165	4
8	柳萍	女	86	78	164	5
9	马军	男	79	81	160	6
10	展昭	男	83	73	156	7
11	李伟	男	78	75	153	8

图 3.32 处于自动筛选状态下的工作表

单击“性别”字段名右侧的下拉按钮，在弹出的下拉列表中选中“男”复选框，单击“确定”按钮，则界面上就只显示男同学的信息。再单击“总分”字段名右侧的下拉按钮，在弹出的下拉列表中选择“数字筛选”→“自定义筛选”命令，弹出“自定义自动筛选方式”对话框。在“总分”下拉列表中选择“大于或等于”，在右边的编辑框中输入“160”，如图 3.33 所示，然后单击“确定”按钮关闭此对话框。此时工作表“考试成绩统计表”中的内容如图 3.34 所示。

图 3.33 “自定义自动筛选方式”对话框

	A	B	C	D	E	F
1	考试成绩统计表					
2						
3	姓名	性别	语文	数学	总分	名次
6	王一民	男	88	81	169	3
7	张华	男	95	70	165	4
9	马军	男	79	81	160	6

图 3.34 筛选后的“考试成绩统计表”

再次在功能区的“数据”选项卡的“排序和筛选”组中单击“筛选”按钮，即可显示全部原始数据。

数据筛选是指将工作表中不满足条件的数据暂时隐藏起来，只显示那些符合条件的数据。Excel 2016 提供了两种不同的筛选方式：自动筛选和高级筛选。

- 自动筛选只能用于条件简单的筛选操作，不能完成字段之间包含“或”关系的筛选操作。
- 高级筛选则能够完成比较复杂的多条件查询，并能将筛选结果复制到其他位置。

（2）高级筛选。

在工作表“考试成绩统计表”中找到总分在 150 分以上（不包含 150 分）的女同学和总分在 160 分以上（不包含 160 分）的男同学。

先在 Excel 2016 窗口下方的“考试成绩统计表”工作表标签上右击，在快捷菜单中选择“移动或复制”命令，在出现的“移动或复制工作表”对话框中（见图 3.6）先选择“（移至最后）”选项，再选中“建立副本”复选框，最后单击“确定”按钮即可为当前工作表建立一个副本。新工作表的位置在最后，且默认名为“考试成绩统计表（2）”。在新工作表标签上双击，该工作表表名会呈反白显示状态，直接输入新的表名“成绩分析”，按【Enter】键即可完成重命名。

要进行高级筛选，必须先在工作表中输入筛选条件。

下面的操作都在工作表“成绩分析”中进行。

① 在单元格 A15、B15 中分别输入“性别”和“总分”（也可以直接从标题中复制过来）。

② 在单元格 A16、B16 中分别输入“女”和“>150”（注意此处的“>”一定要用英文半角符号）。

③ 在单元格 A17、B17 中分别输入“男”和“>160”。

④ 选定工作表“成绩分析”中的数据清单内的任一单元格，在功能区的“数据”选项卡的“排序和筛选”组中单击“高级”按钮，此时默认选定的区域将被虚线框包围，并弹出“高级筛选”对话框，如图 3.35 所示。

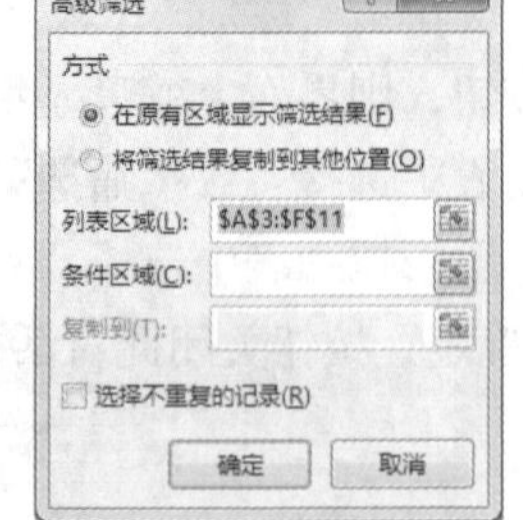

图 3.35 “高级筛选”对话框

⑤ 在弹出的“高级筛选”对话框中的“方式”选项区域中选中“将筛选结果复制到其他位置”单选按钮。

⑥ 保持“列表区域”编辑框中的内容“$A$3:$F$11”不变。

⑦ 在“条件区域”编辑框中输入“$A$15:$B$17”。

⑧ 在“复制到”编辑框中输入“$H$3:$M$11”。

⑨ 不选中“选择不重复的记录”复选框。单击“确定”按钮，退出“高级筛选”对话框。观察“成绩分析”工作表中的结果。

如果要通过隐藏不符合条件的数据行来筛选数据，可在“高级筛选”对话框中选中“在原有区域显示筛选结果”单选按钮。

（3）在工作表“成绩分析”中的单元格 H1 中输入“筛选结果”，将其字体设置为“隶书”，字号设置为“14”。选取单元格区域 H1:M1，在功能区的“开始”选项卡的“对齐方式”组中单击“合并后居中”按钮，即可使文字居中，再将填充颜色设置为“黄色”。

分类汇总

20. 分类汇总

按性别分类，并对所有同学的语文和数学成绩进行汇总。

（1）在工作表“成绩分析”中选取单元格区域 A3: F11。

（2）排序。

在功能区的“数据”选项卡的“排序和筛选”组中单击“排序”按钮，弹出“排序”对话框。在“排序”对话框中的“主要关键字”下拉列表框中选择“性别”，再在“次序”下拉列表框中选择“降序”，然后单击“确定”按钮，即可按性别的降序对所有同学进行排序。

使用“分类汇总”功能时，一定要先按“分类字段”排序。

（3）分类汇总。

不要取消选定，在功能区的“数据”选项卡的“分级显示”组中单击“分类汇总”按钮，弹出“分类汇总”对话框。在该对话框中，“分类字段”用来设置决定汇总分组的关键字段，它必须是已经经过排序的字段。此时在下拉列表框中选择“性别”。“汇总方式”用来设置汇总时的计算方式，可以在 11 种方式中挑选。此时在下拉列表框中选择“平均值”。“选定汇总项”用来选择哪些字段需要汇总。此时在列表框中选中“语文”和“数学”两个复选框。然后再选中“替换当前分类汇总”和“汇总结果显示在数据下方”两个复选框，如图 3.36 所示。再单击“确定”按钮，即可按性别对所有同学的语文和数学成绩进行分类汇总。

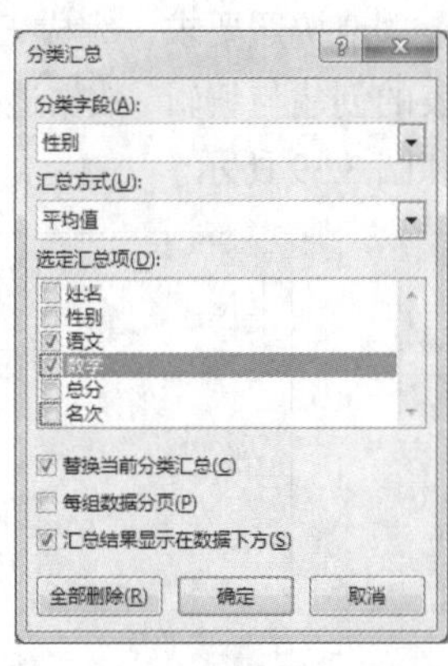

图 3.36 “分类汇总”对话框

21. 保存并提交本次作业

将各列的列宽设为最合适的列宽，工作表“成绩分析”中的内容如图 3.17 所示。再次保存工作簿文件（文件名及保存位置均不变），并退出 Excel 2016。

按照任课教师的要求，提交“成绩测算表_学号.xlsx”和“成绩分析_学号.xlsx”（这两处学号均应为操作人的具体学号）这两个工作簿文件。

思考与练习

1. 自行总结本实验中用到的常用函数的语法和功能。

2. 自动筛选和高级筛选在功能上有什么区别？

3. 新建一个工作簿文件，将该工作簿的工作表“Sheet1”重命名为“期末成绩”，输入图 3.37 所示的基础数据。

	A	B	C	D	E	F	G
1	学号	姓名	性别	语文	数学	英语	平均分
2	107	陈壹	男	74	92	92	
3	109	陈贰	男	88	80	104	
4	111	陈叁	男	92	86	108	
5	113	林坚	男	79	78	82	
6	128	陈晓立	女	116	106	78	
7	134	黄小丽	女	102	88	120	

图 3.37 “期末成绩”工作表

然后进行如下操作。

（1）计算每位学生的平均分，并使表格中所有数据水平居中显示。

（2）为单元格区域 A1:G7 加上内部框和外侧框线（均为蓝色细线）。

（3）利用 Excel 2016 的筛选功能筛选出语文成绩大于 80、数学成绩大于等于 80 的所有姓陈的学生。

（4）按性别进行分类汇总，统计不同性别的学生的语文、数学、英语平均分。

编辑完成后，将工作簿文件保存到以你的学号命名的文件夹中，并命名为“Excel_lx2.xlsx”。

3.3　图表的建立与编辑

请按照要求，完成工作簿文件的建立和保存、数据格式的设置、公式与常用函数的使用、图表的创建与编辑、数据透视表的创建、页面设置、宏的创建与使用等操作。完成后的效果如图 3.38 和图 3.39 所示。

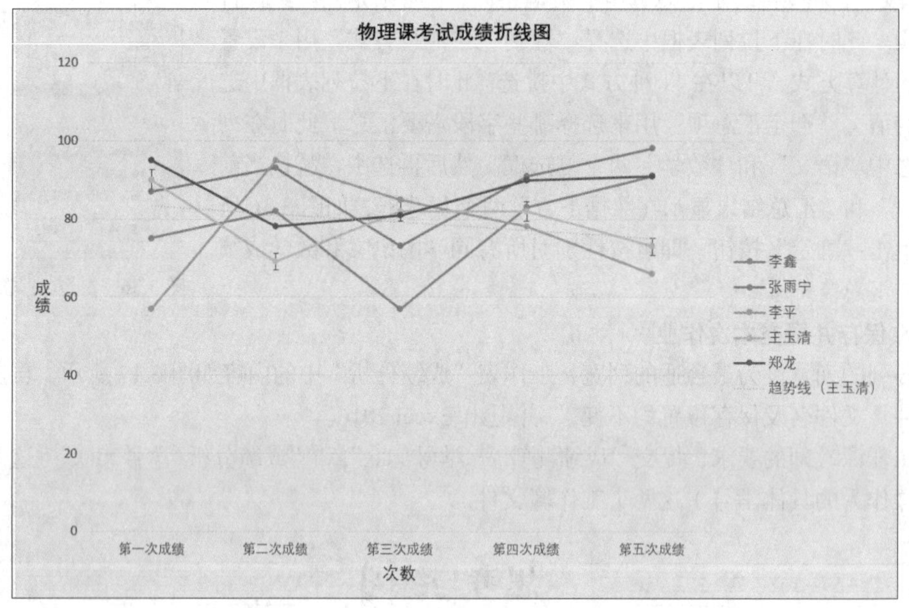

图 3.38　“物理课考试成绩折线图”工作表样文

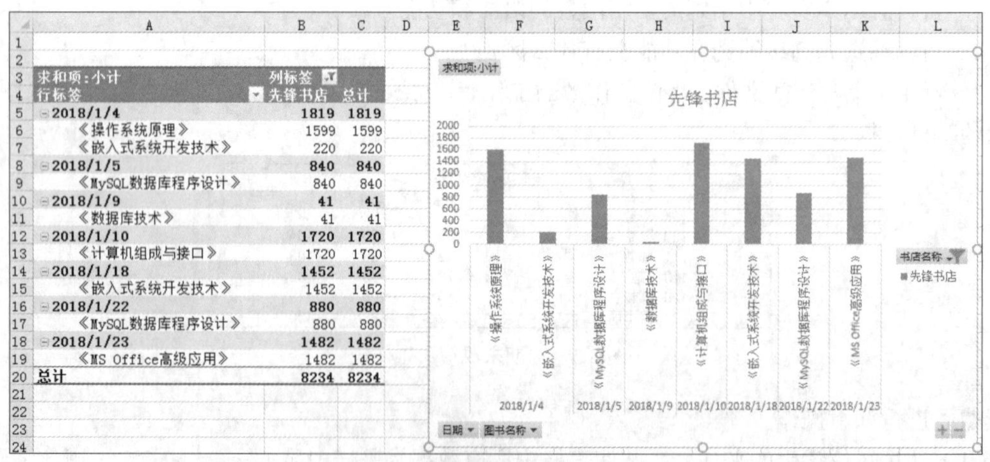

求和项:小计	列标签	
行标签	先锋书店	总计
2018/1/4	1819	1819
《操作系统原理》	1599	1599
《嵌入式系统开发技术》	220	220
2018/1/5	840	840
《MySQL数据库程序设计》	840	840
2018/1/9	41	41
《数据库技术》	41	41
2018/1/10	1720	1720
《计算机组成与接口》	1720	1720
2018/1/18	1452	1452
《嵌入式系统开发技术》	1452	1452
2018/1/22	880	880
《MySQL数据库程序设计》	880	880
2018/1/23	1482	1482
《MS Office高级应用》	1482	1482
总计	8234	8234

图 3.39　“数据透视分析”工作表样文

一、实验目的

1. 熟练掌握创建和编辑数据清单的方法。
2. 掌握迷你图的创建方法。
3. 熟练掌握根据多个数据系列创建图表的方法。
4. 熟练掌握编辑和美化图表的方法。
5. 掌握套用表格格式的方法。
6. 熟练掌握公式和常用函数的使用方法。
7. 掌握数据透视表的创建方法。
8. 掌握页面设置的方法。
9. 掌握创建与使用宏的方法。

二、实验准备

打开文件资源管理器，在 E 盘根目录下创建一个以你的学号命名的文件夹，如 2019070218，并将\实验素材\图表的建立与编辑\文件夹中的文件“实验 3 销售统计基础数据.xlsx”复制到该文件夹中。

三、实验要求

1. 建立一个本学期物理考试成绩的数据清单，并以此为依据，绘制出每个同学的成绩走势折线图，还可以为同学们的数据曲线添加误差线和趋势线，以便老师及时把握同学们的学习情况。

2. 在工作表“销售情况”中，填充图书单价并计算出“小计”，再设置工作表的格式，最后为其中的销售数据创建一个数据透视表。

3. 新建一个工作簿，掌握创建与使用宏的方法。

四、实验步骤与操作指导

1. 启动 Excel 2016，新建并保存工作簿文件

（1）单击任务栏左侧的“开始”按钮，在出现的“开始”菜单中选择“Excel 2016”命令，系统自动进入“新建”页面。然后单击右侧窗格中的“空白工作簿”按钮，即可进入 Excel 2016 的工作界面。默认文件名为“工作簿 1”，默认活动工作表为“Sheet1”，如图 3.2 所示。

（2）将该工作簿的工作表“Sheet1”重命名为“本学期物理考试成绩”，然后在工作表标签上右击，在弹出的快捷菜单中选择“工作表标签颜色”→“深红”。

（3）将此工作簿文件保存在以你的学号命名的文件夹中，并命名为“物理课考试成绩分析_学号”（此处“学号”应为操作人的具体学号，如 2013070218）。

2. 输入基础数据

在工作表中输入图 3.40 所示的基础数据（从单元格 A3 开始输入），最后单击快速访问工具栏中的“保存”按钮来保存数据。

	A	B	C	D	E	F
1						
2						
3	姓名	第一次成绩	第二次成绩	第三次成绩	第四次成绩	第五次成绩
4	李鑫	75	82	57	83	91
5	张雨宁	87	93	73	91	98
6	李平	57	95	85	78	66
7	王玉清	90	69	82	82	73
8	郑龙	95	78	81	90	91

图 3.40　工作表中的基础数据

3. 创建及编辑迷你图

（1）在单元格 G3 中输入“成绩走势”。

（2）创建迷你图。

单击需要插入迷你图的单元格（此处为单元格 G4），再在功能区的“插入”选项卡的“迷你图”组中（见图 3.41）单击“柱形图”按钮，弹出“创建迷你图”对话框。再按照图 3.42 所示的内容在该对话框中设置“数据范围”为“B4:F4”，“位置范围”为放置迷你图的位置。默认情况下显示已选定的单元格地址，此处不做改变。最后单击“确定”按钮。

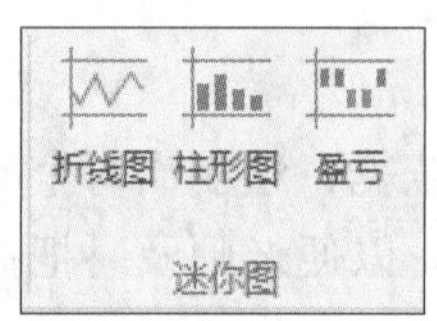

图 3.41　“迷你图”组

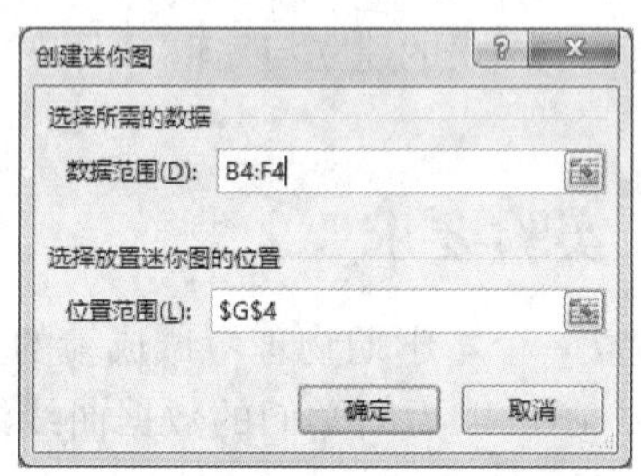

图 3.42　“创建迷你图”对话框

（3）填充。选择单元格 G4，单击该单元格右下角的填充柄，当鼠标指针变为实心十字时往下拖曳到单元格 G8。松开鼠标左键，即以填充的方式完成了迷你图的复制，从而为每位同学创建了以 5 次考试成绩为基础数据的迷你图，以显示其成绩的走势。

（4）编辑迷你图。

选中迷你图，在功能区选项卡的右侧会出现“设计”选项卡，如图 3.43 所示。在此选项卡中可以改变迷你图的类型、设置迷你图的颜色等。

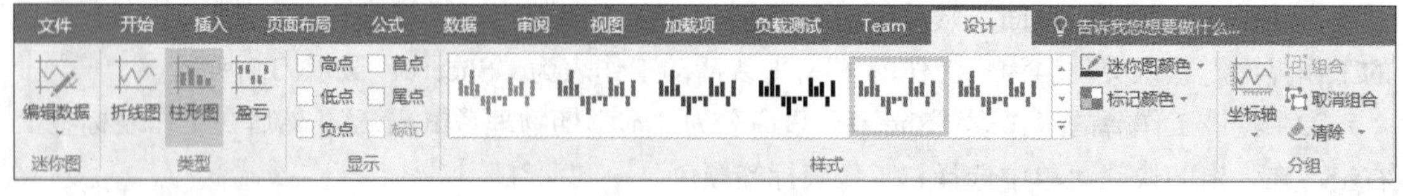

图 3.43　“设计”选项卡

4. 添加标题并将标题居中

（1）输入标题。

在此工作表中的单元格 A1 中输入“本学期物理考试成绩”。

（2）将单元格合并并使标题居中。

选取单元格区域 A1:G1，然后在功能区的“开始”选项卡的“对齐方式”组中单击“合并后居中”按钮，即可使标题居中。

（3）设置标题的字体属性。

在功能区的“开始”选项卡的“字体”组中单击“字号”文本框右侧的下拉按钮，在弹出的下拉列表中选择“14”，再单击“字体”文本框右侧的下拉按钮，将其字体设置为“黑体”，最后单击“填充颜色”按钮右侧的下拉按钮，在出现的颜色面板中选择“浅蓝”。

5. 创建图表

根据工作表中的单元格区域 A3:F8 中的数据创建折线图，具体步骤如下。

（1）选择数据源。将单元格区域 A3:F8 中的数据作为数据源。

（2）选择图表类型。在功能区的“插入”选项卡的“图表”组中，单击“插入折线图或面积图”按钮，然后在出现的下拉列表中的“二维折线图”选项区域中选择“带数据标记的折线图”，即可直接在数据下方插入相应的图表。

6. 设置图表的格式

（1）输入图表标题。

单击图表区中的“图表标题”文本框，删除默认的标题内容，输入标题“物理课考试成绩折线图”。将图表标题的字号设置为“16”，字体颜色设置为“深红”，再将标题文字加粗（可以直接在“开始”选项卡的“字体”组中设置）。

（2）添加坐标轴标题。

选中图表，然后在功能区“设计”选项卡的“图表布局”组中单击“添加图表元素”按钮，在弹出的下拉列表中，先选择“轴标题”→“主要横坐标轴”，删除默认内容“坐标轴标题”，输入“次数”，再选择“轴标题”→“主要纵坐标轴”，设置纵坐标轴的标题为“成绩”，且呈竖排显示（可以在纵坐标轴标题上右击，在弹出的快捷菜单中选择“设置坐标轴标题格式”选项，然后在屏幕右侧出现的“设置坐标轴标题格式”窗格中的“文本选项”下设置文字方向为“竖排”，如图 3.14 所示）。

将两个坐标轴标题的字号均设置为“11”，字体颜色设置为“紫色”（可以直接在“开始”选项卡的“字体”组中设置）。

（3）在右侧显示图例。

创建图表时，默认情况下图例在底部显示。

选中图表，然后在功能区的“设计”选项卡的“图表布局”组中单击“添加图表元素”按钮，在弹出的下拉列表中选择“图例”→“右侧”。

（4）设置图表区的颜色。

在图表区右击，在出现的快捷菜单中选择“设置图表区域格式”命令，此时屏幕右侧会出现“设置图表区格式”窗格（见图 3.29）。在“填充”选项下，设置颜色为“橙色，个性色 2，淡色 80%”。

（5）移动图表，改变图表的大小。

移动图表至单元格区域 B10:G24 的内部，并将图表调整至与该区域差不多的大小，此时的工作表界面如图 3.44 所示。

（6）将图表移动到一张新工作表中。

单击图表区来激活图表，然后在功能区的“设计”选项卡的“位置”组中单击“移动图表”按钮，出现“移动图表”对话框，如图 3.45 所示。选中“新工作表”单选按钮，在文本框中输入“折线图”，然后单击“确定”按钮，即可将该折线图移动到一张新工作表中，该工作表表名为“折线图”。

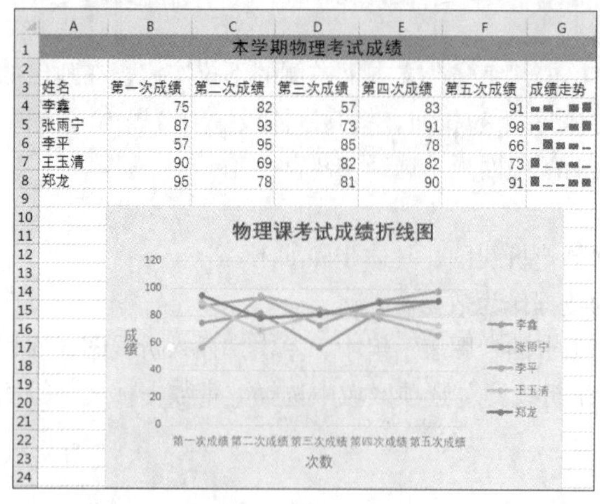

本学期物理考试成绩

姓名	第一次成绩	第二次成绩	第三次成绩	第四次成绩	第五次成绩	成绩走势
李鑫	75	82	57	83	91	
张雨宁	87	93	73	91	98	
李平	57	95	85	78	66	
王玉清	90	69	82	82	73	
郑龙	95	78	81	90	91	

图 3.44　工作表界面

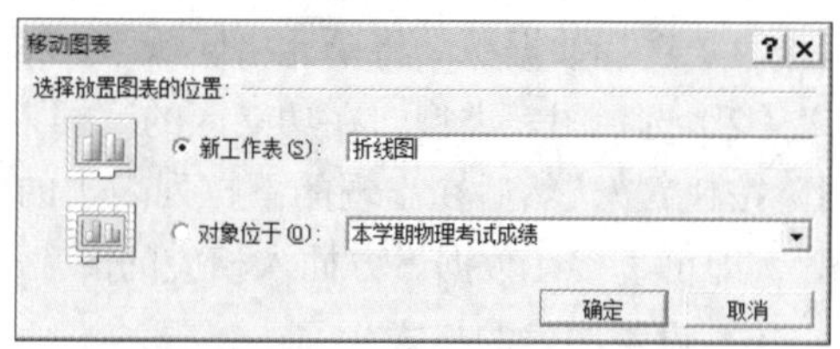

图 3.45　“移动图表”对话框

7．添加误差线

误差线通常用于统计数据，显示潜在的误差或相对于系列中每个数据标志的不确定程度。

在折线图中先选中“王玉清”的成绩曲线，然后在功能区的“设计”选项卡的“图表布局”组中单击“添加图表元素”按钮，在弹出的下拉列表中选择“误差线”→“其他误差线选项”。在屏幕右侧出现的“设置误差线格式”窗格中的“误差线选项”选项卡中的“垂直误差线”选项下，在“方向”选项区域中选中“正负偏差”单选按钮，在“误差量”选项区域中选中“百分比”单选按钮，并在其右侧的文本框中输入“3.0”，如图 3.46 所示。然后单击“关闭”按钮即可完成误差线的设置。

提示

误差线用图形的方式表示了数据系列中每个数据标志的潜在误差。图表中的点代表了实际的样本值，误差线代表了误差值。

8．添加趋势线

趋势线可以过滤掉单次成绩的起伏，从而给出相对正确的发展趋势。

激活图表，然后在功能区的“设计”选项卡的“图表布局”组中单击“添加图表元素”按钮，在弹出的下拉列表中选择“趋势线”→“其他趋势线选项”。在出现的“添加趋势线”对话框中选择基于“王玉清”，单击“确定”按钮。然后在屏幕右侧出现的“设置趋势线格式”窗格中的“趋势线选项”选项卡中，在“趋势线选项”选项下选中“线性”单选按钮，设置趋势线名称为“自定义”，并在右侧的文本框中输入“趋势线（王玉清）”，如图 3.47 所示。最后单击“关闭”按钮即可添加趋势线。添加趋势线后可以看出该同学的成绩呈下滑趋势，应及时找出原因，及早扭转下滑趋势。

9．字号调整

将两个坐标轴标题的字号均设置为“14”，将图例的字号设置为“12”，将两个坐标轴刻度的字号均设置为“11”，最终工作表中的折线图如图 3.38 所示。

10．保存后退出

完成全部操作后，再次保存工作簿文件（文件名及保存位置均不变），然后退出 Excel 2016。

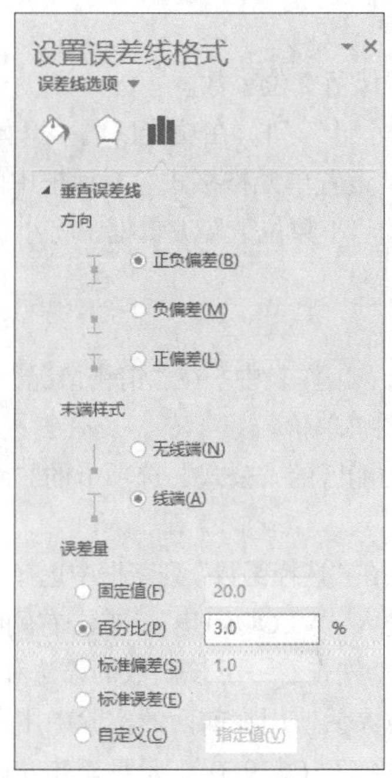

图 3.46　“设置误差线格式”窗格

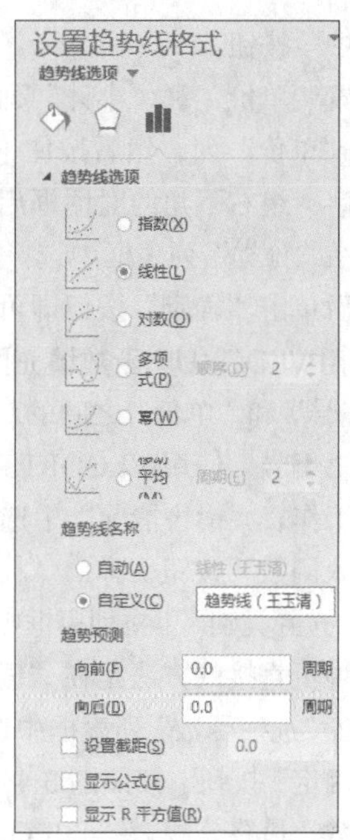

图 3.47　“设置趋势线格式”窗格

11. 打开并另存素材文件

在文件资源管理器中，双击工作簿“实验 3 销售统计基础数据.xlsx”，直接进入 Excel 2016 的工作界面，然后选择“文件”→“另存为”命令，将该文件另存在以你的学号命名的文件夹中，并命名为“图书销售统计_学号”（此处“学号”应为操作人的具体学号，如 2013070218）。

当前工作簿中有两张工作表，分别为“销售情况”和“图书定价”。其中，工作表“图书定价”是一张辅助表，其内容是每本图书的编号、名称和相应定价，可为工作表“销售情况”中的计算提供辅助数据。

下面的操作主要在“销售情况”工作表中进行。

12. 在“图书名称”列的右侧插入一个空列，输入列标题“单价”

（1）在工作表“销售情况”中，单击列标签 F，选中“销量（本）”所在的列，在该列上右击，在弹出的快捷菜单中选择“插入”命令，即可在该列左侧插入新的一列。

（2）选中单元格 F2，输入列标题“单价”。

13. 设置工作表格式

（1）将单元格合并并使标题居中。

选取单元格区域 A1:H1，然后在功能区的“开始”选项卡的“对齐方式”组中单击“合并后居中”按钮。

（2）设置标题的字体属性。

在功能区的“开始”选项卡的“字体”组中单击“字号”文本框右侧的下拉按钮，在弹出的下拉列表中选择“16”。然后单击“字体颜色”按钮右侧的下拉按钮，在出现的颜色面板中选择“紫色”。

（3）设置对齐方式。

按【Ctrl+A】组合键，选中整个工作表，然后在功能区的“开始”选项卡的“对齐方式”组中单击“居中”按钮。

（4）设置“单价”和“小计”列为“数值”格式，并保留 2 位小数。

先选中“单价”列，然后按住【Ctrl】键，再选中“小计”列。在功能区的“开始”选项卡中单击“数字”组右下角的对话框启动器，在出现的“设置单元格格式”对话框中的“数字”选项卡中，在“分类”列表框中选择“数值”，再在右侧的“小数位数”编辑框中将小数位数设置为“2”，最后单击“确定”按钮即可完成设置。

14. 使用 VLOOKUP 函数填充图书单价

“图书编号”和“单价”之间的对应关系在“图书定价”工作表中。在“销售情况”工作表中，可以根据图书编号，使用 VLOOKUP 函数来填充对应的图书单价。

（1）在工作表“销售情况”中选定单元格 F3，再在功能区的“公式”选项卡的“函数库”组中单击“插入函数”按钮，弹出“插入函数”对话框。

（2）在“选择类别”下拉列表框中选择“查找与引用”，在“选择函数”列表框中选择 VLOOKUP 函数；另一种更直接的方法是在“搜索函数”文本框中输入“VLOOKUP”，单击右侧的“转到”按钮，然后在“选择函数”列表框中选择 VLOOKUP 函数。先查看一下该函数的语法和功能简介，然后单击“确定”按钮。按照图 3.48 所示的内容，并注意灵活使用在前面的实验中用过的技巧来设置好各参数，最终公式为“=VLOOKUP(D3,图书定价!$A$3:$C$19,3)”。最后单击“确定”按钮即可填入相应的图书单价。

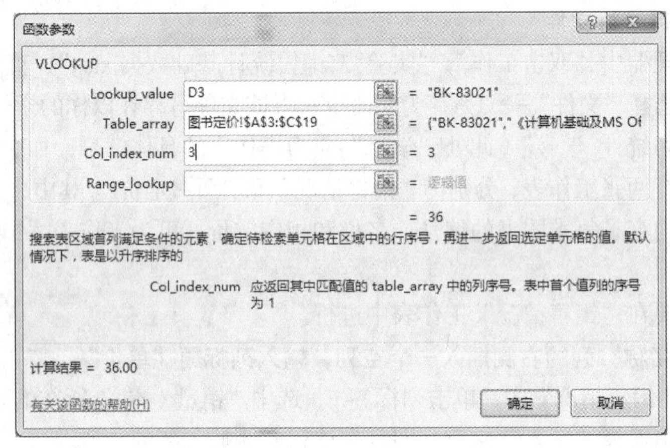

图 3.48　VLOOKUP“函数参数”对话框

（3）公式复制。选择包含计算公式的单元格 F3，将该单元格右下角的填充柄往下拖曳到单元格 F33，松开鼠标左键，即以填充的方式完成了公式的复制，从而完成了图书单价的填充。

15. 使用公式计算“小计”

（1）双击单元格 H3，使其成为活动单元格。

（2）在其中输入公式“=F3*G3”，按【Enter】键结束输入。

（3）复制公式。选择包含计算公式的单元格 H3，将该单元格右下角的填充柄往下拖曳到单元格 H33，松开鼠标左键，即以填充的方式完成了公式的复制，从而计算出了“小计”。

16. 给选定的区域套用表格格式

（1）选择要套用格式的单元格区域 A2:H33。

（2）在功能区的“开始”选项卡的“样式”组中单击“套用表格格式”按钮，出现图 3.22 所示的下拉列表。

（3）选择一种格式，本实验中选择“表样式中等深浅 5”（鼠标指针在各种格式上停留时，将会出现该格式的名称），弹出图 3.49 所示的“套用表格式”对话框。对其中的设置不做修改，直接单击“确定”按钮。

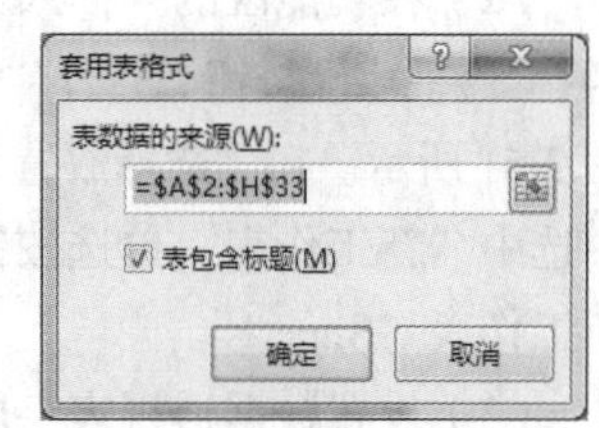

图 3.49 “套用表格式”对话框

（4）在功能区“表格工具”的“设计”选项卡的“表格样式选项”组中，取消选中“筛选按钮”复选框。此时“销售情况”工作表中的内容如图 3.50 所示。保存工作簿文件。

	A	B	C	D	E	F	G	H
1	销售订单明细表							
2	订单编号	日期	书店名称	图书编号	图书名称	单价	销量（本）	小计
3	BTW-08001	2018/1/2	文华书店	BK-83021	《计算机基础及MS Office应用》	36.00	12	432.00
4	BTW-08002	2018/1/4	先锋书店	BK-83033	《嵌入式系统开发技术》	44.00	5	220.00
5	BTW-08003	2018/1/4	先锋书店	BK-83034	《操作系统原理》	39.00	41	1599.00
6	BTW-08004	2018/1/5	先锋书店	BK-83027	《MySQL数据库程序设计》	40.00	21	840.00
7	BTW-08005	2018/1/6	文华书店	BK-83028	《MS Office高级应用》	39.00	32	1248.00
8	BTW-08006	2018/1/9	文华书店	BK-83029	《网络技术》	43.00	3	129.00
9	BTW-08007	2018/1/9	先锋书店	BK-83030	《数据库技术》	41.00	1	41.00
10	BTW-08008	2018/1/10	文华书店	BK-83031	《软件测试技术》	36.00	3	108.00
11	BTW-08009	2018/1/10	先锋书店	BK-83035	《计算机组成与接口》	40.00	43	1720.00
12	BTW-08010	2018/1/11	博雅书店	BK-83022	《计算机基础及Photoshop应用》	34.00	22	748.00
13	BTW-08011	2018/1/11	文华书店	BK-83023	《C语言程序设计》	42.00	31	1302.00
14	BTW-08012	2018/1/12	博雅书店	BK-83032	《信息安全技术》	39.00	19	741.00
15	BTW-08013	2018/1/12	文华书店	BK-83036	《数据库原理》	37.00	43	1591.00
16	BTW-08014	2018/1/13	博雅书店	BK-83024	《VB语言程序设计》	38.00	39	1482.00
17	BTW-08015	2018/1/15	文华书店	BK-83025	《Java语言程序设计》	39.00	30	1170.00
18	BTW-08016	2018/1/16	文华书店	BK-83026	《Access数据库程序设计》	41.00	43	1763.00
19	BTW-08017	2018/1/16	文华书店	BK-83037	《软件工程》	43.00	40	1720.00
20	BTW-08018	2018/1/17	文华书店	BK-83021	《计算机基础及MS Office应用》	36.00	44	1584.00
21	BTW-08019	2018/1/18	先锋书店	BK-83033	《嵌入式系统开发技术》	44.00	33	1452.00
22	BTW-08020	2018/1/19	文华书店	BK-83034	《操作系统原理》	39.00	35	1365.00
23	BTW-08021	2018/1/22	先锋书店	BK-83027	《MySQL数据库程序设计》	40.00	22	880.00
24	BTW-08022	2018/1/23	先锋书店	BK-83028	《MS Office高级应用》	39.00	38	1482.00
25	BTW-08023	2018/1/24	博雅书店	BK-83029	《网络技术》	43.00	5	215.00
26	BTW-08024	2018/1/24	文华书店	BK-83030	《数据库技术》	41.00	32	1312.00
27	BTW-08025	2018/1/25	文华书店	BK-83031	《软件测试技术》	36.00	19	684.00
28	BTW-08026	2018/1/26	博雅书店	BK-83035	《计算机组成与接口》	40.00	38	1520.00
29	BTW-08027	2018/1/26	文华书店	BK-83022	《计算机基础及Photoshop应用》	34.00	29	986.00
30	BTW-08028	2018/1/29	文华书店	BK-83023	《C语言程序设计》	42.00	45	1890.00
31	BTW-08029	2018/1/30	文华书店	BK-83032	《信息安全技术》	39.00	4	156.00
32	BTW-08030	2018/1/31	文华书店	BK-83036	《数据库原理》	37.00	7	259.00
33	BTW-08031	2018/1/31	博雅书店	BK-83024	《VB语言程序设计》	38.00	34	1292.00

图 3.50 “销售情况”工作表

17. 创建数据透视表

运用数据透视表，能从工作表的数据清单中快速提取信息，还可以对数据清单进行重新布局和分类汇总，并能立即计算出结果。

本步骤的要求为：为工作表“销售情况”中的销售数据创建一个数据透视表，并将其放置在一个名为“数据透视分析”的新工作表中；针对各书店比较各类书每天的销售额；其中，书店名称为列标签，日期和图书名称为行标签，并对销售额进行求和。

（1）选择需要创建数据透视表的数据区域，该数据区域要包含列标题。本处首先选择单元格区域 A2:H33。

在创建数据透视表之前，要保证数据区域必须包含列标题，并且该区域中没有空行。

（2）在功能区的“插入”选项卡的“表格”组中单击“数据透视表”按钮，打开“创建数据透视表”对话框，如图 3.51 所示。在“选择放置数据透视表的位置”选项区域中选中“新工作表”单选按钮。单击“确定”按钮，出现新工作表“Sheet1”。

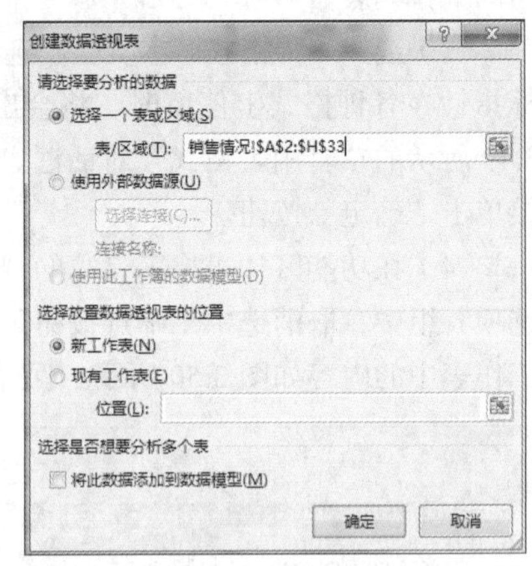

图 3.51 “创建数据透视表”对话框

（3）设置数据透视表字段。此时屏幕右侧会出现“数据透视表字段”窗格。根据题目的要求，按住鼠标左键将字段名拖曳到相应的位置，如图 3.52 所示。具体操作为：将“书店名称”拖到“列”区域中，“日期”和“图书名称”依次拖到“行”区域中，“小计”拖到“值”区域中。最终效果（部分）如图 3.53 所示。

根据题目的要求，将工作表重命名为“数据透视分析”。

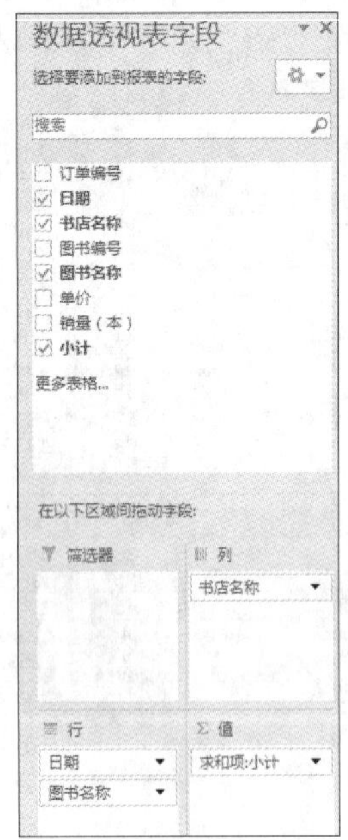

图 3.52 “数据透视表字段”窗格

求和项:小计 行标签	列标签 博雅书店	文华书店	先锋书店	总计
2018/1/2		**432**		**432**
《计算机基础及MS Office应用》		432		432
2018/1/4			**1819**	**1819**
《操作系统原理》			1599	1599
《嵌入式系统开发技术》			220	220
2018/1/5			**840**	**840**
《MySQL数据库程序设计》			840	840
2018/1/6		**1248**		**1248**
《MS Office高级应用》		1248		1248
2018/1/9		**129**	**41**	**170**
《数据库技术》			41	41
《网络技术》		129		129
2018/1/10		**108**	**1720**	**1828**
《计算机组成与接口》			1720	1720
《软件测试技术》		108		108
2018/1/11	**748**	**1302**		**2050**
《C语言程序设计》		1302		1302
《计算机基础及Photoshop应用》	748			748
2018/1/12	**741**	**1591**		**2332**
《数据库原理》		1591		1591
《信息安全技术》	741			741
2018/1/13	**1482**			**1482**
《VB语言程序设计》	1482			1482
2018/1/15		**1170**		**1170**
《Java语言程序设计》		1170		1170
2018/1/16		**3483**		**3483**
《Access数据库程序设计》		1763		1763
《软件工程》		1720		1720
2018/1/17		**1584**		**1584**
《计算机基础及MS Office应用》		1584		1584
2018/1/18			**1452**	**1452**
《嵌入式系统开发技术》			1452	1452

图 3.53 “数据透视表”的最终效果（部分）

18. 在数据透视表的基础上，创建以图形显示数据的数据透视图

根据生成的数据透视表，在其右侧创建一个簇状柱形图，在图中仅显示先锋书店的销售情况。

（1）选中数据透视表，在功能区选项卡的右侧会出现“分析”选项卡，如图 3.54 所示。

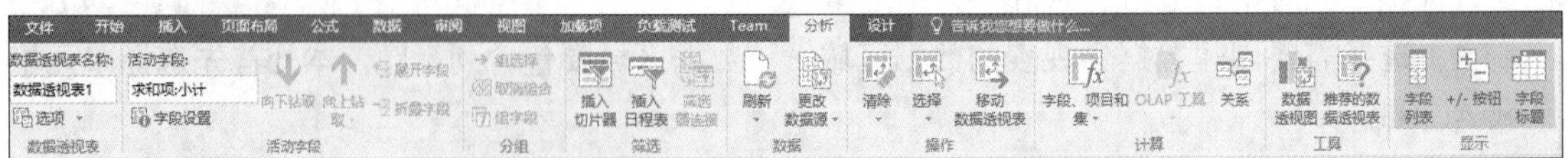

图 3.54 “分析”选项卡

（2）在该选项卡的“工具”组中单击“数据透视图”按钮，在弹出的“插入图表”对话框中选择“簇状柱形图”。单击“确定”按钮。

（3）在数据透视图中单击“书店名称”右侧的下拉按钮，在弹出的下拉列表中选中“先锋书店”复选框。单击“确定”按钮。

（4）移动该图，使其左上角与单元格 E2 的左上角重合，然后将图表调整至与单元格区域 E2:L24 差不多的大小。

19. 页面设置

如果条件允许，请进行页面设置，设置完成后预览并打印表格。

（1）设置页面。

在功能区的“页面布局”选项卡中，单击“页面设置”组右下角的对话框启动器，出现“页面设置”对话框。在该对话框中的“页面”选项卡（见图 3.55）中，可以设置打印方向、缩放比例、纸张大小以及打印质量等。此处设置纸张大小为“A4”。

（2）设置页边距。

单击“页面设置”对话框中的“页边距”标签，在“页边距”选项卡（见图 3.56）中，可以设置页面中文字与页面边缘之间的距离等。此处设置左、右、上、下页边距均为“2”。

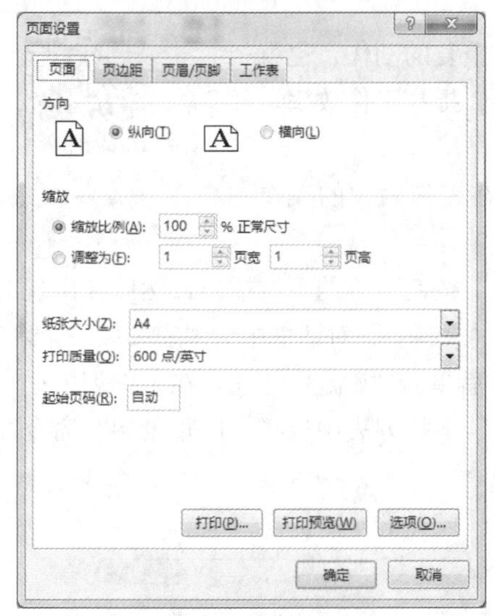

图 3.55　“页面设置”对话框中的“页面”选项卡

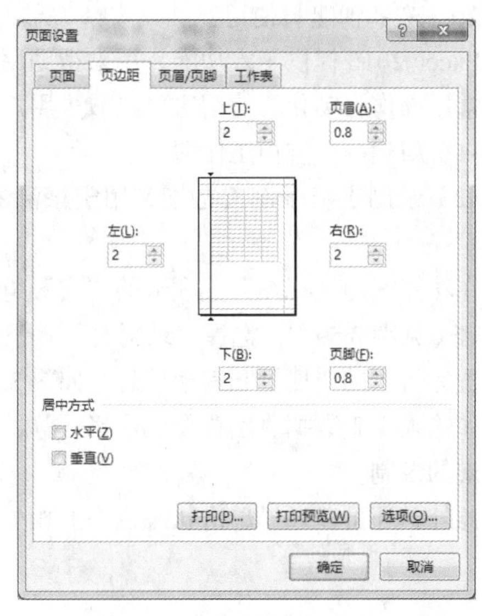

图 3.56　“页面设置”对话框中的“页边距”选项卡

（3）设置页眉/页脚。

单击“页面设置”对话框中的“页眉/页脚”标签，在“页眉/页脚”选项卡（见图 3.57）中，可以选择内置的页眉和页脚格式。如果要自定义页眉或页脚格式，可以单击“自定义页眉”或“自定义页脚”按钮，然后在出现的对话框中进行设置。单击“确定”按钮，退出“页脚”对话框。

此处设置页脚为当前日期，且靠右放置。操作方法是在“页面设置”对话框中的“页眉/页脚”选项卡中，单击“自定义页脚”按钮，然后在出现的“页脚”对话框（见图 3.58）中，先将插入点移至“右”编辑框内，再单击“插入日期”按钮即可。

此外，在“页面设置”对话框中的“工作表”选项卡中，可以对工作表进行设置，如设置打印区域、打印标题、打印顺序等。单击“确定”按钮，退出“页面设置”对话框。

再次保存工作簿文件（文件名及保存位置均不变），工作表“数据透视分析”中的内容如图 3.39 所示。关闭该文件，但不退出 Excel 2016。

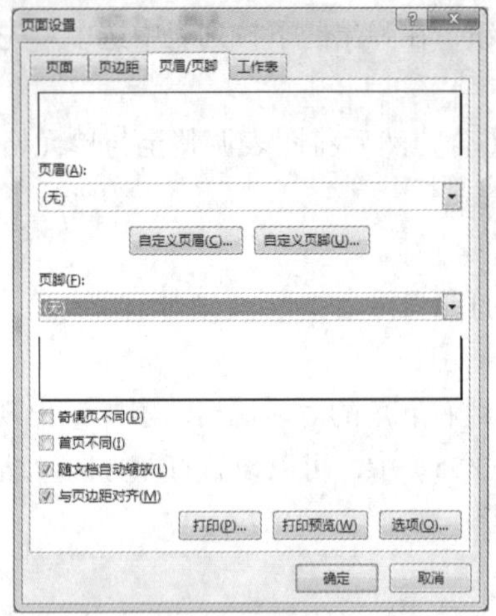

图 3.57 “页眉/页脚”选项卡

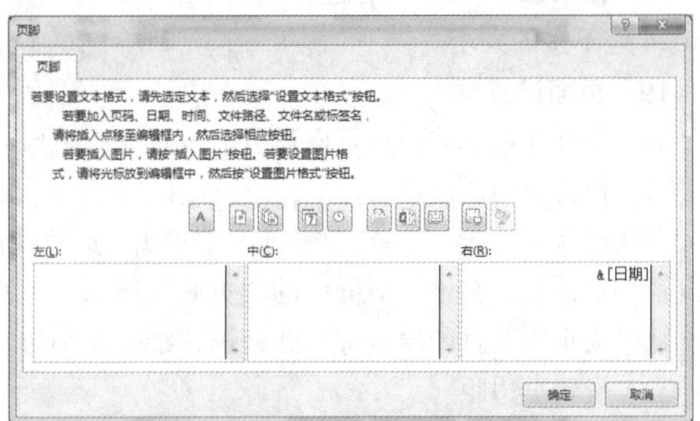

图 3.58 “页脚”对话框

20. 宏的创建与使用

Excel 2016 提供了宏功能，用来帮助用户自动执行重复的动作，也就是使常用操作自动化。使用宏可以减少用户的工作步骤，提高工作效率。

（1）新建一个空白工作簿。

（2）录制宏。录制宏是指利用宏录制器记录用户在工作表中的操作步骤。

在功能区的“视图”选项卡的“宏”组中单击“宏”按钮下方的下拉按钮，然后在出现的下拉列表（见图 3.59）中选择“录制宏”命令，在出现的“录制宏”对话框中为“宏”取一个名字，并设置运行宏的快捷键和其他信息，如图 3.60 所示，然后单击“确定”按钮。在工作表中进行操作，如输入基础数据、设置单元格格式等，最后在“宏”下拉列表中选择“停止录制”命令即可完成宏的录制。

此外，还可以通过单击状态栏中的相关按钮来完成“宏”的录制。

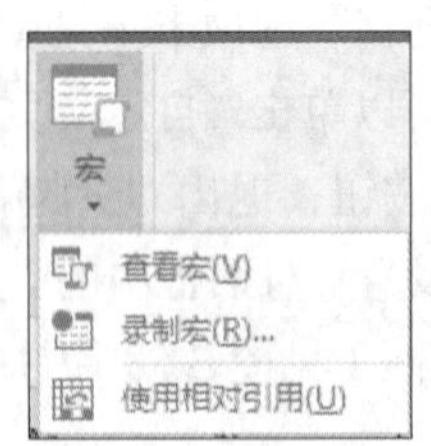

图 3.59 “宏”下拉列表

图 3.60 “录制宏”对话框

（3）运行宏。

运行宏主要有以下两种方法。

① 对话框法。

新建一张工作表“Sheet2”，在功能区“视图”选项卡的“宏”组中单击“宏”按钮下方的下拉按钮，然后在出现的下拉列表（见图 3.59）中，选择“查看宏”命令。在出现的“宏”对话框（见图 3.61）中，选择需要运行的宏（本题为“Try”），单击“执行”按钮。

② 快捷键法。

如果在录制宏时已设置了执行宏的快捷键，可直接使用该快捷键执行宏。如果在录制宏时未设置执行宏的快捷键，可在“宏”对话框（见图 3.59）中单击“选项”按钮，然后在弹出的“宏选项”对话框中进行设置。

新建一张工作表“Sheet3”，直接按下图 3.60 所示的快捷键，即可执行该宏。

（4）设置宏

在图 3.61 所示的“宏”对话框中，还可以对录制完成的宏进行一些其他的相关设置，如查看、编辑或删除等。

此时当前工作簿中只有 3 张内容相同的工作表。将此工作簿文件保存在以你的学号命名的文件夹中，文件名为“宏的创建与使用_学号”（此处“学号”应为操作人的具体学号，如 2013070218）。

21. 提交本次作业

退出 Excel 2016。按照任课教师的要求，提交“物理课考试成绩分析_学号.xlsx”“图书销售统计_学号”“宏的创建与使用_学号”这 3 个文件（这几处“学号”均应为操作人的具体学号）。

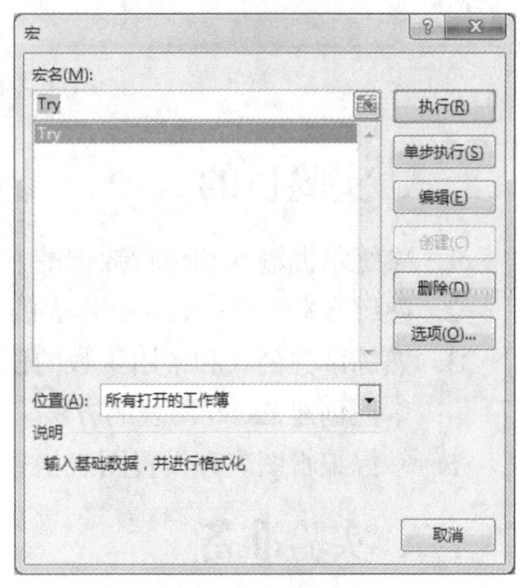

图 3.61　“宏”对话框

思考与练习

1. 如何创建图表？
2. 如何快速设置图表中图表对象的格式？
3. 生成嵌入式图表和生成独立图表在操作上有什么区别？
4. 打开“Excel 实验 3 素材”文件夹中的工作簿文件“Excel_lx3.xlsx”，以工作表“产品销售情况表”内的数据清单的内容为依据建立数据透视表，其中行标签为“分公司”，列标签为“产品名称”，求和项为“销售额（万元）”，并将其置于现工作表中的单元格区域 I6:M20。编辑完成后，将该文件另存到以你的学号命名的文件夹中，文件名为“lx3_学号”（此处“学号”应为操作人的具体学号，如 2013070218）。

3.4　Excel 2016 的综合练习

实验一　Excel 2016 功能的综合运用（一）

按照图 3.62 所示样文，制作一张反映某大学校园歌手比赛情况的工作表。

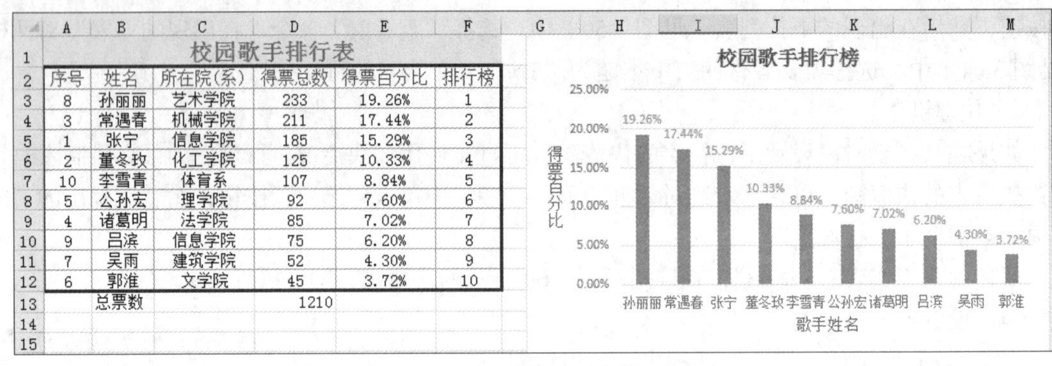

校园歌手排行表					
序号	姓名	所在院(系)	得票总数	得票百分比	排行榜
8	孙丽丽	艺术学院	233	19.26%	1
3	常遇春	机械学院	211	17.44%	2
1	张宁	信息学院	185	15.29%	3
2	董冬玫	化工学院	125	10.33%	4
10	李雪青	体育系	107	8.84%	5
5	公孙宏	理学院	92	7.60%	6
4	诸葛明	法学院	85	7.02%	7
9	吕滨	信息学院	75	6.20%	8
7	吴雨	建筑学院	52	4.30%	9
6	郭淮	文学院	45	3.72%	10
	总票数		1210		

图 3.62 “得分情况表”工作表样文

一、实验目的

1. 熟练掌握输入和编辑数据的方法。
2. 熟练掌握美化 Excel 工作表的方法。
3. 熟练掌握公式和常用函数的使用方法。
4. 掌握创建 Excel 图表的方法。
5. 掌握编辑图表和设置图表格式的方法。

二、实验准备

打开文件资源管理器，在 E 盘根目录下创建一个以你的学号命名的文件夹，如 2013070218。

三、实验要求与步骤

1. 输入和编辑原始数据

启动 Excel 2016，新建一个工作簿，将工作表“Sheet1”重命名为“得分情况表”，从单元格 A1 起输入图 3.63 所示的内容（要求“序号”列按自动填充方式输入）。然后将此工作簿文件保存在以你的学号命名的文件夹中，文件名为“Excel 练习 1_学号”（此处“学号”应为操作人的具体学号，如 2013070218）。

	A	B	C	D	E	F
1	校园歌手排行表					
2	序号	姓名	所在院(系)	得票总数	得票百分比	排行榜
3	1	张宁	信息学院	185		
4	2	董冬玫	化工学院	125		
5	3	常遇春	机械学院	211		
6	4	诸葛明	法学院	85		
7	5	公孙宏	理学院	92		
8	6	郭淮	文学院	45		
9	7	吴雨	建筑学院	52		
10	8	孙丽丽	艺术学院	233		
11	9	吕滨	信息学院	75		
12	10	李雪青	体育系	107		
13		总票数				

图 3.63 基础数据

2. 在工作表“得分情况表”中进行如下操作

（1）将标题“校园歌手排行表”设置为蓝色、加粗、16 号字。将单元格区域 A1:F1 合并并使标题居中，同时，设置填充颜色为“黄色”。

（2）将第 2 行列标题设置为水平和垂直居中、深红色、12 号字。

（3）设置自动调整各行行高，自动调整各列列宽。

（4）计算总票数和每位选手的得票百分比（该数值为“百分比”格式，且小数位数为 2 位）。

（5）按得票百分比从高到低排序，并将名次填入“排行榜”列中。

（6）选中单元格区域 A2:F12，设置外框线为深蓝色、最粗的单线，内框线为浅蓝色、最细的单线，该区域内所有内容水平和垂直居中。

（7）根据姓名和得票百分比两项数据制作“二维簇状柱形图”，设置图表标题为“校园歌手排行榜”，字号为“14”，加粗，字体颜色为“深红”，位置在图表上方。添加横坐标轴标题为“歌手姓名”，纵坐标轴标题为“得票百分比”，且呈竖排显示。设置两个坐标轴标题的字号为“11”，颜色为“紫色”。最后添加数据标签，显示相应的数值，并将数据标签的颜色设置为“浅蓝”。

（8）移动图表，将其置于数据的正右侧。

最终工作表“得分情况表”中的内容如图 3.62 所示。

3. 保存并退出

完成全部操作后，再次保存工作簿文件（文件名及保存位置均不变），然后退出 Excel 2016。

实验二　Excel 2016 功能的综合运用（二）

按照图 3.64、图 3.65 和图 3.66 所示的样文，制作某校期末成绩分析的工作表。

	A	B	C	D	E	F	G	H	I	J	K	L
1	学号	姓名	班级	语文	数学	英语	生物	地理	历史	政治	总分	平均分
2	120104	杜江	1班	102.0	116.0	113.0	78.0	88.0	86.0	73.0	656.0	93.7
3	120103	乔飞	1班	95.0	85.0	99.0	98.0	92.0	92.0	88.0	649.0	92.7
4	120105	苏明	1班	88.0	98.0	101.0	89.0	73.0	95.0	91.0	635.0	90.7
5	120102	赵康	1班	110.0	95.0	98.0	99.0	93.0	93.0	92.0	680.0	97.1
6	120101	曾令煊	1班	97.5	106.0	108.0	98.0	99.0	99.0	96.0	703.5	100.5
7	120106	范世琦	1班	90.0	111.0	116.0	72.0	95.0	93.0	95.0	672.0	96.0
8			**1班 平均值**	97.1	101.8	105.8	89.0	90.0	93.0	89.2		
9	120203	陈莉	2班	97.0	99.0	92.0	86.0	86.0	73.0	92.0	625.0	89.3
10	120206	李凯	2班	102.0	103.0	104.0	88.0	89.0	78.0	90.0	654.0	93.4
11	120204	刘锋	2班	95.0	92.0	96.0	84.0	95.0	91.0	92.0	645.0	92.1
12	120201	孟鹏举	2班	93.5	107.0	96.0	100.0	93.0	92.0	93.0	674.5	96.4
13	120202	张文文	2班	90.0	107.0	89.0	88.0	92.0	88.0	89.0	643.0	91.9
14	120205	王真	2班	103.5	105.0	100.5	93.0	93.0	90.0	86.0	671.0	95.9
15			**2班 平均值**	96.8	102.2	96.3	89.8	91.3	85.3	90.3		
16	120305	李平	3班	101.0	89.0	94.0	92.0	91.0	86.0	86.0	639.0	91.3
17	120301	魏敏	3班	99.0	98.0	91.5	95.0	91.0	95.0	88.0	657.5	93.9
18	120306	王志刚	3班	101.0	94.0	99.0	90.0	87.0	95.0	93.0	659.0	94.1
19	120302	赵娜娜	3班	78.0	95.0	94.0	84.0	90.0	93.0	84.0	618.0	88.3
20	120304	王冬声	3班	95.0	97.5	102.0	93.0	95.0	92.0	88.0	662.5	94.6
21	120303	盛梦雨	3班	84.0	100.0	97.0	87.0	78.0	89.0	93.0	628.0	89.7
22			**3班 平均值**	93.0	95.6	96.3	90.2	88.7	91.7	88.7		
23			**总计平均值**	95.6	99.9	99.4	89.7	90.0	90.0	89.4		

图 3.64　“成绩分析”工作表样文

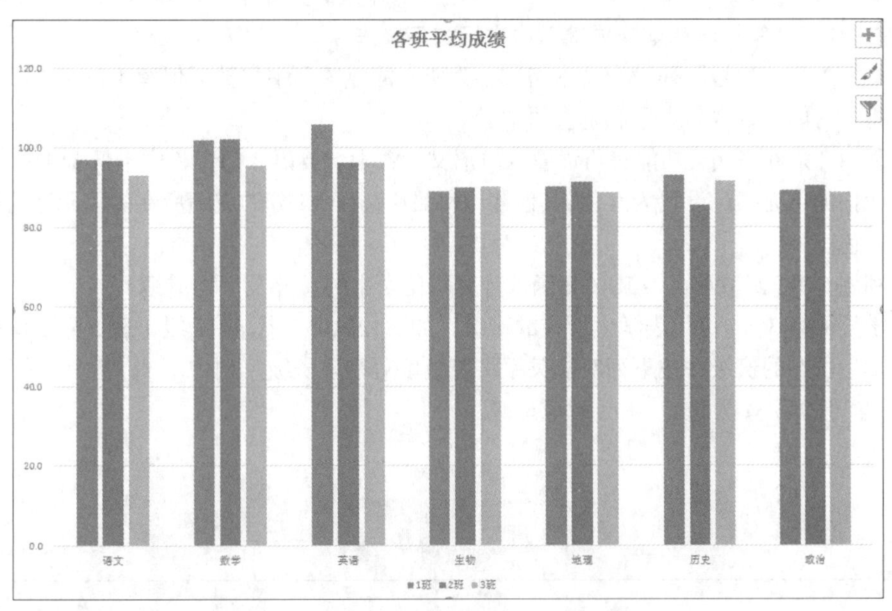

图 3.65　“平均成绩分析图”工作表样文

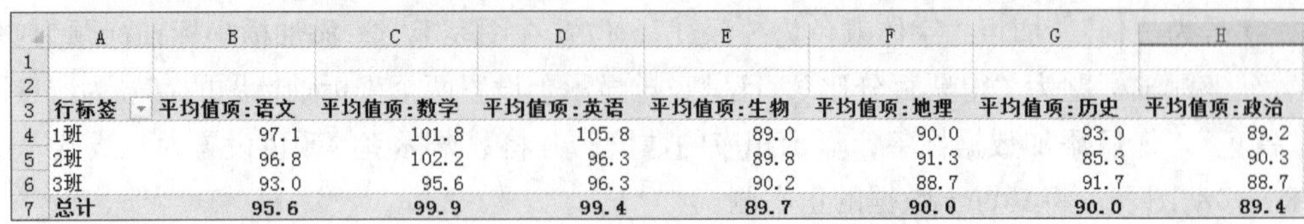

	A	B	C	D	E	F	G	H
1								
2								
3	行标签	平均值项:语文	平均值项:数学	平均值项:英语	平均值项:生物	平均值项:地理	平均值项:历史	平均值项:政治
4	1班	97.1	101.8	105.8	89.0	90.0	93.0	89.2
5	2班	96.8	102.2	96.3	89.8	91.3	85.3	90.3
6	3班	93.0	95.6	96.3	90.2	88.7	91.7	88.7
7	总计	95.6	99.9	99.4	89.7	90.0	90.0	89.4

图 3.66 “平均成绩透视表”工作表样文

一、实验目的

1. 熟练掌握创建和编辑数据清单的方法。
2. 熟练掌握美化 Excel 工作表的方法。
3. 熟练掌握公式和常用函数的使用方法。
4. 熟练掌握排序和分类汇总的方法。
5. 熟练掌握创建和编辑 Excel 图表的方法。
6. 掌握创建数据透视表的方法。

二、实验准备

打开文件资源管理器，将\实验素材\Excel 2016 的综合练习\文件夹中的文件“实验 4　Excel 练习 2 基础数据.xlsx”复制到以你的学号命名的文件夹中。

三、实验要求与步骤

1. 打开并另存工作簿文件

在文件资源管理器中，双击工作簿“实验 4　Excel 练习 2 基础数据.xlsx”，直接进入 Excel 2016 的工作界面。然后选择“文件”→“另存为”命令，将该文件另存在以你的学号命名的文件夹中，并命名为“Excel 练习 2_学号”（此处“学号”应为操作人的具体学号，如 2013070218）。

2. 在工作表“第一学期期末成绩”中进行如下操作

（1）将第 1 列“学号”列设为文本格式，为所有的成绩列中的数据保留 1 位小数。

（2）将所有内容设置为水平和垂直居中。

（3）利用“条件格式”功能进行设置：将语文、数学、英语 3 门主科中不低于 110 分的成绩所在的单元格的填充颜色设置为红色，其他 4 门科目中高于 95 分的成绩所在的单元格的填充颜色设置为浅红色。

（4）利用 SUM 函数和 AVERAGE 函数计算每位学生的总分及平均成绩。

（5）学号的第 3、4 位代表学生所在的班级，如“120105”代表 12 级 1 班 5 号。请利用函数提取每个学生所在的班级并按下列对应关系将班级填写在“班级”列中。

学号的第 3、4 位	对应班级
01	1 班
02	2 班
03	3 班

可使用 LOOKUP 函数的第 1 种格式，函数参数的设置如图 3.67 所示。

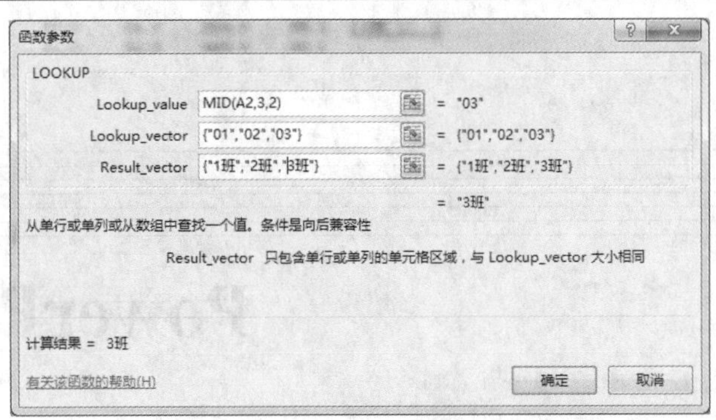

图 3.67　LOOKUP“函数参数”对话框

（6）复制工作表“第一学期期末成绩”，将副本放置于原表之后。设置该副本的标签颜色为“浅蓝”，并将其重命名为“成绩分析”。

（7）利用分类汇总功能求出每个班各科的平均成绩，并使每组结果分页显示。调整列宽，让各列的内容都能完整地显示出来。最终工作表“成绩分析”中的内容如图 3.64 所示。

（8）以分类汇总的结果为基础，创建一个簇状柱形图，对每个班各科的平均成绩进行比较。将图表标题设为“各班平均成绩”，标题字号为“16”，字体颜色为“紫色”，并将标题文字加粗，然后将该图表放置在一张名为“平均成绩分析图”的新工作表中。最终工作表“平均成绩分析图”中的内容如图 3.65 所示。

（9）根据工作表“第一学期期末成绩”，创建一个数据透视表。将该表放置于一张名为“平均成绩透视表”的新工作表中，并将工作表标签的颜色设置为“红色”。要求在该数据透视表中，按照语文、数学、英语、生物、地理、历史、政治的顺序统计各班各科成绩的平均分，其中行标签为班级；表示成绩的数值保留 1 位小数。最终工作表“平均成绩透视表”中的内容如图 3.66 所示。

（10）如果条件允许，请对工作表“平均成绩透视表”进行如下设置，完成后进行打印预览。

① 设置纸张大小为“A4”，纸张方向为“横向”，左、右、上、下页边距均为“2 厘米”。

② 设置页脚的内容为当前文件名，并将其居中放置。

3. 保存并提交本次作业

再次保存工作簿文件（文件名及保存位置均不变），退出 Excel 2016。

按照任课教师的要求，提交“Excel 练习 1_学号.xlsx”和“Excel 练习 2_学号.xlsx”这两个文件（这两处“学号”均应为操作人的具体学号）。

第 4 章 PowerPoint 2016

4.1 PowerPoint 2016 的基本操作

建立图 4.1 所示的演示文稿。

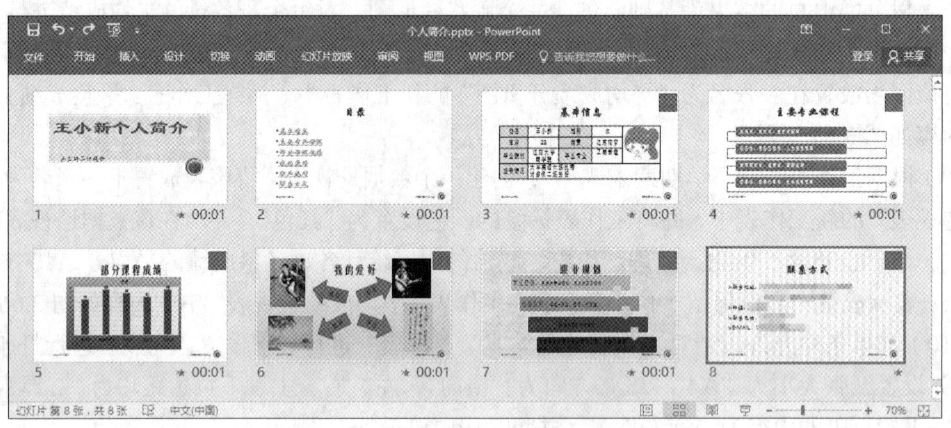

图 4.1 “个人简介.pptx”演示文稿样文

一、实验目的

1. 掌握建立空白演示文稿的方法。
2. 掌握插入不同版式的幻灯片的方法。
3. 掌握修改幻灯片的操作方法。
4. 掌握在幻灯片中插入图片、艺术字、表格、图表、SmartArt 图形等的方法。
5. 掌握超链接、动作按钮的设置方法。
6. 掌握切换幻灯片和设置动画效果的方法。
7. 掌握放映幻灯片的各种方法。
8. 掌握使用主题对演示文稿的外观进行统一设置的方法。
9. 掌握使用母版对幻灯片进行统一设置的方法。
10. 掌握对幻灯片进行设置背景格式的方法。

二、实验准备

打开文件资源管理器，在 E 盘根目录下创建一个以自己的学号命名的文件夹，如 2019070218，然后将\实验素材\PPT 基本操作\文件夹中的图片文件“pic1.jpg”和“pic2.jpg”复制到自己的文件夹中。

三、实验要求

设计某学生的个人资料的演示文稿，将文件以“个人简介.pptx”为名保存在以自己的学号命名的文件夹中。掌握建立各种版式的幻灯片的方法。为演示文稿添加一张目录幻灯片，设置目录中的文字链接到相应的幻灯片，并在相应的幻灯片上添加动作按钮，使其链接至目录。为幻灯片设置切换方式和动画效果。

四、实验步骤与操作指导

1. 演示文稿的创建

（1）创建第 1 张幻灯片。

① 启动 PowerPoint 2016，单击“空白演示文稿”按钮，系统将创建一个名为“演示文稿 1”的空白演示文稿。第 1 张幻灯片默认采用“标题幻灯片”版式。

② 单击幻灯片上方的文本框，即“单击此处添加标题”文本框，输入主标题“王小新个人简介”，单击幻灯片下方的文本框，即“单击此处添加副标题”文本框，输入副标题“为应聘工作提供”。将主标题的格式设置为隶书、60 号字、紫色、加粗并添加文字阴影，将副标题的格式设置为华文楷体、32 号字、红色，如图 4.2 所示。同学们可将“王小新”改为自己的姓名。

③ 单击快速访问工具栏中的“保存”按钮，在“另存为”对话框中输入文件名称为“个人简介”，选择保存位置为以自己学号命名的文件夹后，然后单击对话框中的“保存”按钮。

（2）插入第 2 张幻灯片。

① 打开“开始”选项卡，在“幻灯片”组中单击“新建新幻灯片”按钮，即可添加第 2 张幻灯片，其版式默认为“标题和内容”，如图 4.3 所示。

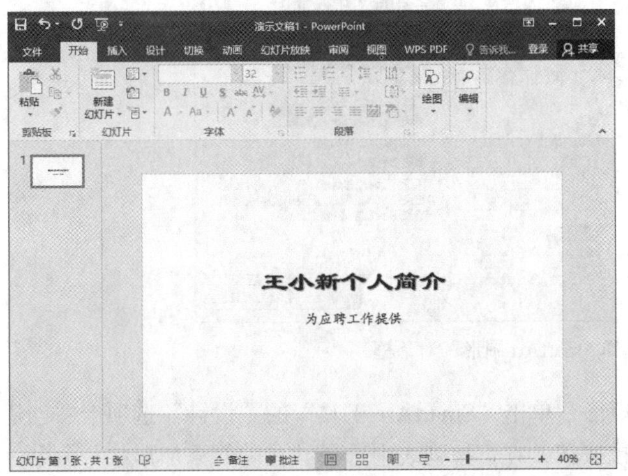

图 4.2　第 1 张幻灯片的效果

图 4.3　第 2 张幻灯片的版式

② 在第 2 张幻灯片的标题处输入“基本信息”。单击“段落”组中的“居中”按钮，将标题“居中”。单击“单击此处添加文本”文本框内的“插入表格”按钮，插入一个 4 行 5 列的表格。

③ 设置表格样式为“无样式、网格型”。选中表格，单击“表格工具”的“设计”选项卡中“表格样式”组中的“无样式、网格型”按钮。

④ 选中表格最后一行第 2 ~ 5 列的单元格，单击鼠标右键，在弹出的快捷菜单中选择“合并单元格”命令。同样，合并第 1 ~ 3 行第 5 列的单元格。

⑤ 输入图 4.4 所示的信息，也可将表格中的相关信息改为自己的信息。为表格第 1 列和第 3 列添加底纹，在表格最右边的单元格中插入自己的照片或以自己的学号命名的文件夹中的图片“pic1.jpg”，设置表格内的文字在水平和垂直方向上均居中，将最后一行右边单元格内的文字设置水平方向左对齐。将表格调整至适当的大小。

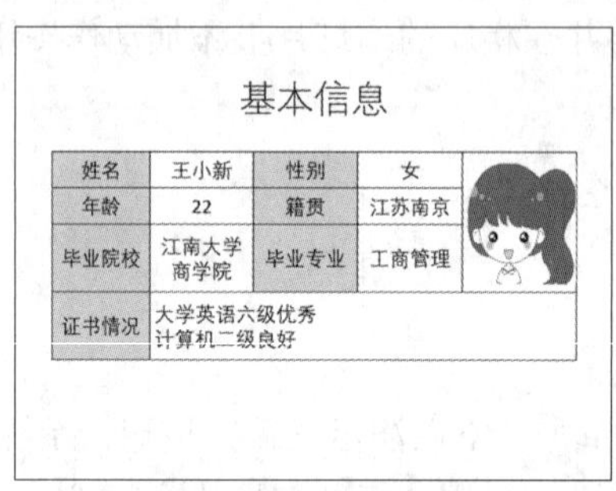

图 4.4　第 2 张幻灯片的效果

⑥ 单击“保存”按钮。

（3）插入第 3 张幻灯片。

① 单击“插入”选项卡中的“幻灯片”组中的“新建幻灯片”按钮，即可添加第 3 张幻灯片。

② 在第 3 张幻灯片的标题处输入“主要专业课程”。单击“单击此处添加文本”文本框内的“插入 SmartArt 图形”按钮，弹出图 4.5 所示的“选择 SmartArt 图形”对话框，从中选择“垂直框列表”。

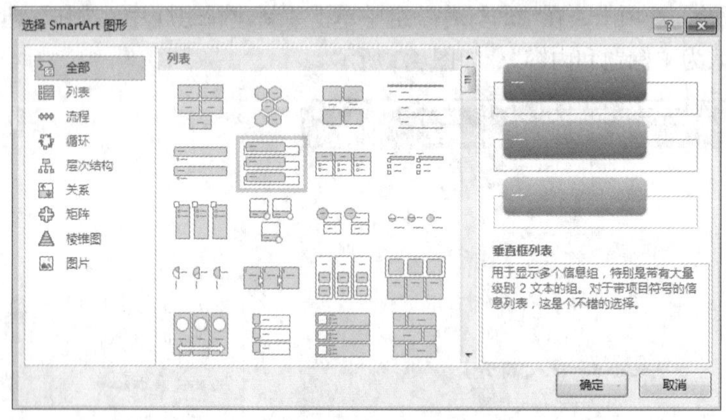

图 4.5　“选择 SmartArt 图形”对话框

③ 选中 SmartArt 图形中的最后一个矩形，单击“SmartArt 工具”的“设计”选项卡“创建图形”组中的“添加形状”按钮旁边的下拉按钮，在下拉列表中选择“在后面添加形状”命令，即可为 SmartArt 图形添加形状。

④ 单击“创建图形”组中的“文本窗格”按钮，在弹出的“文本窗格”中输入图 4.6 所示的文字，输入完毕后关闭“文本窗格”。同学们也可以上自己学院网站查找本专业主要专业课程。

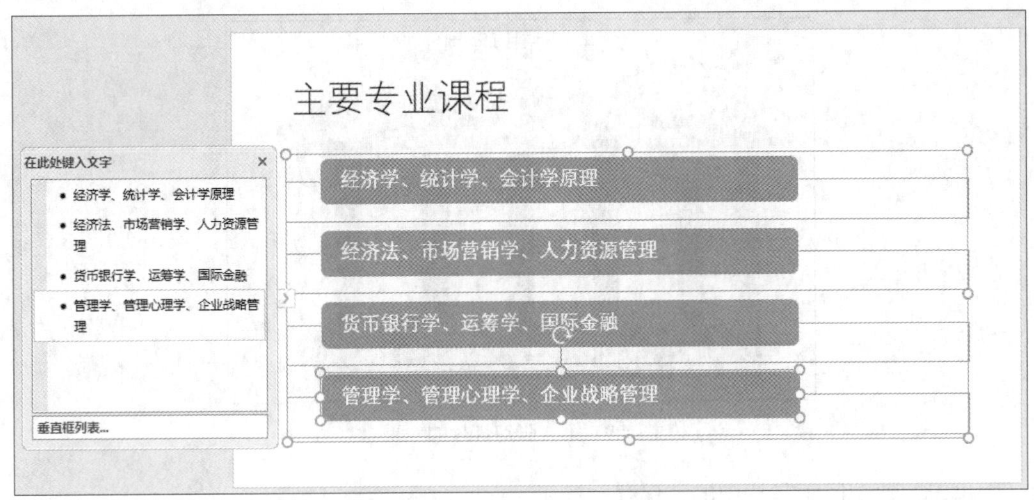

图 4.6　编辑第 3 张幻灯片时的效果

⑤ 单击“SmartArt 工具”的“设计”选项卡，在“SmartArt 样式”组中单击“更改颜色”按钮，在弹出的下拉列表中选择一种颜色。

（4）插入第 4 张幻灯片。

① 在“开始”选项卡下“幻灯片”组中单击“新建幻灯片”按钮下方的下拉按钮，在弹出的下拉列表中选择“仅标题”版式。输入标题“部分课程成绩”。

② 单击“插入”选项卡“插图”组中的“图表”按钮，在弹出的“插入图表”对话框中选择“簇状柱形图”，单击“确定”按钮。此时，在插入系统预置的图表的同时将打开作为数据源的 Excel 表格，如图 4.7 所示。

③ 删除预置数据，拖动蓝色区域右下角的控点来增加一行，删除 C 列、D 列，修改数据，如图 4.8 所示。

Microsoft PowerPoint 中的图表

	A	B	C	D	E
1		系列 1	系列 2	系列 3	
2	类别 1	4.3	2.4	2	
3	类别 2	2.5	4.4	2	
4	类别 3	3.5	1.8	3	
5	类别 4	4.5	2.8	5	
6					
7					

图 4.7　图表中预置的数据源

	成绩
管理学	75
市场营销学	95
经济学	88
统计学	80
会计学	95

图 4.8　修改后的数据源

④ 幻灯片中的图表随着数据的修改而变化。数据修改完成后关闭 Excel 窗口。如还需修改数据，可右击图表，在弹出的快捷菜单中选择“编辑数据”，即可自动打开 Excel 窗口。

⑤ 右击某一成绩的柱形，在弹出的快捷菜单中选择“添加数据标签”命令。右击图表区，在弹出的快捷菜单中选择“设置图表区域格式”命令，在打开的窗格中设置图表区的填充颜色为绿色渐变填充。右击绘图区，在弹出的快捷菜单中选择“设置绘图区格式”命令，在打开的窗格中设置绘图区的填充色为“黄色”。右击某一成绩的柱形，在弹出的快捷菜单中选择“设置数据系列格式”命令，在打开的窗格中设置填充颜色和轮廓颜色。

⑥ 第 4 张幻灯片制作好后的效果如图 4.9 所示。

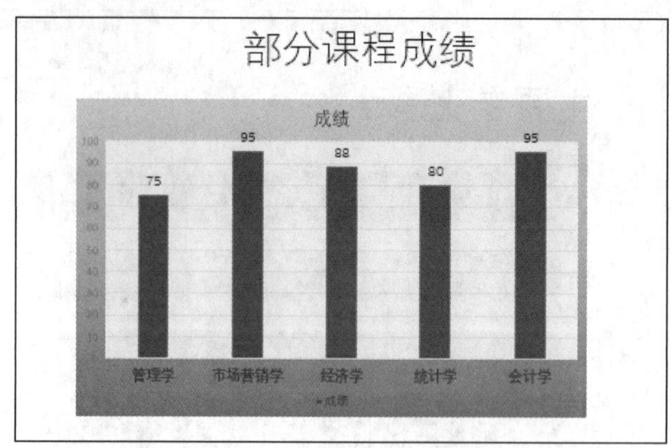

图 4.9　第 4 张幻灯片的效果

⑦ 单击快速访问工具栏中的“保存”按钮。

（5）插入第 5 张幻灯片。

① 添加第 5 张幻灯片，选择“仅标题”版式，输入标题“我的爱好”。

② 单击“插入”选项卡，在“插图”组中单击“形状”按钮，在弹出的下拉列表中选择“左箭头”，此时鼠标指针变成细十字形，拖动鼠标在幻灯片上绘出大小合适的左箭头。

③ 选中刚插入的左箭头，单击“绘图工具”的“格式”选项卡下“插入形状”组中的“文本框”按钮，此时鼠标指针变为向下的箭头，在左箭头内绘出一个横排文本框，在文本框内输入文字，如“体育”。调整文本框的大小，使文字处于左箭头内部，如图 4.10 所示。选中左箭头，在按住【Ctrl】键的同时，选中文本框，右击，在弹出的快捷菜单中选择“组合”→“组合”命令，即可将箭头与文字组合成一个图形。

④ 通过复制得到 3 个该组合图形，放置于不同位置，分别调整每个组合图形上的旋转按钮及文本框的旋转按钮，从而调整组合图形及文本框的方向。读者可结合自己的情况修改文本框内的文字内容，效果如图 4.10 所示。

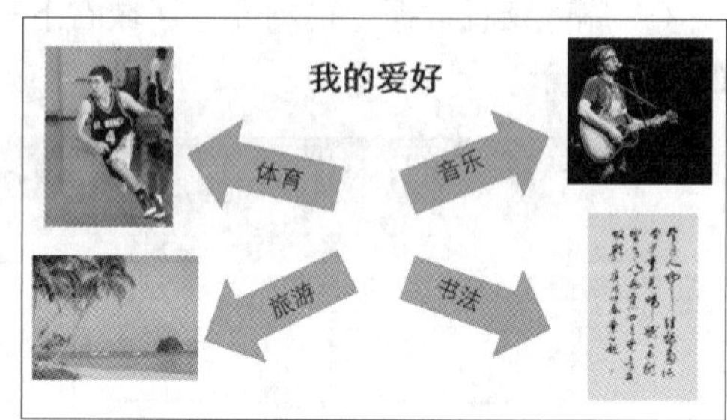

图 4.10　第 5 张幻灯片的效果

⑤ 在箭头所指的方向分别插入 4 张体现爱好主题的图片。单击“插入”选项卡“图像”组的“联机图片”按钮，在“必应图像搜索”文本框中输入相应的文字，如“体育”，在搜索到的图片中选择一张，然后单击“插入”按钮。调整图片的大小，并将其拖动到合适的位置，效果如图 4.10 所示。

（6）插入第 6 张幻灯片。

① 添加第 6 张幻灯片，选择“仅标题”版式，输入标题“职业规划”。

② 单击“插入”选项卡，在“插图”组中单击“SmartArt 图形”按钮，在“流程”列表框中选择“交错流程”选项。

③ 读者可结合自己的实际情况在 SmartArt 图形的文本框中输入相应的文字。设置文字的字号、颜色等，调整 SmartArt 图形的大小、颜色等。第 6 张幻灯片的效果如图 4.11 所示。

（7）插入第 7 张幻灯片。

① 添加第 7 张幻灯片，选择“标题和内容”版式，输入标题 “联系方式”。

② 在“单击此处添加文本”文本框内输入相应的内容，并设置字体格式，添加项目符号，效

果如图 4.12 所示。

单击快速访问工具栏中的“保存”按钮，即可保存演示文稿“个人简介.pptx”。

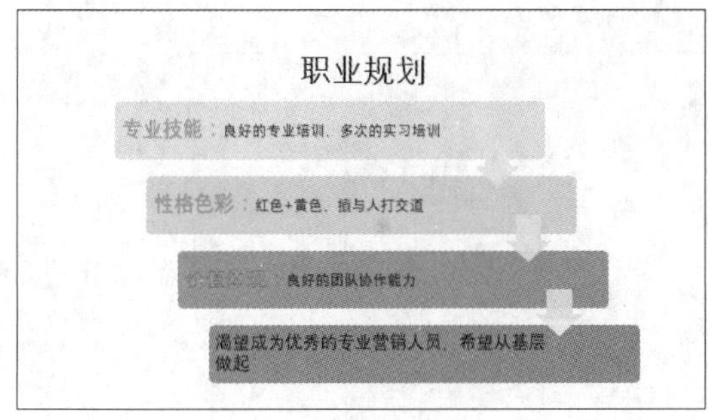

图 4.11　第 6 张幻灯片的效果

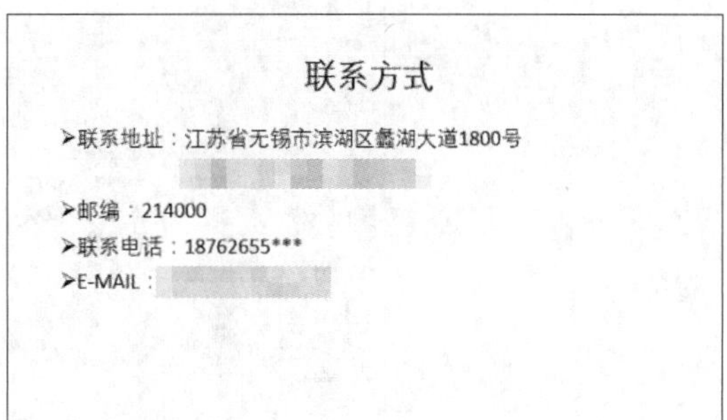

图 4.12　第 7 张幻灯片的效果

2. 放映幻灯片

（1）单击“幻灯片放映”选项卡“开始放映幻灯片”组中的“从头开始”按钮，或者按【F5】键，即可开始放映幻灯片。

（2）单击，放映下一张幻灯片。

（3）按【PageDown】键，放映下一张幻灯片。

（4）按【PageUp】键，放映上一张幻灯片。

（5）在正在放映的幻灯片上右击，在弹出的快捷菜单中选择“查看所有幻灯片”命令，屏幕上将出现所有幻灯片，从中选择一张需要放映的幻灯片，即可以当前幻灯片开始放映。

（6）按【Esc】键结束放映。

（7）单击窗口右下角的“幻灯片放映”按钮，或者按【Shift+F5】组合键，即可从当前位置开始放映幻灯片。

（8）按【↓】键，放映下一张幻灯片。

（9）按【↑】键，放映上一张幻灯片。

（10）按【Enter】键也可放映下一张幻灯片，直至放映结束。

3. 设置超链接

（1）插入“目录”幻灯片。选中第 1 张幻灯片，在“开始”选项卡下“幻灯片”组中单击“新建幻灯片”按钮下方的下拉按钮，在弹出的下拉列表中选择“标题和内容”版式。

（2）在文本框内输入图 4.13 所示的文字。

（3）插入超链接。选中文字“基本信息”，单击“插入”选项卡下“链接”组中的“超链接”按钮，弹出“插入超链接”对话框，如图 4.14 所示。单击对话框左边的“本文档中的位置”按钮，在“请选择文档中的位置”列表框中选择“3.基本信息”，单击“确定”按钮，即可使文字“基本信息”链接到第 3 张幻灯片。

（4）选中文字“主要专业课程”，右击，在弹出的快捷菜单中选择“超链接”命令，同样弹出图 4.14 所示的对话框，将选中的文字链接到第 4 张幻灯片。用同样的方法将第 2 张幻灯片中的文字“部分课程成绩”链接到第 5 张幻灯片，将文字“我的爱好”链接到第 6 张幻灯片，将文字“职业规划”链接到第 7 张幻灯片，将文字“联系方式”链接到第 8 张幻灯片。

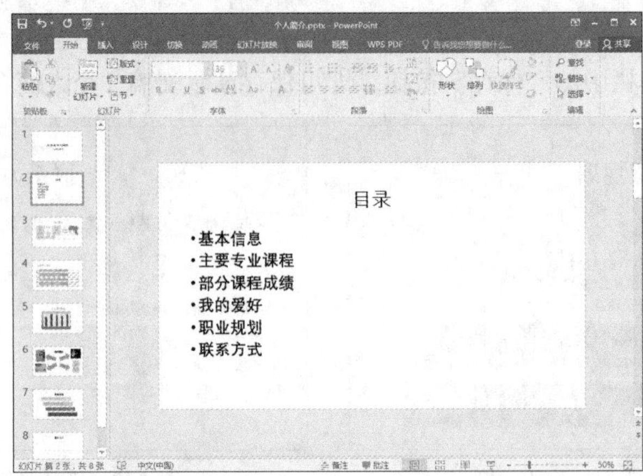

图 4.13 “目录”幻灯片

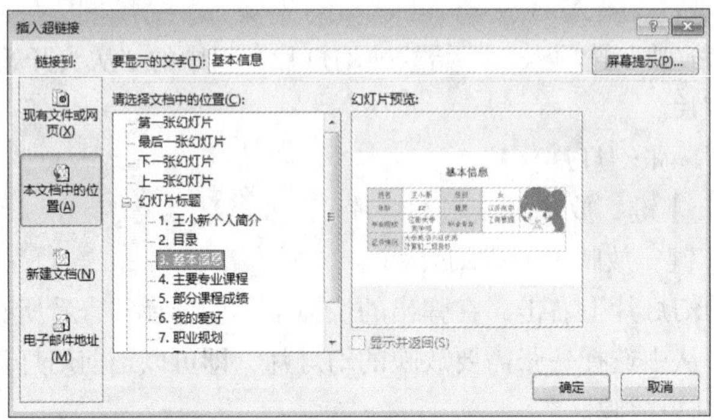

图 4.14 “插入超链接”对话框

4. 插入动作按钮

（1）选择第 3 张幻灯片，单击“插入”选项卡，单击“插图”组中的“形状”按钮，在下拉列表中的“动作按钮”选项区域中选择“动作按钮：自定义”。此时鼠标指针变成细十字形，在幻灯片的右上角绘出大小合适的动作按钮，弹出“操作设置”对话框。选中“超链接到”单选按钮，在下拉列表框中选择“幻灯片”，在弹出的“超链接到幻灯片”对话框中选择“2.目录”，如图 4.15 所示。单击“确定”按钮。

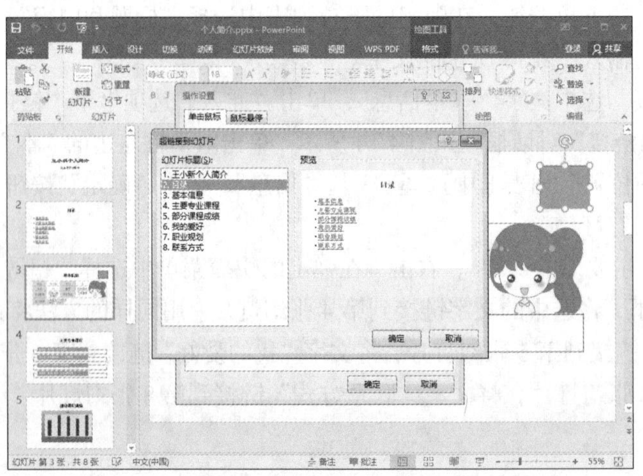

图 4.15 插入动作按钮

（2）将该动作按钮分别复制到第 4 ~ 8 张幻灯片的右上角。

（3）放映幻灯片，观察超链接及动作按钮的效果。在第 2 张幻灯片中单击文字“基本信息”，可跳转至第 3 张幻灯片，单击第 3 张幻灯片右上角的动作按钮，又可回到第 2 张幻灯片。

（4）单击“保存”按钮，保存所做的设置。

5. 设置切换幻灯片的方式

（1）单击窗口右下角的“幻灯片浏览”按钮▦，转换成幻灯片浏览视图，如图 4.16 所示。

图 4.16　幻灯片浏览视图

（2）选择第 1 张幻灯片。单击“切换”选项卡，在“切换到此幻灯片”组中单击“切换方式”列表框右侧的“其他”按钮，打开“切换方式”下拉列表，如图 4.17 所示。选择“细微型”选项区域中的“分割”。

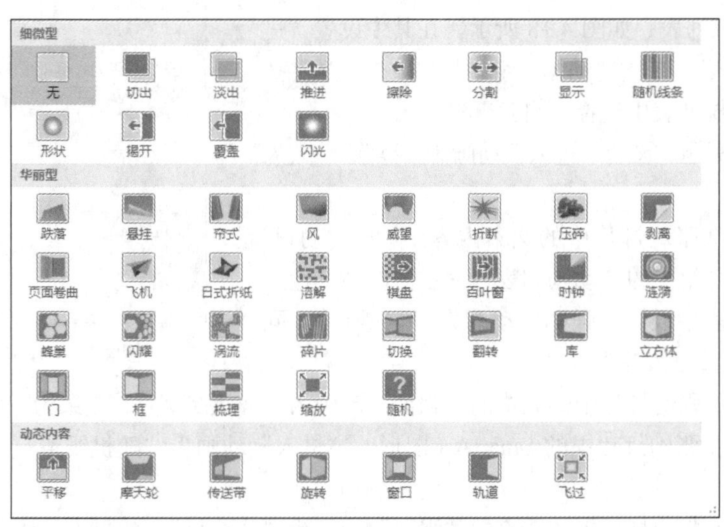

图 4.17　“切换方式”下拉列表

（3）单击“切换到此幻灯片”组中的“效果选项”按钮，在打开的下拉列表中选择“左右向中央收缩”。

（4）在“计时”组中的“声音”下拉列表框中选择“鼓掌”。

（5）单击“计时”组中的“持续时间”编辑框右侧的微调按钮，将持续时间设置为 1 秒。

（6）在“计时”组中的“换片方式”选项区域中取消选中“单击鼠标时”复选框，同时选中

“设置自动换片时间为”复选框，并将时间设置为 1 秒。

（7）单击“预览”组中的“预览”按钮，观察第 1 张幻灯片的切换效果。

（8）单击第 2 张幻灯片，继续在“切换”选项卡中设置。

（9）设置切换方式为“华丽型”选项区域中的“立方体”，切换效果为“自右侧”。单击该张幻灯片右下角的图标，即可观察切换效果。

（10）单击第 3 张幻灯片，设置切换方式为“百叶窗”，切换效果为“垂直”，声音效果为“风铃”。

（11）单击第 4 张幻灯片，设置切换方式为“推进”，切换效果为“自左侧”，声音效果为“微风”。

（12）单击第 5 张幻灯片，在按住【Shift】键的同时单击第 6 张幻灯片，设置切换方式为“华丽型”选项区域中的“涟漪”。

（13）选择第 7、8 张幻灯片，设置切换方式为“帘式”。

（14）将最后一张幻灯片的换片方式设为“单击鼠标时”，其余幻灯片的换片方式设为“设置自动换片时间”，并将时间设置为 1 秒。

（15）切换到“幻灯片放映”选项卡，单击“开始放映幻灯片”组中的“从头开始”按钮，即可放映幻灯片，并观察幻灯片的切换效果。

6. 设置动画效果

（1）单击窗口右下角的“普通视图”按钮，转换成普通视图。

（2）单击第 1 张幻灯片中的主标题，单击“动画”选项卡，在“动画”组中单击“动画”列表框右侧的“其他”按钮，打开下拉列表，如图 4.18 所示。在其中设置“进入”动画为“飞入”，单击“动画”组中的“效果选项”按钮，在打开的下拉列表中选择“自顶部”。

（3）单击副标题，设置“进入”动画为“擦除”，效果为“自底部”。

（4）选择第 2 张幻灯片中的文本内容，单击“动画”选项卡的“动画”组中的“动画列表”框右侧的“其他”按钮，在下拉列表中设置“强调”动画为“陀螺旋”，同时设置效果为“整批发送”。

图 4.18 “动画”下拉列表

（5）设置第 3 张幻灯片中的表格的“强调”动画为“放大/缩小”，效果为“两者”。

（6）设置第 4 张幻灯片中的 SmartArt 图形的“进入”动画为“随机线条”，效果为“逐个级别”。

（7）设置第 5 张幻灯片中的图表的“强调”动画为“跷跷板”，效果为“按系列”。

（8）单击第 6 张幻灯片，设置左上方的组合图形的“进入”动画为“飞入”，效果为“自右下部”，然后设置左上方的图片的“进入”动画为“弹跳”。依次设置其他组合图形和图片的动画。

（9）单击第 6 张幻灯片中左上角的图片，单击“动画”选项卡“高级动画”组中的“动画窗格”按钮，打开图 4.19 所示的“动画窗格”。在“动画窗格”中，单击“图片”右侧的下拉按钮，在弹出的下拉列表框中选择“效果选项”命令，弹出图 4.20 所示的对话框。在该对话框中设置“声音”为“照相机”。运用同样的方法将右上角的图片的动画声音设置为“照相机”。

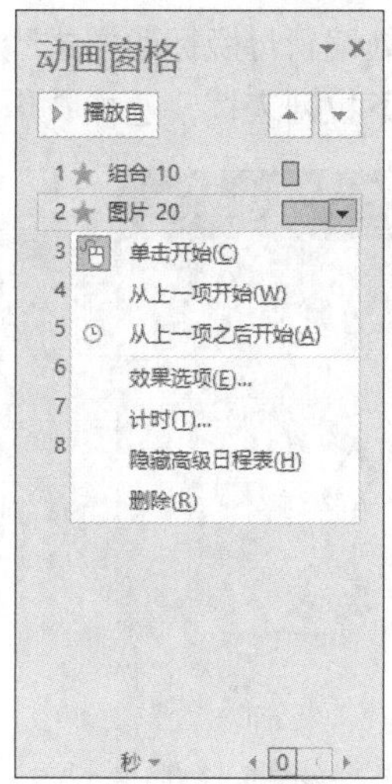

图 4.19 动画窗格

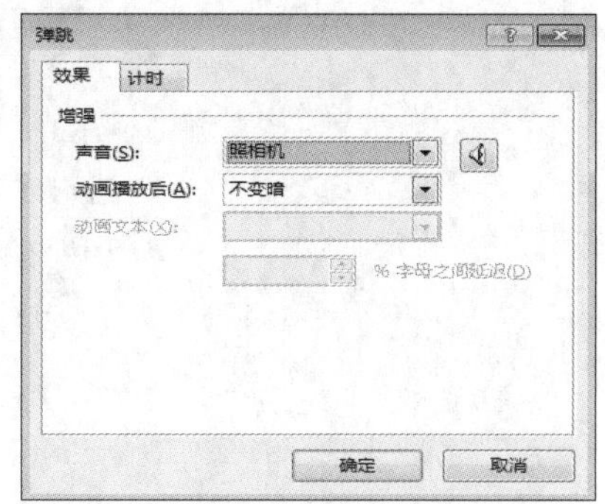

图 4.20 “弹跳”对话框

（10）设置第 7 张幻灯片中的 SmartArt 图形的“进入”动画为“弹跳”，效果为“逐个”。

（11）如果对设置的动画不满意，可以在“动画窗格”中选择该动画，然后右击，在弹出的快捷菜单中选择“删除”命令。

（12）放映幻灯片，观察设置后的效果。

（13）单击“保存”按钮，保存所做的设置。

7. 应用幻灯片主题

（1）单击“设计”选项卡，在“主题”组中单击“主题”列表框右侧的“其他”按钮，打开图 4.21 所示的“主题”下拉列表。

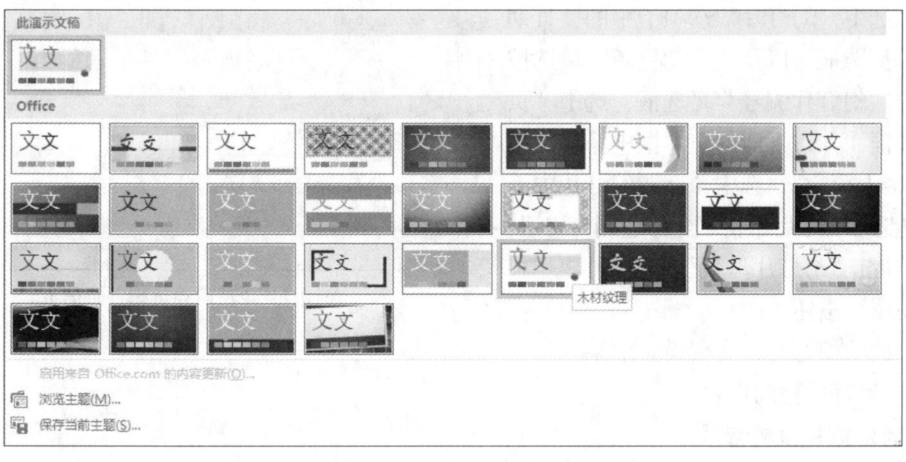

图 4.21 “主题”下拉列表

（2）从中选择一种主题（如“木材纹理”），即可将该主题应用于整个演示文稿中的所有幻灯片。

8. 使用母版对幻灯片进行统一设置

（1）在“视图”选项卡中的“母版视图”组中单击“幻灯片母版”按钮，即可在窗口中显示母版样式。

（2）在窗口左侧的视图窗格选择“标题和内容版式：由幻灯片 2～4，8 使用”，如图 4.22 所示。在窗口右侧的幻灯片窗格中单击标题区，即选中“单击此处编辑母版标题样式”占位符。打开“开始”选项卡，单击“字体”列表框右侧的下拉按钮打开下拉列表框，选择“华文行楷”。

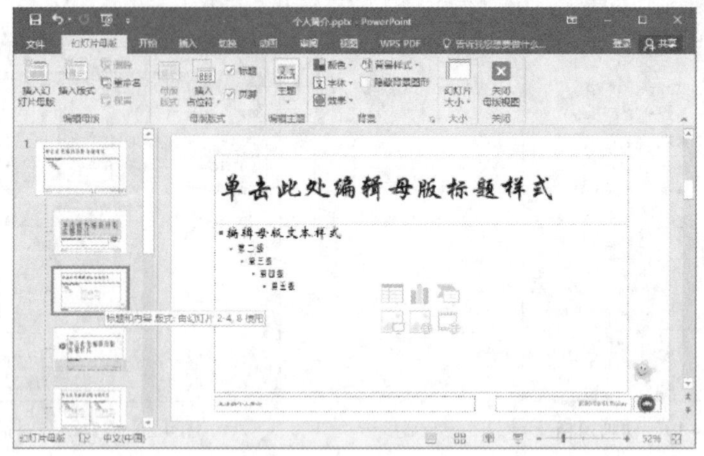

图 4.22　母版视图

（3）单击“插入”选项卡“图像”组中的“图片”按钮，打开“插入图片”对话框，选择以自己的学号命名的文件夹中的图片“pic2.jpg”，单击“插入”按钮。

（4）把图片移动到母版右下角，并调整至合适的大小。

（5）单击母版视图左下角的文本框，设置字体为“隶书”，字号为“12”。

（6）单击“插入”选项卡下“文本”组中的“页眉和页脚”按钮，打开“页眉和页脚”对话框，如图 4.23 所示。

（7）选中“幻灯片”选项卡中的“日期和时间”复选框，以及“自动更新”单选按钮，选中“幻灯片编号”复选框，选中“页脚”复选框，并在下面的文本框中输入文字“王小新个人简介”，选中“标题幻灯片中不显示”复选框，之后单击“全部应用”按钮。

（8）单击“幻灯片母版”选项卡中的“关闭母版视图”按钮。

图 4.23　“页眉和页脚”对话框

（9）放映幻灯片，观察设置效果。

（10）保存所做的设置。

9. 为幻灯片设置背景

（1）切换到普通视图，选择第 6 张幻灯片。

（2）打开“设计”选项卡，在“自定义”组中单击“设置背景格式”按钮，弹出“设置背景格式”窗格，如图 4.24 所示。

（3）选中“渐变填充”单选按钮，在“预设渐变”下拉列表框中选择一种颜色，在“类型”下拉列表框中选择“矩形”，如图 4.24 所示。观察第 6 张幻灯片的背景颜色的变化。

（4）选择第 7 张幻灯片，在“设置背景格式”窗格中，选中“图片或纹理填充”单选按钮，在“纹理”下拉列表框（见图 4.25）中选择一种纹理效果，如“信纸”。

（5）选择第 8 张幻灯片，使其成为当前幻灯片。

（6）右击幻灯片空白处，在弹出的快捷菜单中选择“设置背景格式”命令，打开“设置背景格式”窗格，单击“图案填充”单选按钮。

（7）在“图案”选项区域中选择一种图案，在“前景”颜色面板中选择一种颜色。

（8）如果不满意所设置的幻灯片背景，在“设置背景格式”窗格中单击“重置背景”按钮即可。

（9）单击“设置背景格式”窗格右上角的“关闭”按钮。

（10）设置完毕后，单击窗口左上角的“保存”按钮。

（11）按【F5】键，或单击窗口右下角的“幻灯片放映”按钮，即可观看演示文稿的放映效果。

图 4.24　“设置背景格式”窗格

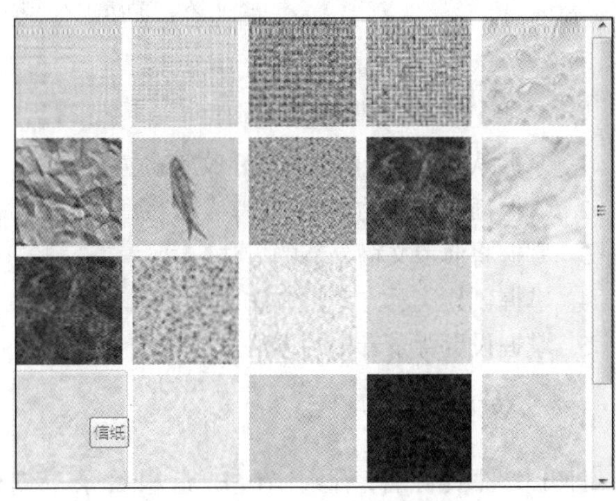

图 4.25　“纹理”下拉列表框

思考与练习

1. 总结建立演示文稿的方法。
2. 简述设置幻灯片内容和形式的各种操作方法。
3. 放映幻灯片有哪几种方法？它们各有什么不同？
4. 如何设置幻灯片的动画效果及切换方式？
5. 幻灯片母版有何作用？

4.2　PowerPoint 2016 的进阶操作

根据 Word 文档制作一份 PowerPoint 演示文稿，效果如图 4.26 所示。

图 4.26 “新员工入职培训.pptx”样文

一、实验目的

1. 掌握从 Word 文档创建演示文稿的方法。
2. 掌握插入相册的方法。
3. 掌握将演示文稿分节的方法。
4. 掌握创建演示方案的方法。
5. 掌握设置背景音乐的方法。

二、实验准备

打开文件资源管理器，在 E 盘根目录下创建一个以自己的学号命名的文件夹，如 2019070218，并将\实验素材\PPT 进阶操作\文件夹中的 Word 文档“新员工入职培训素材.docx”“员工守则.docx”，图片文件“tp1.jpg”～“tp12.jpg”，以及音频文件“清晨.mp3”复制到以自己的学号命名的文件夹中。

三、实验要求

某公司的人事秘书小刘正在准备有关新员工入职培训的课件，相关资料存放在 Word 文档“新员工入职培训素材.docx”中。按要求帮助小刘完成 PPT 课件的制作。

四、实验步骤与操作指导

1. 根据 Word 文档创建演示文稿

在 PowerPoint 2016 中创建一个名为“新员工入职培训.pptx”的新演示文稿，该演示文稿需要包含 Word 文档“新员工入职培训素材.docx”中的所有内容，每一张幻灯片对应 Word 文档中的 1 页，Word 文档中应用了“标题 1”“标题 2”“标题 3”样式的文本内容分别对应演示文稿中每页幻灯片的标题文字、第一级文本内容、第二级文本内容。

（1）启动 PowerPoint 2016，单击“空白演示文稿”按钮，即可新建“演示文稿 1”。选择“文件”→“打开”命令，在弹出的图 4.27 所示的窗口中单击“浏览”按钮，弹出“打开”对话框，如图 4.28 所示。在其中找到以自己的学号命名的文件夹，将右下角的文件类型设为“所有文件”。选中文档“新员工入职培训素材.docx”，单击“打开”按钮，即可将 Word 文档导入演示文稿。

（2）单击“快速访问工具栏”中的“保存”按钮，选择保存路径（即以自己的学号命名的文件夹），弹出“另存为”对话框。输入文件名“新员工入职培训.pptx”，并单击“保存”按钮。

（3）这样原 Word 文档中应用了“标题”样式的文本内容变成了每页幻灯片的标题文字，应用了“标题 2”“标题 3”样式的文本内容变成每页幻灯片的第一级文本内容、第二级文本内容。演示文稿包含了 11 张幻灯片。

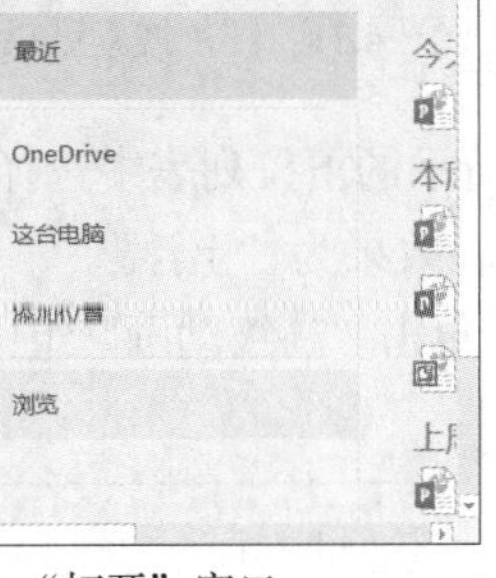

图 4.27 “打开”窗口

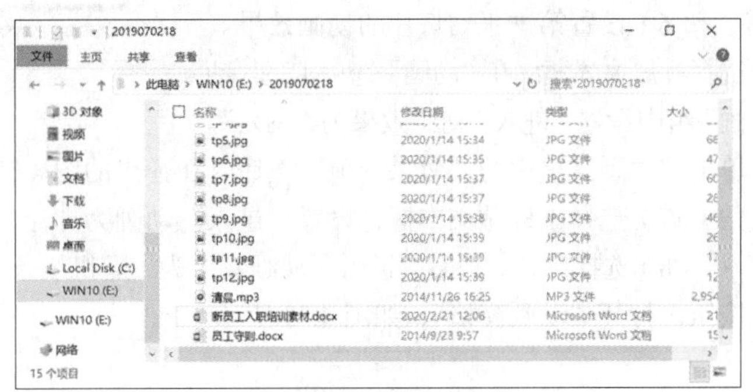

图 4.28 “打开”对话框

2. 设置第 1 张幻灯片

将第 1 张幻灯片的版式设为“标题幻灯片”，在该幻灯片的右下角插入任意一张联机图片，依次为标题、副标题和新插入的图片设置不同的动画效果，并且指定出现的顺序为图片、标题、副标题。

（1）选择第 1 张幻灯片，单击“开始”选项卡下“幻灯片”组中的“版式”下拉按钮，在弹出的下拉列表中选择“标题幻灯片”，如图 4.29 所示。

（2）在“插入”选项卡的“图像”组中单击“联机图片”按钮，打开“插入图片”对话框，如图 4.30 所示。

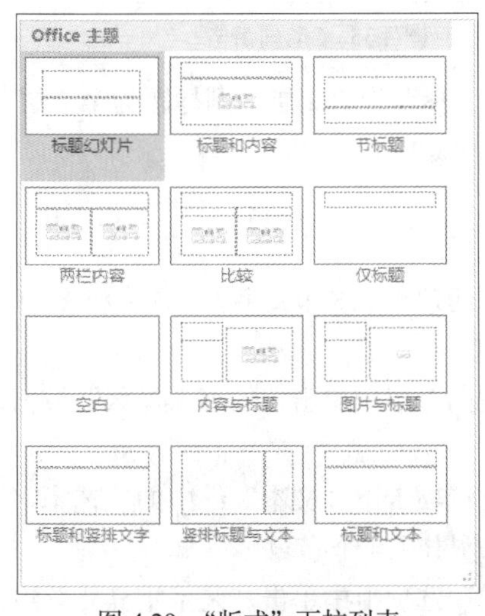

图 4.29 “版式”下拉列表

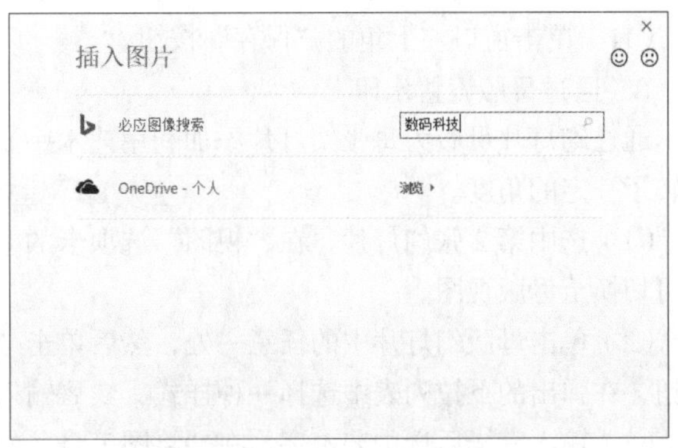

图 4.30 “插入图片”对话框

（3）在“必应图像搜索”文本框中输入“数码科技”，然后单击“搜索必应”按钮，弹出

图 4.31 所示的搜索结果对话框。

图 4.31 图片搜索结果

（4）从中选择需要的图片，单击“插入”按钮即可将选择的图片插入当前幻灯片中。

（5）单击刚插入的图片，使其处于选中状态，此时在图片周围会出现 8 个控点，移动控点可以调整图片的大小。将图片拖动到幻灯片右下角。

（6）设置第 1 张幻灯片的动画效果。选择标题文本框，在“动画”选项卡的“动画”组中设置“进入”动画效果为“飞入”。单击“动画”组中的“效果选项”按钮，在弹出的图 4.32 所示的下拉列表中选择“自左侧”。

（7）选择副标题文本框，设置“进入”动画为“浮入”，效果为“上浮”。

（8）选择图片，设置“进入”动画效果为“随机线条”。单击“高级动画”组中的“动画窗格”按钮，打开“动画窗格”，如图 4.33 所示。

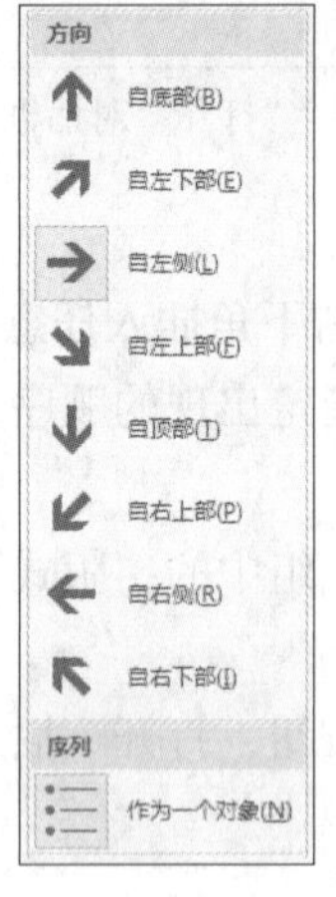

图 4.32 “效果选项”下拉列表

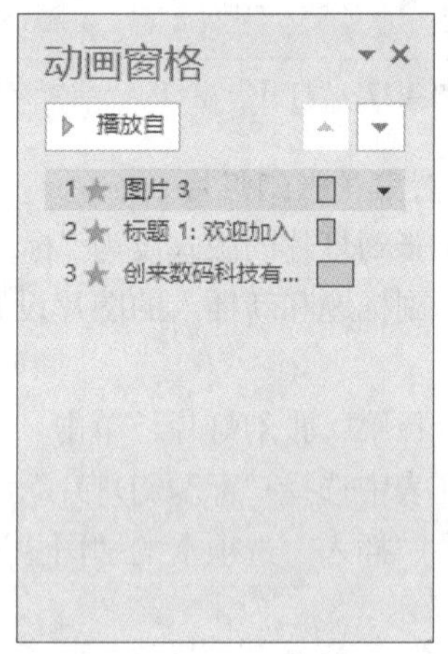

图 4.33 “动画窗格”

（9）在该窗格中将“图片 3”拖动至窗格的顶层，此外，标题为第 2 层，副标题为第 3 层。

（10）单击“动画窗格”中的“播放自”按钮，观察动画效果。

（11）单击窗口左上角的“保存”按钮。

3. 通过母版设置水印

通过幻灯片母版为每张幻灯片添加利用艺术字制作的水印效果。水印文字为“创来科技”，且旋转了一定的角度。

（1）选中第 2 张幻灯片，在“视图”选项卡的“母版视图”组中单击“幻灯片母版”按钮，即可切换至母版视图。

（2）单击母版幻灯片中的任意一处，然后单击“插入”选项卡下“文本”组中的“艺术字”按钮，在弹出的下拉列表中选择一种样式，然后输入“创来科技”4 个字。

（3）输入完毕后选中艺术字，在“绘图工具”的“格式”选项卡中单击“艺术字样式”组中的“文本效果”按钮，在弹出的图 4.34 所示的下拉列表中将鼠标指针移至“三维旋转”上，然后在“平行”选项区域中选择一种合适的旋转效果。设置完毕后的效果如图 4.35 所示。

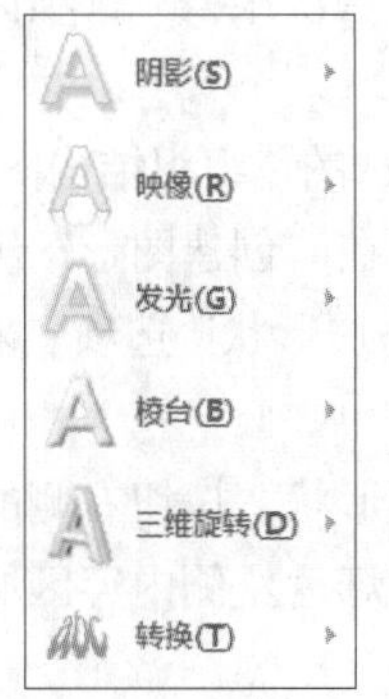

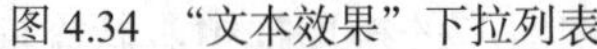

图 4.34　“文本效果”下拉列表

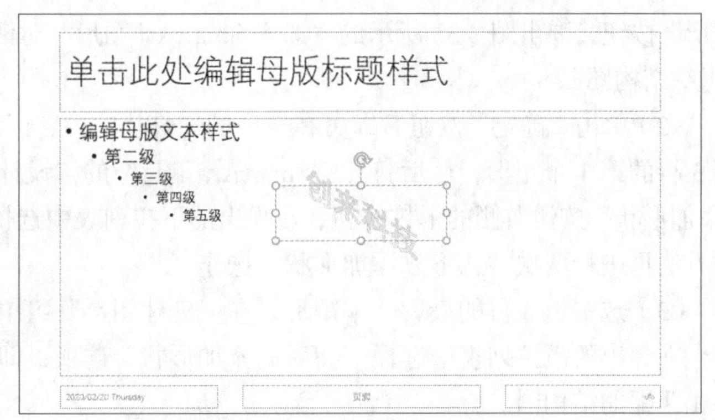

图 4.35　在母版视图中添加艺术字水印后的效果

（4）选中艺术字图片，按【Ctrl+X】组合键，将艺术字放至剪贴板中。

（5）重新切换至“幻灯片母版”选项卡，在“背景”组中单击“背景样式”按钮，在弹出的下拉列表中选择“设置背景格式”选项，打开“设置背景格式”窗格，如图 4.36 所示。在“填充”组中选中“图片或纹理填充”单选按钮，在“插入图片来自”选项区域中单击“剪贴板”按钮。此时存放于剪贴板中的艺术字就被填充到背景中。还可调整艺术字的透明度。

（6）如果艺术字颜色较深，还可以在“设置背景格式”窗格中单击“图片”按钮，再在“图片颜色”组中的“重新着色”下拉列表框中设置“预设”的样式。此处选择“冲蚀”样式，如图 4.37 所示。设置完毕后单击“设置背景格式”窗格右上角的“关闭”按钮。

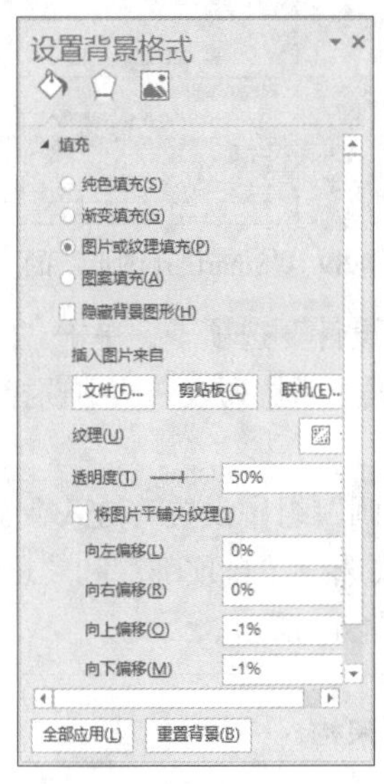

图 4.36　“设置背景格式”窗格中的“填充”组

图 4.37　“设置背景格式”窗格中的“图片颜色”组

（7）最后单击“幻灯片母版”选项卡的“关闭”组中的“关闭母版视图”按钮，即可看到在所有幻灯片中都应用了利用艺术字制作的“创来科技”水印效果。

插入 SmartArt 图形

4. 插入 SmartArt 图形

利用 SmartArt 图形为第 5 张幻灯片中的文字内容创建一张组织结构图，并为该组织结构图添加动画效果。

（1）选中第 5 张幻灯片，设置其版式为“两栏内容”。单击右侧文本框中的“插入 SmartArt

图形”按钮，弹出图 4.38 所示的“选择 SmartArt 图形”对话框。选择“层次结构”选项区域中的“组织结构图”。

（2）单击“确定”按钮后即可在选中的幻灯片的内容区域中插入所选的“组织结构图”。选中第 3 行的第 1 个矩形，然后打开“SmartArt 工具”的“设计”选项卡，在“创建图形”组中单击“添加形状”按钮右侧的下拉按钮，在弹出的下拉列表中选择“在下方添加形状”选项。采取同样的方法再进行两次“在下方添加形状”操作。

（3）选中第 3 行的最后一个矩形，在“创建图形”组中单击“添加形状”按钮右侧的下拉按钮，在弹出的下拉列表中选择“在后面添加形状”选项，即可得到与幻灯片左侧内容区域中的文字相匹配的结构图。

（4）将幻灯片左侧内容区域中的文字分别剪贴到右侧内容区域中对应的矩形框中。新添加的形状内没有“文本”二字。选中任意一个形状，然后打开“SmartArt 工具”的“设计”选项卡，在“创建图形”组中单击“文本窗格”按钮，在弹出的“文本窗格”中输入文字，如图 4.39 所示。输入完毕后关闭“文本窗格”。

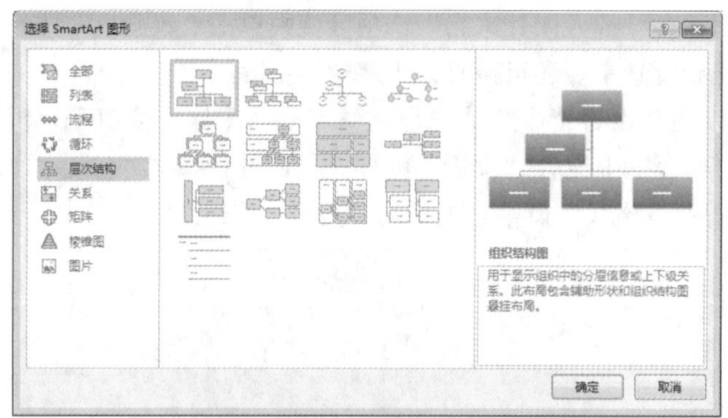

图 4.38 “选择 SmartArt 图形”对话框

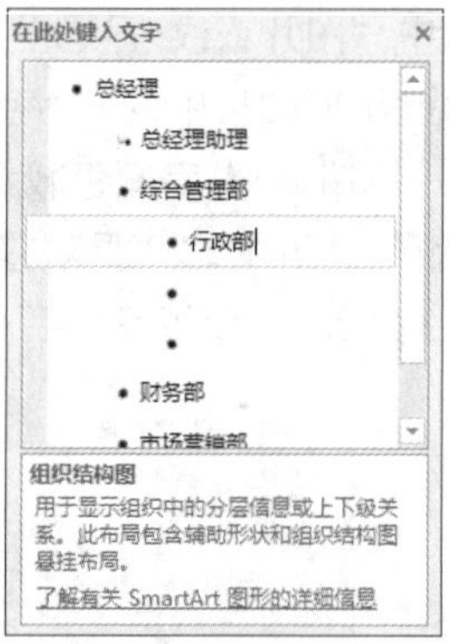

图 4.39 “SmartArt 图形”的“文本窗格”

（5）选中整个 SmartArt 图形，打开“SmartArt 工具”的“设计”选项卡，单击“SmartArt 样式”组中的“其他”按钮，弹出图 4.40 所示的“SmartArt 样式”下拉列表。从中选择一种样式，这里选择的是“三维”选项区域中的“优雅”。

（6）选中整个 SmartArt 图形，在“动画”选项卡中的“动画”组中设置“进入”动画为“飞入”，然后再单击“效果选项”按钮，在弹出的下拉列表中依次选择“自顶部”和“逐个级别”。

（7）单击“保存”按钮。设置完成后的第 5 张幻灯片如图 4.41 所示。

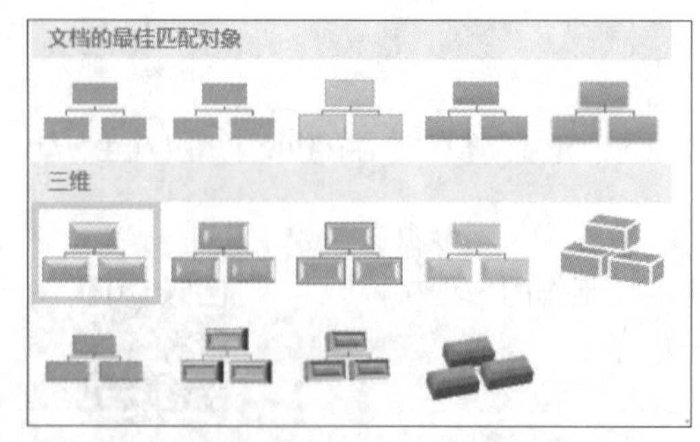

图 4.40 “SmartArt 样式”下拉列表

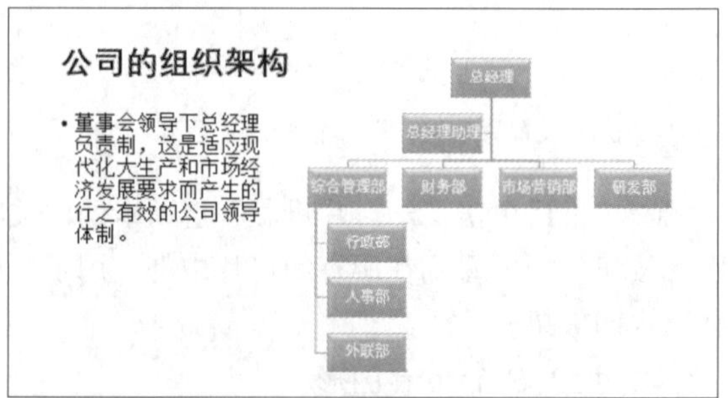

图 4.41 第 5 张幻灯片

5. 插入图表

（1）选中第 6 张幻灯片中的 5 行数据，按【Ctrl+C】组合键复制数据，然后单击“插入”选项卡中的“插图”组中的“图表”按钮，在打开的“插入图表”对话框中选择“柱形图”组中的“三维簇状柱形图”，单击“确定”按钮后将会在该幻灯片中插入一个柱形图，并打开 Excel 应用程序。

插入图表

（2）在弹出的 Excel 窗口的标题栏左侧单击“在 Microsoft Excel 中编辑数据”按钮，即可打开常规的 Excel 窗口。删除原来的数据，将光标定位于单元格 A1 内，单击“开始”选项卡的“剪贴板”组中的“粘贴”按钮下方的下拉按钮，在弹出的下拉列表中选择“选择性粘贴”命令，在弹出的图 4.42 所示的“选择性粘贴”对话框中选择“Unicode 文本”，然后单击“确定”按钮，将数据复制到 Excel 窗口中。单击 Excel 窗口右上角的关闭按钮。

（3）右键单击图表区，在弹出的快捷菜单中，选择“编辑数据”菜单项的“编辑数据”子菜单项，打开 Excel 窗口。拖动蓝色区域右下角的控点到 F 列，如图 4.43 所示。退出 Excel 应用程序。幻灯片中将出现三维簇状柱形图。

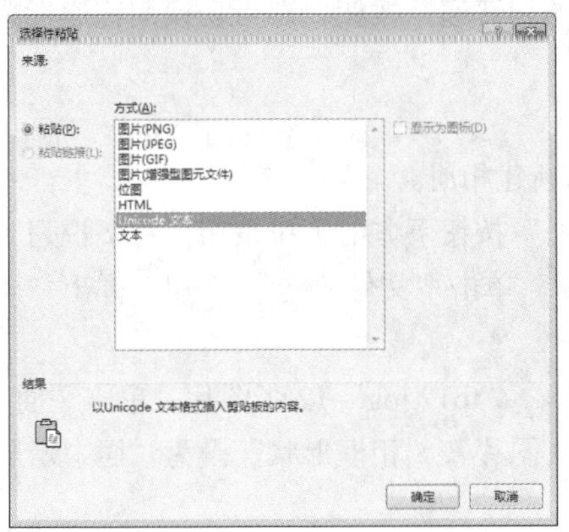

图 4.42　“选择性粘贴”对话框

Microsoft PowerPoint 中的图表

	A	B	C	D	E	F	G
1	产品/年份	2015	2016	2017	2018	2019	
2	数码相机	782.5	805.3	853.6	906.7	938.4	
3	网络摄像头	255.7	398.2	505.3	755.7	918.8	
4	行车记录仪	124.6	117.3	137.5	147.1	139.6	
5	其它产品	25.8	50.8	75.4	98.3	138.6	
6							

图 4.43　扩大蓝色区域

（4）删除第 6 张幻灯片中 5 行数据所在的文本框。

（5）在图表中的“2019”数据系列上右击，在弹出的快捷菜单中选择“添加数据标签”→“添加数据标签”命令。在图表中的“2015”数据系列上右击，在弹出的快捷菜单中选择“添加数据标签”→“添加数据标注”命令，效果如图 4.44 所示。

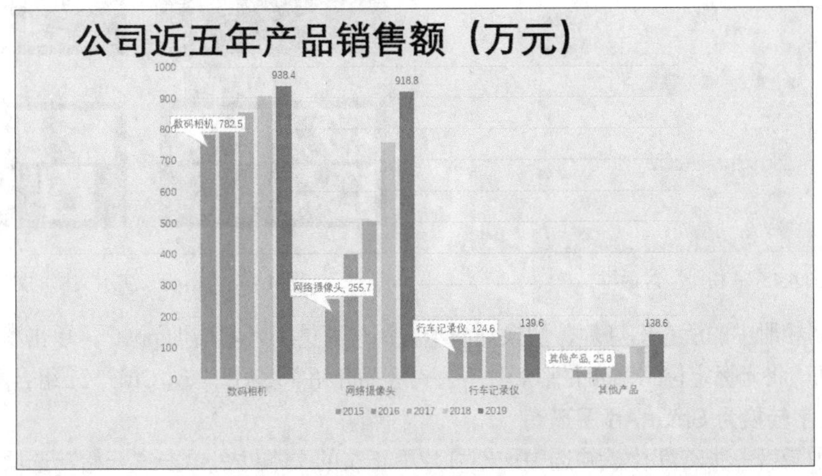

图 4.44　第 6 张幻灯片的效果

（6）选中三维簇状柱形图，单击“动画”选项卡的“动画”组中的“其他”按钮，在下拉列表中设置“进入”动画为“擦除”。然后再单击“效果选项”按钮，在弹出的下拉列表中将方向设置为“自左侧”，将“序列”设置为“按系列”。

（7）单击“保存”按钮。

6. 拆分幻灯片

将第 8 张幻灯片（即标题为“福利与休假”的幻灯片）从“2.节假日”处拆分成两张幻灯片。

（1）选择第 8 张幻灯片，单击“视图”选项卡“演示文稿视图”组中的“大纲视图”按钮，即可切换至大纲视图。

（2）在大纲视图中将光标移至文字“不可因私人情绪影响工作。”的右侧，按【Enter】键，光标将出现在新的段落中。

（3）切换到“开始”选项卡，单击两次“段落”组中的“降低列表级别”按钮，即可拆分第 8 张幻灯片，同时，将第 8 张幻灯片的标题复制到第 9 张幻灯片中。

（4）单击“视图”选项卡的“演示文稿视图”组中的“普通”按钮，即可切换回普通视图。

（5）保存所做的设置。

7. 插入相册

利用相册功能为“tp1.jpg”～“tp12.jpg”12 张图片新建相册。

（1）在“插入”选项卡中的“图像”组中单击“相册”按钮下方的下拉按钮，在下拉列表中选择“新建相册”，弹出“相册”对话框，如图 4.45 所示。单击“文件/磁盘”按钮，弹出“插入新图片”对话框。

（2）选择以自己的学号命名的文件夹中的“tp1.jpg”～“tp12.jpg”12 张图片，单击“插入”按钮，返回“相册”对话框。将“图片版式”设为“4 张图片”，“相框形状”设为“居中矩形阴影”，如图 4.45 所示。设置完毕后单击“创建”按钮。

（3）此时系统将新建一个演示文稿文件，里面包含了 4 张幻灯片。

（4）将标题“相册”更改为“产品图片欣赏”。删除二级文本框。新的演示文稿中的 4 张幻灯片如图 4.46 所示。

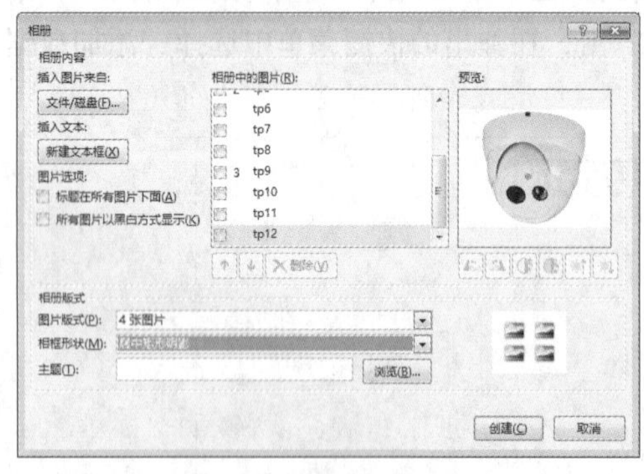

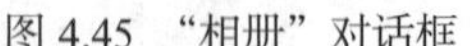
图 4.45 “相册”对话框

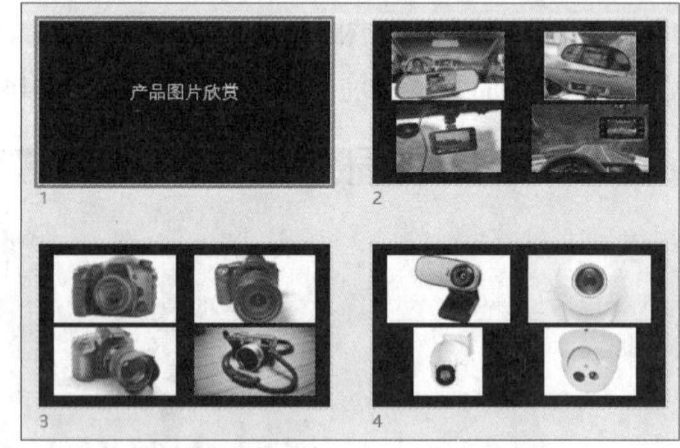

图 4.46 “相册”演示文稿的效果

（5）复制相册中的所有幻灯片，切换到演示文稿“新员工入职培训.pptx”，单击状态栏的“普通视图”按钮，将光标定位到第 4 张幻灯片“公司产品介绍”之后，按【Ctrl+V】组合键完成粘贴。

8. 将文字转换为 SmartArt 图形

（1）选中最后一张幻灯片，并选中该幻灯片中正文的文本框，单击“开始”选项卡“段落”组中的“转换为 SmartArt”按钮，在弹出的下拉列表中选择“垂直块列表”。

（2）在“SmartArt 样式”组中选择“卡通”。单击“更改颜色”按钮，在下拉列表中选择一种颜色。

（3）为该 SmartArt 图形设置动画效果。

9. 设置页眉和页脚

（1）切换到“插入”选项卡，在“文本”组中单击“页眉和页脚”按钮，弹出“页眉和页脚”对话框，如图 4.47 所示。

图 4.47 “页眉和页脚”对话框

（2）在“幻灯片”选项卡中选中“日期和时间”复选框，选中“自动更新”单选按钮，再选中“幻灯片编号”和“标题幻灯片中不显示”复选框，选中“页脚”复选框，然后在下面的文本框中输入“创来科技”，最后单击“全部应用”按钮。

（3）保存所做的设置。

10. 插入超链接和动作按钮

（1）切换到第 2 张幻灯片，选中文字“公司的过去、现在及未来”，单击“插入”选项卡下“链接”组中的“超链接”按钮，弹出“插入超链接”对话框，如图 4.48 所示。

（2）单击对话框左边的“本文档中的位置”按钮，在“请选择文档中的位置”列表框中选择“3.公司的过去、现在及未来”，单击“确定”按钮，即可将选中的文字链接到第 3 张幻灯片。

（3）用同样的方法将第 2 张幻灯片中的文字链接到对应的幻灯片。

（4）选择第 11 张幻灯片，即“公司规章制度”，选中最后一行文字“员工守则”，将其链接到素材文件“员工守则.docx”。

（5）选择第 3 张幻灯片，单击“插入”选项卡，单击“插图”组中的“形状”按钮，在下拉列表中的“动作按钮”选项区域中选择“动作按钮：自定义”，此时鼠标指针变成细十字形。在幻灯片的右上角绘出大小合适的动作按钮，弹出“操作设置”对话框，选中“超链接到”单选按钮，在下面的下拉列表框中选择“幻灯片”，在弹出的“超链接到幻灯片”对话框中选择“2.培训内容及安排”，如图 4.49 所示。单击“确定”按钮。

（6）返回“操作设置”对话框，单击“确定”按钮。

（7）将该动作按钮复制到第 4 ~ 16 张幻灯片的右上角。

（8）单击窗口右下角的“幻灯片放映”按钮，即可放映幻灯片。观察超链接及动作按钮的设置效果。单击幻灯片右上角的动作按钮，可回到第 2 张幻灯片；在第 2 张幻灯片中单击文字内容，即可跳转至相应的幻灯片。

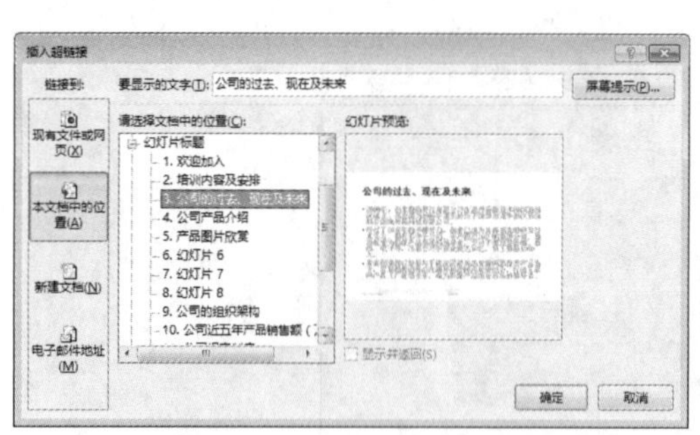

图 4.48 “插入超链接”对话框

图 4.49 插入动作按钮

（9）按【Esc】键，可结束放映，返回编辑状态。

（10）单击“保存”按钮，保存所做的设置。

11. 将演示文稿分节

将演示文稿中的幻灯片分为 3 节，每节的所有幻灯片均采用相同的切换方式和主题，节和节之间采用不同的切换方式和主题。

（1）在普通视图下，在窗口左边的大纲窗格中，在第 3 张幻灯片上右击，在弹出的快捷菜单中选择“新增节”命令，则第 1、2 张幻灯片为一节，节名称为“默认节”，如图 4.50 所示。

（2）在第 1 节名称上右击，在弹出的快捷菜单中选择“重命名节”命令，弹出“重命名节”对话框，输入“前言”，如图 4.51 所示，单击“重命名”按钮。

（3）在第 11 张幻灯片（即标题为“公司规章制度”的幻灯片）上右击，在弹出的快捷菜单中选择“新增节”命令，即可将第 3 ~ 10 张幻灯片设为一节，第 11 ~ 16 张幻灯片设为一节。

（4）将第 2 节命名为“公司简介”，第 3 节命名为“制度与福利”。

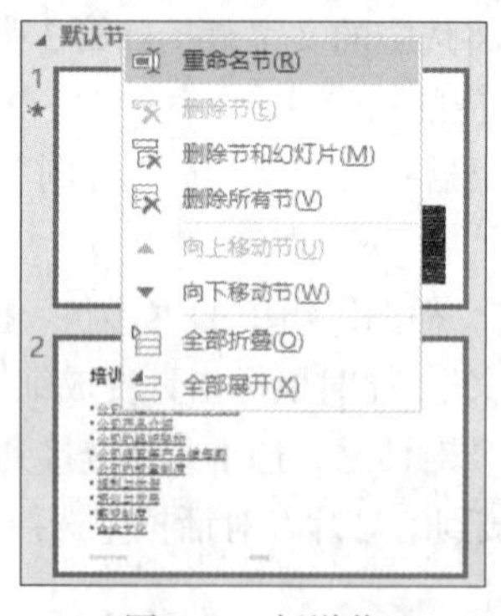

图 4.50 新增节

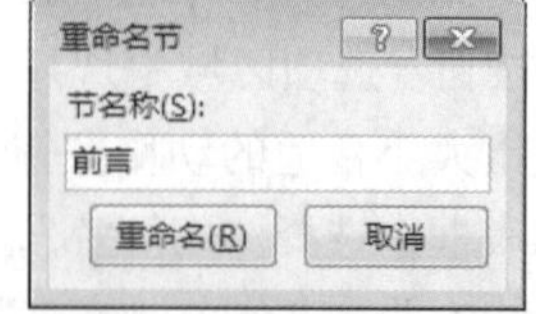

图 4.51 “重命名节”对话框

（5）在大纲窗格中单击节标题“前言”，选中第 1 节，在“切换”选项卡中的“切换到此幻灯片”组中设置切换方式为“推进”。单击“效果选项”按钮，在下拉列表中选择“自左侧”，即可为第 1 节的所有幻灯片设置同样的切换方式。采用同样的方法为其他两节设置各不相同的切换方式。

（6）选择第 2 节“公司简介”，在“切换”选项卡的“计时”组中的“换片方式”选项区域中，取消选中“单击鼠标时”复选框，同时选中“设置自动换片时间为”复选框，并将时间设置为 2s，如图 4.52 所示。

（7）为每节设置不同的主题。选中第 1 节，单击“设计”选项卡“主题”组中的“其他”按钮▾，打开“主题”下拉列表，如图 4.53 所示，从中选择一种主题，如“徽章”。

（8）为另外两节设置不同的主题。

（9）单击“保存”按钮。

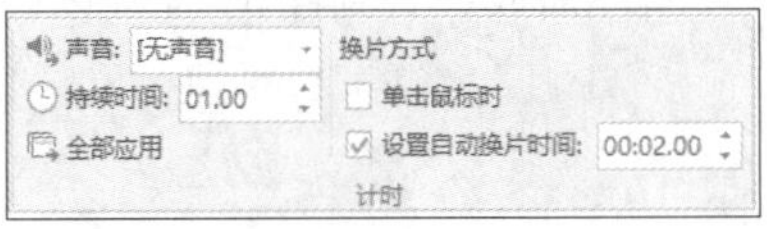

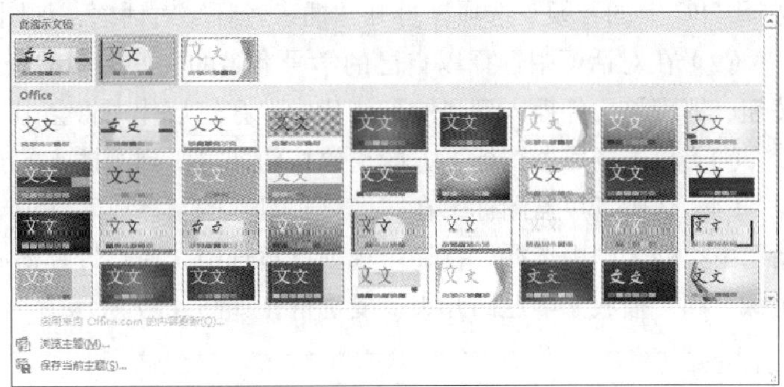

图 4.52　“切换”选项卡中的“计时”组

图 4.53　“主题”下拉列表

12. 创建演示方案

为演示文稿设置不同的演示方案。

（1）根据题意，首先创建一个包含第 1、4、9、10 张幻灯片的演示方案。在“幻灯片放映”选项卡中的“开始放映幻灯片”组中单击“自定义幻灯片放映”按钮，选择“自定义放映”，弹出“自定义放映”对话框，如图 4.54 所示。

（2）单击“新建”按钮，弹出“定义自定义放映”对话框，如图 4.55 所示。在“在演示文稿中的幻灯片”列表框中选中“1. 欢迎加入”复选框，然后单击“添加”按钮，即可将第 1 张幻灯片添加到“在自定义放映中的幻灯片”列表框中。

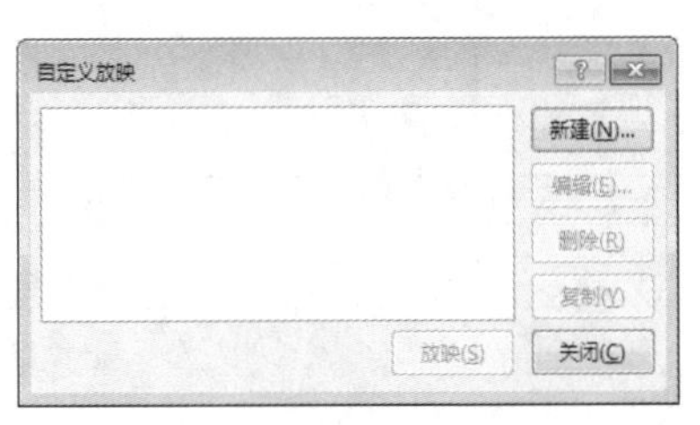

图 4.54　“自定义放映”对话框

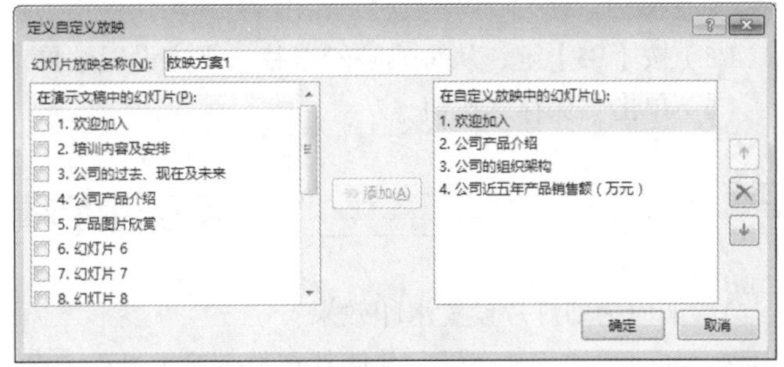

图 4.55　“定义自定义放映”对话框

（3）采用同样的方式分别将第 4、9、10 张幻灯片添加到右侧的列表框中，如图 4.55 所示。在“幻灯片放映名称”文本框中输入“放映方案 1”。单击“确定”按钮后返回“自定义放映”对话框。

（4）单击“关闭”按钮后即可在“幻灯片放映”选项卡下“开始放映幻灯片”组中的“自定义幻灯片放映”下拉列表中看到最新创建的“放映方案 1”演示方案。

（5）采用同样的方法为第 1、3、14、16 张幻灯片创建名为“放映方案 2”的演示方案。创建完成后即可在“幻灯片放映”选项卡下“开始放映幻灯片”组中的“自定义幻灯片放映”下拉列表中看到最新创建的“放映方案 2”演示方案。

（6）在“幻灯片放映”选项卡的“开始放映幻灯片”组中单击“自定义幻灯片放映”按钮，在弹出的下拉列表中选择“放映方案 1”。观察放映效果。

13. 设置背景音乐

为演示文稿添加提供的背景音乐，并且设置音乐从幻灯片开始放映时即开始播放。

（1）选择第 1 张幻灯片，单击“插入”选项卡“媒体”组中的“音频”按钮，在下拉列表中选择“PC 上的音频”选项，打开“插入音频”对话框，如图 4.56 所示。

（2）在对话框中选择以自己的学号命名的文件夹中的音乐文件“清晨.mp3”，单击“插入”按钮，即可将文件插入到当前幻灯片中，在幻灯片中将会出现一个小的扬声器图标。

（3）单击扬声器图标下方的播放按钮即可听到刚插入的音频的内容。

（4）选中扬声器图标，在“音频工具”的“播放”选项卡中的“音频选项”组中，先在“开始”下拉列表框中选择“自动”选项，再选中“跨幻灯片播放”“循环播放，直到停止”“放映时隐藏”和“播放完毕返回开头”复选框，如图 4.57 所示。

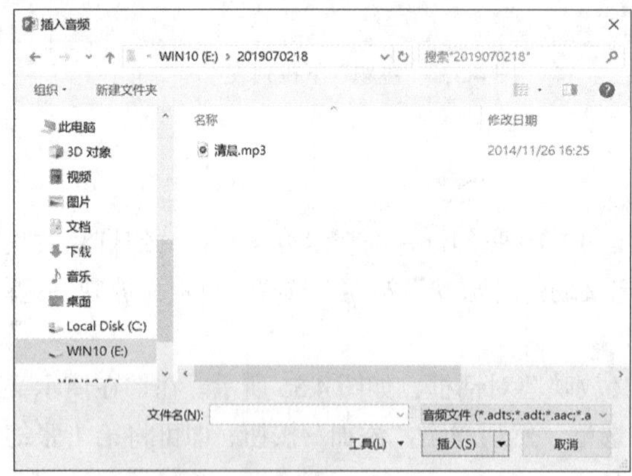

图 4.56 “插入音频”对话框

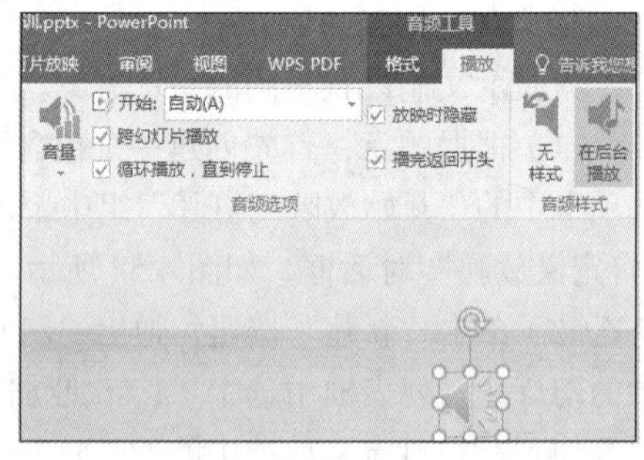

图 4.57 “音频选项”组

（5）按【F5】键，从头放映幻灯片，观察设置效果。

（6）单击“保存”按钮。

思考与练习

1. 如何为幻灯片设置水印效果？
2. 如何添加背景音乐，并使其在整个演示过程中循环播放？
3. 如何将演示文稿分节？
4. 如何为演示文稿创建演示方案？
5. 总结根据 Word 文档创建演示文稿的步骤。

习题与参考答案

第 5 章 计算机基础概述

计算机基础概述
习题参考答案

一、单选题

1. 计算机是一种依靠________自动、高速、精确地完成信息存储、数据处理、数值计算、过程控制、数据传输的电子设备。

A. 程序　　B. 规则
C. 技术　　D. 操作

2. 计算机科学的奠基人是英国科学家________。

A. 冯·诺依曼　　B. 阿兰·图灵
C. 爱萨克·牛顿　　D. 帕斯卡

3. 著名的“冯·诺依曼原理”的主要思想是________。

A. 存储数据与数据控制　　B. 存储数据与程序控制
C. 存储程序和程序控制　　D. 存储程序与数据控制

4. 国际公认的第 1 台计算机是________由美国宾夕法尼亚大学成功研制的 ENIAC（电子数字积分计算机）。

A. 1945 年　　B. 1946 年　　C. 1947 年　　D. 1948 年

5. 第 1 代计算机的主要元器件采用电子管，称为电子管计算机；第 2 代计算机的主要元器件采用晶体管，称为晶体管计算机；第 3 代计算机的主要元器件采用中小规模集成电路，称为中小规模集成电路计算机；第 4 代计算机则采用________作为主要元器件。

A. 大规模集成电路　　B. 超大规模集成电路
C. 极大规模集成电路　　D. 大规模和超大规模集成电路

6. 根据摩尔定律，单块集成电路的集成度平均每________翻一番。

A. 8~14 个月　　B. 18~24 个月　　C. 18~34 个月　　D. 38~44 个月

7. 当前，计算机技术发展的主要趋势为：巨型化、微型化、网络化、________、多媒体化。

A. 智能化　　B. 规模化　　C. 自动化　　D. 模糊化

8. 按照综合性能分类，可以将计算机分为巨型计算机、大型计算机、服务器和________。

A. 平板计算机　　B. 大众计算机　　C. 廉价计算机　　D. 个人计算机

9. 通常，人们将个人计算机分为 3 类：台式计算机、________、个人数字助理。

A. 便携式计算机　　B. 微型计算机　　C. 笔记本电脑　　D. 立式计算机

10. ________是客观世界的一种本质属性，它同物质、能源一样重要，是人类生存和社会发展的三大基本资源之一。

A. 数据　　B. 信息　　C. 程序　　D. 软件

11. ________是指存储在某种媒体上的可以识别的物理符号，它通常作为信息的载体，用来表示信息。

A. 信息　　B. 程序　　C. 数据　　D. 软件

12. 信息技术包含3个层次的内容：________、信息系统技术、信息应用技术。

A. 信息学技术　　B. 控制论技术　　C. 微电子技术　　D. 信息基础技术

13. 信息处理通常也称为________，它是指利用计算机系统对信息进行采集、转换、分类、存储、计算、加工、查询、检索、统计、分析、传输和输出等操作。

A. 数据处理　　B. 信息加工　　C. 信息应用　　D. 数据加工

14. 计算机在信息处理方面具有许多突出的优点，例如，计算机具有极高的处理速度、强大可靠的存储能力、丰富的计算功能和精确的________能力。

A. 加工计算　　B. 输入输出　　C. 逻辑判断　　D. 存储传输

15. 归纳起来，计算机的应用领域主要包括________、自动控制、数据处理、信息加工、计算机辅助工作、人工智能、电子商务、办公自动化等。

A. 工程计算　　B. 科学工程　　C. 科学技术　　D. 科学计算

16. 分布式客户机/服务器计算（Distributed Client/Server Computing）模式是在________发展起来后出现的计算模式。这种计算模式由于能够较好地利用网络资源、提高数据管理效率、节约用户投资而被广泛使用。

A. 计算机服务器　　B. 计算机网络　　C. 计算机主机　　D. 计算机客户机

17. 在计算机中，各种形式的数据以一种“特殊的表达形式”——________形式来表示。人们可以通过各种存储设备来存储数据，通过各种软件来管理数据，通过各种应用程序来对数据进行加工处理。

A. 十进制编码　　B. 二进制编码　　C. 八进制编码　　D. 十六进制编码

18. 数据通常分为数值型数据和非数值型数据两大类。非数值型数据是指除了数值型数据以外的其他数据，它通常包括字符数据、________以及多媒体数据。

A. 声音数据　　B. 图像数据　　C. 逻辑数据　　D. 文字数据

19. 在信息技术领域中，数据通常作为信息的________，用来表示信息。

A. 载体　　B. 表现　　C. 记录　　D. 体现

20. 计算机的________决定了二进制是其数制基础。

A. 工作过程　　B. 软件组成　　C. 硬件结构　　D. 数理逻辑

21. 在二进制计数制中，使用“0”和“1”两种数码，它的“基”为________，进位规则为“逢二进一”。

A. 2　　B. 8　　C. 10　　D. 16

22. 将 R 进制数转换为十进制数时，所使用的方法是按照数的________展开。

A. 基数　　B. 数位　　C. 数码　　D. 位权

23. 在 R 进制数中，能使用的最大数字符号是________。

A. 0　　B. 1　　C. R　　D. $R-1$

24. 将十进制数转换为 R 进制数时，首先要将此十进制数分为整数与小数两部分，________部分连续整除 r 取余，直到整除所得的商为零；另一部分连续乘以 r 取整，直到乘积的小数部分为零或达到所需要的精度为此。

A. 小数　　B. 整数　　C. 分数　　D. 数

25. 普通代数研究的是事物发展变化的数量关系，而逻辑代数研究的是事物发展变化的

________关系。

A. 原因　　B. 结果　　C. 质量　　D. 因果

26. 逻辑“与”表示两个简单事件 A 与 B 构成逻辑相乘的复杂事件，并且只有当 A 与 B 事件________满足条件时整个复杂事件的结果才为真，否则结果就为假。

A. 随机　　B. 同时　　C. 不同时　　D. 偶尔

27. 逻辑“或”表示两个简单事件 A 与 B 构成逻辑相加的复杂事件，并且当 A 与 B 事件中________满足条件时整个复杂事件的结果就为真。

A. 有一个　　B. 有两个　　C. 仅一个　　D. 没有

28. 在计算机内部或计算机与计算机之间进行数据传输时，如果采用的是 1 个字节的 8 个二进制位同时传输的并行方式，则传输速率的计量单位有________。

A. 字节/秒　　B. 千字位/秒　　C. 兆字位/秒　　D. 字位/秒

29. 在计算机网络中，传输二进制数据通常采用一个一个字位的串行传输方式，传输速率的计量单位为________，也常称为比特率、波特率。

A. 字节/秒　　B. 比特/秒　　C. 千字节/秒　　D. 兆字节/秒

30. 将八进制数 65 转换成十进制数，结果是________。

A. 65　　B. 52　　C. 53　　D. 35

31. 将十进制数 126 转换成无符号二进制数，结果是________。

A. 01111111　　B. 11111110　　C. 11010101　　D. 01111110

32. 将二进制数 01001011.11 转换成十进制数，结果是________。

A. 75.25　　B. 75.75　　C. 76.25　　D. 76.75

33. 十进制数 100 对应的二进制数、八进制数和十六进制数分别是________。

A. 1100100、144 和 64　　B. 1100110、142 和 62

C. 1011100、144 和 66　　D. 1100100、142 和 60

34. 在下列 4 个数中，最大的数是________。

A. 240Q　　B. ADH　　C. 10100011B　　D. 168D

35. 将二进制数 110010010.101001 转换成十六进制数，结果是________。

A. C90.A2　　B. 192.A2　　C. 192.A4　　D. C90.A4

36. 与八进制数 127 等价的二进制数是________。

A. 01111111　　B. 01111010　　C. 01010111　　D. 01010110

37. 在某进制数的运算中 4×5=14，根据这一运算规则，则 6×8=________。

A. 3A　　B. 35　　C. 30　　D. 29

38. 在一个非零无符号二进制整数之后添加 2 个 0，则此数的值为原数的________。

A. 2 倍　　B. 4 倍　　C. 0.5 倍　　D. 1 倍

39. 二进制数 1 与 1 进行算术加、逻辑加运算的结果为________。

A. 10，10　　B. 10，1　　C. 1，10　　D. 1，1

40. 下列二进制数进行逻辑加——11001010∨00001001 的结果是________。

A. 00001000　　B. 11000001　　C. 11010011　　D. 11001011

41. 对两个 8 位二进制数 01001100 与 01101011 分别进行算术加、逻辑加运算，其结果用八进制形式分别表示为________。

A. 110、111　　B. 157、267　　C. 170、146　　D. 267、157

42. 计算机在进行算术和逻辑运算时，运算结果可能产生溢出的是________。

A. 两个数做“逻辑加”运算　　B. 两个数做“逻辑乘”运算

C. 对一个数进行按位“取反”运算　　D. 两个异号的数做“算术减”运算

43. 计算机中信息存储的最小单位仅能存取二进制值 0 或 1，此存储单位称为________。

A. bit　　B. Byte　　C. Word　　D. KB

44. 在表示存储容量时，1KB 为________。

A. 1 000MB　　B. 1 000B　　C. 1 024MB　　D. 1 024B

45. 在计算机中，对于数值型数据来说，我们把该数据本身称为真值，把该数据在计算机内的二进制形式称为________。

A. 代码　　B. 原码　　C. 补码　　D. 机器数

46. 机器数最简单的表示方法是原码。原码表示的规则是：机器数的________表示符号，“0”表示正，“1”表示负，剩余各位为该数值绝对值的二进制形式。

A. 最低位　　B. 低位　　C. 最高位　　D. 高位

47. 反码表示的规则是：对于正数，其反码与原码相同；对于负数，其反码的符号位为 1，数值位是其绝对值的二进制形式的各位取________。

A. 与　　B. 或　　C. 异　　D. 反

48. 有一个简便的方法可用来求负数的补码：符号位取 1，其余各位按照其真值取反，然后在其末位加________。

A. 1　　B. 2　　C. 3　　D. 4

49. 二进制数“-1010111”的补码表示是________。

A. 00101010　　B. 10101001　　C. 10101011　　D. 1101111110100

50. 如果 8 位的机器数 10110110 是补码，则它表示的十进制形式的真值是________。

A. −76　　B. 76　　C. −70　　D. −74

51. 已知 x 的补码为 11011111，y 的补码为 01001010，则 $x-y$ 的补码为________。

A. 1101011　　B. 10010101　　C. 10011011　　D. 11010101

52. 在计算机中，用 n 位二进制数来表示一个整数的补码，将最高位作为符号位，则其整数的表示范围是________。

A. $-2^{n-1} \sim 2^{n-1}-1$　　B. $-2^{n-1}-1 \sim 2^{n-1}-1$　　C. $-2^{n-1} \sim 2^{n-1}$　　D. $-2^{n} \sim 2^{n}-1$

53. 数值型数据的定点表示法规定所有数据的小数点的位置________固定于某个位置，这样的数据被称为定点数。通常，小数点固定在数值的最高位之前或最低位之后。

A. 隐含　　B. 默认　　C. 显式　　D. 随机

54. 在计算机中，实数也叫作________。

A. 尾数　　B. 指数　　C. 浮点数　　D. 定点数

二、填空题

1. 计算机也称为电脑，它的基本部分是由电子元器件组成的电路，电路按照“________”方式进行工作。

2. 国际公认的第 1 台计算机 ENIAC 存在两大缺点：一是________；二是用布线板进行控制非常麻烦。

3. ________（Information Technology，IT）泛指与信息的获取、存储、加工、处理等方面相关的科学与技术。

4. 微电子技术是现代电子信息技术的基础，它以________的研发制造为核心。

5. 网络计算（Network Computing）是计算模式的新发展，它的主要思想是在________的控制下充分调用网络上各种计算机的各种资源来完成预定的计算任务。

6. 逻辑数据用来表达事物内部的逻辑关系，对逻辑数据可以进行“与”“或”“________”以及比较等运算操作。

7. 在八进制数中，能使用的最小的数字符号是________。

8. 在计算机内部，所有的信息都是由二进制表示的，但二进制信息占用的位数较多，书写起来比较麻烦，并且容易出错，所以通常借助于八进制或________来表示二进制信息。

9. 计算机不仅可以存储数值型数据并进行算术运算，而且也可以存储逻辑数据并进行________。在计算机中存在能够实现逻辑功能的电子电路，它可以按照逻辑代数规则进行各种逻辑判断，从而使计算机具有能够模拟人类智能的功能。

10. 逻辑“非”表示某事件与简单事件 A 含义________。

11. 在计算机内部，各种数据都是以二进制编码的形式表示和存储的。二进制数据的数据量常采用位（bit）、________（Byte）、字（Word）等几种量纲。

12. 数值型数据的机器数有不同的表示方法，目前比较常用的有原码、反码、________和移码。

13. 计算机中的数值型数据采用补码表示后，加法运算和减法运算可以统一为加法运算，从而大大简化了计算机运算部件的________设计。

14. 采用某种进制时，若 4×5=17，则 7×6=________。

15. 十进制算式“7×32+4×4+4”的运算结果用二进制形式表示为________。

16. 二进制数 10110110 和 10011000 进行逻辑“与”运算，运算结果再与二进制数 10110011 进行逻辑“或”运算，最终结果的十六进制形式为________。

17. 计算机存储信息的基本单位是________。

18. 十进制数“-42”的 8 位二进制补码为________。

三、判断题

1. ENIAC 采用了二进制。（ ）

2. 集成电路的规模是依据每块芯片上集成的元器件的数目来划分的。（ ）

3. 摩尔定律是一个物理规律。（ ）

4. 巨型计算机又称超级计算机，它是功能最强、运算速度最快、存储容量最大的一类计算机。（ ）

5. 超级计算机的核心技术是串行处理。（ ）

6. 计算机内部采用的是十六进制。（ ）

7. 二进制各数位的权是 10 的幂。（ ）

8. 十六进制数 2E.13 转换为二进制数的结果是 101110.00010011。（ ）

9. 在二进制数运算中，算术运算会发生进位和借位处理，而逻辑运算则按位独立进行，位与位之间不发生关系。（ ）

10. 在计算机中，1 个字节由 16 个二进制位组成。（ ）

11. 在计算机内部或计算机与计算机之间进行数据传输时，如果采用的是 1 个字节的 8 个二进制位同时传输的并行方式，则传输速率的计量单位有字位/秒（bit/s）。（ ）

12. 在用原码表示整数“0”时，有“1000⋯00”和“0000⋯00”两种表示形式，而在补码表示法中，整数“0”只有一种表示形式。（ ）

第 6 章 计算机系统

一、单选题

计算机系统习题参考答案

1. 计算机系统由计算机硬件和计算机软件两大部分组成。硬件是软件的工作基础，软件是硬件功能的________。

A. 扩充　　B. 完善

C. 扩充和完善　　D. 改变

2. 广义的计算机系统包括________、规章制度、机器设备以及程序数据和文档。

A. 人员　　B. 法律　　C. 能量　　D. 电源

3. 硬件系统包括________和外部设备两部分。

A. 内部设备　　B. 处理设备　　C. 其他设备　　D. 主机

4. 软件系统由系统软件和________两部分组成。

A. 应用软件　　B. 非系统软件　　C. 功能软件　　D. 商业软件

5. 在一个完整的计算机系统中，各种硬件和软件是按照一定的层次关系组织起来的，其中的基本输入输出系统的英文缩写是________。

A. BOS　　B. DOS　　C. BIOS　　D. OS

6. 指令是告诉计算机进行各种操作的指示和命令，它用二进制形式表示。在大多数情况下，指令由________和操作数地址两个部分组成。

A. 指令码　　B. 操作码　　C. 功能码　　D. 地址码

7. 指令按照其功能可以分为数据传送指令、________、输入输出指令、转移控制指令、位操作指令等。

A. 算术运算指令　　B. 逻辑运算指令

C. 算术逻辑运算指令　　D. 数据操作指令

8. 硬件系统由五大功能部件组成，它们是运算器、控制器、________、输入设备和输出设备。

A. 存储器　　B. 处理器　　C. CPU　　D. 寄存器

9. ________是计算机的指挥中心。它的功能是取出指令、翻译并分析指令、将指令转化为各种电信号，从而使各个部件协同工作。

A. 处理器　　B. 控制器　　C. 运算器　　D. 存储器

10. 总线是各个部件共享的传输介质，它由许多________和相关的控制电路组成，也是计算机系统中的一个比较复杂的部件。

A. 传输电路　　B. 传输线　　C. 传输电缆　　D. 传输光缆

11. 按照总线中传输的信息的不同，系统总线可分为地址总线、数据总线、________3 类。

A. 信息总线　B. 通信总线　C. 指令总线　D. 控制总线

12. CPU 是计算机系统的核心部件。它的主要任务是执行指令，即按照指令的要求完成对数据的运算和处理。CPU 主要由运算器、控制器和________3 部分组成。

A. 存储器　B. 缓冲器　C. 寄存器组　D. 译码器

13. 只读存储器（Reading Only Memory，ROM）的特点是________，是能够永久性（或半永久性）地保存信息的存储器，属于非易失性存储器件，通常用来储存那些经常使用的固定不变的程序和数据。

A. 只能读不能写、断电信息不消失　B. 只能读不能写、断电信息消失

C. 不能读只能写、断电信息不消失　D. 既能读又能写、断电信息不消失

14. 随机存取存储器（Random Access Memory，RAM）的特点是________，属于易失性存储器件，用来储存那些经常发生改变的程序和数据。

A. 既能读又能写、断电信息不消失　B. 既能读也能写、断电后信息会消失

C. 只能读不能写、断电信息不消失　D. 只能读不能写、断电信息消失

15. 辅助存储器也称为外部存储器，与内存相比，它具有________、速度慢、成本低、可以脱机保存信息的特点。

A. 效率低　B. 技术含量高　C. 容量大　D. 容量小

16. 光盘驱动器简称光驱，按照其存取方式分为只读型和可记录型，按照放置的位置可分为________。

A. CD 型和 DVD 型　B. CD-ROM 型和 CD-RW 型

C. DVD-ROM 型和 DVD-RW 型　D. 内置型和外接型

17. 磁盘存储器由磁盘驱动器和磁盘组成，采用电磁转换的方式记录和读取二进制信息。光盘存储器由光盘驱动器和光盘组成，采用________的方式记录和读取二进制信息。

A. 电磁转换　B. 光电转换　C. 光磁转换　D. 光机转换

18. ________是位于主机和外设之间协助完成数据传送和控制任务的逻辑电路。一般情况下，若要正常发挥作用，它还需要相应的软件支持。

A. 输入接口　B. 输出接口　C. I/O 接口　D. I/O 设备

19. 主机与 I/O 设备之间的数据传输方式一般有 4 种，它们是无条件传送方式、程序查询传送方式、________、直接存储器存取传送方式。

A. 条件传送方式　B. 间接传送方式　C. 直接传送方式　D. 中断传送方式

20. PC 的硬件结构与冯·诺依曼结构没有本质上的差别，不过其中央处理器被集成到一个集成电路芯片中，称为________。

A. CPU　B. PC 处理器　C. 微处理器　D. 微型处理器

21. 目前 PC 广泛使用的鼠标是________，它的速度快、准确性好、灵敏度高，分辨率可达到 800dpi（点/英寸），几乎在任意平面上都能使用。

A. 机械鼠标　B. 光机鼠标　C. 力学鼠标　D. 光学鼠标

22. 显示器是计算机必不可少的输出设备，常用的有使用阴极射线管的 CRT 显示器和使用________的 LCD 显示器。

A. 荧光屏　B. 液晶屏　C. 等离子屏　D. 显示屏

23. 计算机的显示系统由显示控制接口和显示器两部分组成。显示控制接口负责处理需要显

示的各种信息并对显示操作进行控制和协调，它由显示控制电路、图形处理器、________、接口电路等部分组成。

A. 显示存储器 B. 显示转换器 C. 显示控制器 D. 显示缓冲器

24. 打印机是一种比较常用的输出设备，它的种类繁多，工作原理和性能也各有差异，目前使用比较广泛的有针式打印机、________和喷墨打印机 3 种。

A. 字符打印机 B. 彩色打印机 C. 激光打印机 D. 热转移打印机

25. U 盘采用________存储器作为存储介质，它的体积很小、重量很轻，便于移动携带，支持即插即用和带电插拔，使用方便，是目前被广泛使用的移动存储设备。

A. Flash 半导体 B. 大容量 C. 固定 D. 随机存取

26. 计算机系统的各种输入/输出设备与主机之间都需要通过连接器来实现连接，用来连接这些设备的插头/插座称为连接________。通常情况下，输入/输出设备就是通过电缆与它们进行连接的。

A. 接口 B. 插头 C. 插座 D. 端口

27. 计算机软件是指为运行、维护、管理和应用计算机所需要的以________格式存在的所有程序和数据，以及说明这些程序的相关资料和文档的总和。

A. 二进制 B. 电子 C. 文字 D. 数字

28. 在软件系统中，程序是主体，________是程序处理的对象及程序运行所需要的参数，文档则是程序设计、运行、维护所需要的资料。

A. 程序 B. 数据 C. 文档 D. 资料

29. 系统软件是为计算机系统本身的运行而研制和开发的，它包括________、语言处理程序、数据库管理系统、驱动程序以及用于诊断和维护计算机的工具软件。

A. 应用系统 B. 管理系统 C. 操作系统 D. 办公系统

30. 计算机语言是人与计算机交换信息的工具。由于软件程序都是用计算机语言来编写的，所以计算机语言也叫________语言。

A. 信息交换 B. 过程控制 C. 程序设计 D. 形式抽象

31. 高级语言编写的程序不能被计算机直接识别并执行，需要转换为机器语言目标代码。转换的方式有两种：________。

A. 编码和解码 B. 调制和解调 C. 编译和解释 D. 汇编和反汇编

32. 按照应用软件的开发和供应方式，可将应用软件分为通用应用软件和________应用软件两类。

A. 专用 B. 定制 C. 另用 D. 泛用

33. 操作系统是计算机系统中最重要的软件，它能够合理地组织和管理计算机的各种________、综合安排计算机的工作流程、控制并支持各种程序的运行、向用户提供各种服务，从而使用户能够灵活、方便、有效地使用计算机，并使计算机系统能够高效率地运行。

A. 硬件设备 B. 程序数据 C. 作业进程 D. 软件硬件资源

34. 可以形象地将操作系统比作计算机系统的“管家”，即担负各种管理职能，如处理器管理、存储管理、设备管理、________、作业管理等。

A. 文件管理 B. 进程管理 C. 系统管理 D. 输入输出管理

35. 操作系统的处理器管理功能是对 CPU 的运行实施有效管理。为提高 CPU 的利用率，操作系统一般都支持多个________被加载到内存中执行，这称为多任务处理。

A. 文件　　B. 应用程序　　C. 作业　　D. 设备

36. 操作系统的设备管理功能就是对计算机系统中的所有输入 / 输出设备进行统一管理，包括根据设备________对设备进行分配，调整处理器与外部设备的工作节奏。

A. 硬件接口　　B. 分配原则　　C. 软件程序　　D. 数值数据

37. 操作系统的文件管理功能是：对存储在计算机中的文件进行逻辑上和物理上的________，实现文件的“按名存取”；有效地分配文件的存储空间；建立文件目录；提供合适的文件存取和检索手段；实现文件的共享、保护、加密等功能；向用户提供用于文件操作的一组命令。

A. 存储与读取　　B. 分配与去配　　C. 组织和管理　　D. 建立与删除

38. 现代计算机系统通常采用________存储技术，将一部分磁盘空间当作内存使用，存储当前暂时不用的内存信息，以腾出内存空间存储当前要使用的信息。

A. 随机　　B. 三维　　C. 虚拟　　D. 立体

39. UNIX 操作系统采用树形结构的文件系统，将外部设备也作为文件对待，是一个________操作系统。

A. 单用户、多任务　　B. 单用户、单任务

C. 多用户、多任务　　D. 多用户、单任务

40. Linux 操作系统继承了________操作系统的以网络为核心的设计思想，支持多任务、多进程、多 CPU，能够运行主要的 UNIX 工具软件、应用程序、网络协议，支持 32 位和 64 位程序，性能稳定且兼容性好。

A. UNIX　　B. Windows　　C. DOS　　D. OS/2

二、填空题

1. 运算器的主要功能是进行算术运算和逻辑运算，它的主要组成部分称为________。

2. 存储器分为主存储器（又称内存）和________（又称外存）两部分。

3. 控制器是整个 CPU 的控制中心，也是整个计算机的指挥中心。控制器包括指令寄存器、指令________和指令译码器等部件。

4. 由于主存储器的工作速度要比 CPU 的工作速度小一个数量级，CPU 每次使用数据时都直接到主存中读取会大大降低工作速度，所以引入了缓冲存储器。缓冲存储器的英文名称为________。

5. ________表示 CPU 在单位时间内能一次处理的二进制数的位数，它表示了 CPU 的计算精度和处理信息的能力。

6. 静态随机存取存储器（SRAM）使用由 MOS 晶体管组成的触发器来保存信息，工作速度很快，不需要刷新。动态随机存取存储器（DRAM）使用由 MOS 晶体管组成的结电容来保存信息，工作速度________，需要刷新。

7. 光盘存储器由________和光盘驱动器两个部分组成。

8. 输入 / 输出设备又称为________或外设，是计算机系统的重要组成部分，它包括输入设备、输出设备、设备控制器以及其他相关硬件。

9. ________是主板的核心组成部分，它几乎决定了这块主板的性能，进而影响到整个计算机系统的性能。

10. 计算机的显示系统由________和显示器两部分组成。

11. LCD 显示器的主要性能指标有________、刷新频率、响应时间、屏幕尺寸等。

12. 喷墨打印机属于非击打式打印设备，它是通过使打印头中的墨水经过压电技术或________

技术变成细小的墨滴来实现打印的。

13. 激光打印机的核心技术就是所谓的________技术，这种技术融合了影像学与电子学的原理和技术。

14. 打印机的主要性能指标主要有分辨率、________和打印幅面等。

15. 软件的主要作用是________计算机系统的功能、提高计算机的工作效率、方便用户使用计算机。

16. 互联网上的一些不需要付费的软件可分为自由软件和________软件。

17. 按照计算机语言的发展使用情况，人们将它分为三大类：机器语言、汇编语言和________。

18. 程序设计语言包含了 4 种基本成分：数据成分、计算成分、________和传输成分。

三、判断题

1. 在整个计算机系统的层次结构中，最基本的是输入 / 输出系统，它处于系统的底层。（　　）

2. 从计算机系统的功能上来讲，硬件和软件之间没有一个明确的分界线。由硬件实现的功能可以用软件来实现。（　　）

3. 指令是由操作码和操作数两部分组成。（　　）

4. 主板上的芯片组通常由两块芯片组成，其中 CPU 的类型，主板的系统总线频率，内存的类型、容量和性能，显卡插槽规格是由芯片组中的南桥芯片决定的。（　　）

5. 指令系统指的是一个 CPU 所能够处理的全部指令的集合。不同公司生产的 CPU 都有各自的指令系统，一般并不相同。（　　）

6. 计算机地址总线能在 CPU 和存储器之间双向传输地址数据。（　　）

7. 通常高速缓冲存储器容量越小、级数越少，对提高 CPU 工作速度的作用越大。（　　）

8. 目前主流硬盘的容量大都为 500MB ~ 1GB。（　　）

9. 光盘盘片也是以二进制的方式记录信息的，与硬盘相同，它也采用同心圆磁道方式存储信息。（　　）

10. 现在，为了降低成本、缩小体积，大部分显示控制器已经被集成在 CPU 芯片中，除了某些要求较高的应用之外，一般不再需要独立的显卡。（　　）

11. 扫描仪是一种输出设备。（　　）

12. 借助 USB 集线器（Hub）时，1 个 USB 接口最多可连接 32 个 USB 设备。（　　）

13. 自由软件允许用户试用一段时间后再付费。（　　）

14. 软件是一种知识产品，是大量知识劳动的结果，它与电影、歌曲、书籍等出版物一样拥有著作权，受版权法保护。（　　）

15. 软件在运行和使用过程中，也会出现像其他物理产品那样的机械磨损、老化问题。（　　）

16. 用汇编语言编写的汇编语言源程序能直接被计算机识别并执行。（　　）

17. 在编译方式下，源程序首先由编译程序翻译为目标代码，然后经过连接生成目标程序并且被存储在系统中。在需要运行时，只要运行目标程序即可。（　　）

18. 一些工具软件以及设备驱动程序，如磁盘清理程序、碎片整理程序以及打印机的驱动程序等，它们不属于系统软件。（　　）

19. 数据库管理系统（DataBase Management System，DBMS）属于系统软件。（　　）

20. Microsoft Internet Explorer、Microsoft Outlook Express、Adobe Dreamweaver、Photoshop 和 3D MAX 等都属于应用软件。（　　）

第7章 计算机常用软件

7.1 Windows 10

一、单选题

Windows 10
习题参考答案

1. Windows 是一种________。
   A. 文字处理系统　　B. 计算机语言
   C. 字符型的操作系统　　D. 图形化的操作系统
2. 下列选项中，不是微软公司开发的操作系统的是________。
   A. Windows Server 2003　　B. Windows 10
   C. Linux　　D. Vista
3. 在 Windows 中，下列不能用在文件名中的字符是________。
   A. &　　B. ^　　C. ?　　D. +
4. 在 Windows 10 中，内置的两种浏览器为________。
   A. Microsoft Edge 和谷歌浏览器　　B. 谷歌浏览器和 IE 11
   C. Microsoft Edge 和 IE 11 浏览器　　D. 谷歌浏览器和 360 浏览器
5. 下列 Windows 10 的版本中，支持的功能最多的版本是________。
   A. 专业版　　B. 家庭版　　C. 物联网核心版　　D. 企业版
6. 在 Windows 10 中，将打开的窗口拖动到屏幕顶端，窗口会________。
   A. 关闭　　B. 消失　　C. 最大化　　D. 最小化
7. 在 Windows 10 中，显示桌面的组合键是________。
   A.【Win+D】组合键　　B.【Win+Ctrl+D】组合键
   C.【Win+E】组合键　　D.【Alt+Tab】组合键
8. 在 Windows 10 中，打开“文件资源管理器”的组合键是________。
   A.【Win+D】组合键　　B.【Win+Ctrl+D】组合键
   C.【Win+E】组合键　　D.【Alt+Tab】组合键
9. 在 Windows 10 中，创建虚拟桌面的组合键是________。
   A.【Win+D】组合键　　B.【Win+Ctrl+D】组合键
   C.【Win+Tab】组合键　　D.【Alt+Tab】组合键

10. 安装 Windows 10 时，硬盘空间至少为________。

A. 1GB B. 16GB C. 32GB D. 48GB

11. 文件的类型可以根据________来识别。

A. 文件的大小 B. 文件的用途

C. 文件的扩展名 D. 文件的存放位置

12. 在下列软件中，属于计算机操作系统的是________。

A. Windows 10 B. Word 2016 C. Excel 2016 D. PowerPoint 2016

13. 为了保证 Windows 10 安装后能正常使用，采用的安装方法是________。

A. 升级安装 B. 卸载安装 C. 覆盖安装 D. 全新安装

14. 在下列文件扩展名中，表示系统配置文件的是________。

A. .sys B. .rtf C. .java D. .c

15. 切换窗口可以通过任务栏的按钮切换，也可按________组合键来切换。

A.【Ctrl+Tab】 B.【Alt+Tab】 C.【Shift+Tab】 D.【Ctrl+Shift】

16. 程序“project.exe”要在 Windows 10 中运行，可使用下面________方法。

A. 单击该文件

B. 单击该文件，再按【Ctrl+P】组合键

C. 右击该文件，然后在菜单中选择“创建快捷方式”命令

D. 单击该文件，再按【Enter】键

17. 在 Windows 中，若要把整个桌面的截图复制到剪贴板上，可按________。

A.【PrintScreen】组合键 B.【Alt+PrintScreen】组合键

C.【Ctrl+PrintScreen】组合键 D.【Shift+PrintScreen】组合键

18. 在 Windows 中，剪贴板是程序和文件间用来传递信息的临时存储区，此存储区是________。

A. 回收站的一部分 B. 硬盘的一部分

C. 内存的一部分 D. 软盘的一部分

19. 剪贴板的基本操作包括________。

A. 删除、复制和剪切 B. 复制、剪切和粘贴

C. 移动、复制和剪切 D. 编辑、复制和剪切

20. 在 Windows 中，可以打开“开始”菜单的组合键是________。

A.【Alt+Esc】 B.【Ctrl+Esc】 C.【Tab+Esc】 D.【Shift+Esc】

21. 下列设备中，属于输出设备的是________。

A. 显示器 B. 键盘 C. 鼠标 D. 手写板

22. 将回收站中的文件还原时，被还原的文件将回到________。

A. 桌面上 B. C 盘中 C. 内存中 D. 被删除的位置

23. 选定多个连续文件时，先单击第 1 个文件，再在按住________键的同时，单击最后一个文件。

A.【Shift】 B.【Alt】 C.【Ctrl】 D.【Win】

24. 在下列扩展名中，不是压缩文件扩展名的是____。

A. .zip B. .gz C. .dll D. .z

25. 下列选项中，不是任务栏组成部分的是________。

A. “开始”按钮 B. “Cortana”搜索按钮

C. “库文件” D. “显示桌面”按钮

26. 在 Windows 10 中，用户处于等待状态时，鼠标指针呈________状。

A. 箭头 B. “I”字形 C. 沙漏 D. 十字

27. 在 Windows 10 中，如需要改变鼠标键的配置等，需要进入的是________页面。

A. “控制面板” B. “注册表” C. “系统工具” D. “资源管理中心”

28. 在安装 Windows 10 时，一般安装在________。

A. C 盘 B. D 盘 C. E 盘 D. F 盘

29. 下列选项中，不是键盘状态指示灯区的作用是________。

A. 指示小键盘的状态 B. 指示大小写的状态

C. 指示滚屏锁定键的状态 D. 指示中英输入法的状态

30. 扩展名为“.mov”的文件通常是________。

A. 音频文件 B. 视频文件 C. 图片文件 D. 文本文件

31. 碎片整理程序的作用是________。

A. 节省磁盘空间和提高磁盘运行速度

B. 将不连续的文件合并在一起

C. 检查并修复磁盘汇总文件系统的逻辑错误

D. 扫描磁盘是否有裂痕

32. 下列选项中，不是文件查看方式的是________。

A. 详细信息 B. 平铺 C. 层叠平铺 D. 图标

33. 永久删除文件或文件夹的方法是________。

A. 直接放入回收站 B. 按住【Alt】键的同时放入回收站

C. 按【Shift+Delete】组合键 D. 右击对象，选择“删除”命令

34. 查看 IP 地址的操作应在“控制面板”窗口中的________中进行。

A. 系统 B. 同步中心

C. 性能信息和工具 D. 网络和 Internet

35. 在 Windows 10 中，被放入回收站的文件仍然占用________。

A. 硬盘空间 B. 内存空间 C. 软盘空间 D. 光盘空间

36. 在 Windows 10 中，若连续进行了多次复制操作后关闭了系统，那么再次启动 Windows 10 后，“剪贴板”中存放的是________。

A. 所有复制过的内容 B. 空白

C. 最后一次复制的内容 D. 第一次复制的内容

37. 在 Windows 10 中，下列说法正确的是________。

A. “剪贴板”中的内容关机后全部丢失

B. 删除桌面上的快捷方式，则它所指向的项目同时被删除

C. 在 Windows 10 中，一个窗口可以对应多个应用程序

D. 开机前，Windows 10 的系统文件放在 ROM 中

38. 下列关于 Windows 10 中的“快捷方式”的说法正确的是________。

A. 快捷方式图标与普通图标最明显的区别是左下角有一个箭头

B. 快捷方式图标与普通图标最明显的区别是左下角有一个字母“W”

C. 建立某文件的快捷方式的过程实际上是复制该文件的过程

D. 建立某文件的快捷方式，实际上是创建一个扩展名为“.aut”的文件

39. Windows 10 中，在文件资源管理器的左侧窗格中，文件夹是按照________关系来排列的。

A. 图形　　B. 树形　　C. 网状　　D. 线形

40. 在 Windows 10 中，对话框是一种特殊的窗口，它支持的操作有________。

A. 移动　　B. 最大化　　C. 最小化　　D. 改变窗口大小

41. 在 Windows 10 中，下列选项中，可用于查找“infile.docx”文件的是________。

A. in?.?　　B. In*.?　　C. in?.*　　D. ??file.*

42. 关于 Windows 10，下列叙述错误的是________。

A. 不能使用“ab.docx”作为文件夹名

B. 文件夹“AB”中能够创建名为“AB”的子文件夹

C. 文件夹“ab”和文件“ab”不能存放在同一个文件夹中

D. 文件“ab.docx”和“AB.docx”不能存放在同一个文件夹中

43. 在 Windows 10 中，中文输入中的全角/半角主要影响________。

A. 汉字　　B. 西文字符　　C. 标点符号　　D. 数字和西文字符

44. 在 Windows 10 中，如果查找文件时输入的是“*.docx”，则表明要查找的是________。

A. 文件名为“*.docx”的文件

B. 文件名中包含“*.docx”的文件

C. 所有扩展名为“.docx”的文件

D. 文件主名为一个字符且扩展名为“.docx”的文件

45. 在 Windows 10 中，若鼠标指针变成“|”状，下列说法正确的是________。

A. 此时可以改变窗口的大小　　B. 系统正在访问磁盘

C. 此时可以改变窗口的位置　　D. 此时可接收键盘输入

二、填空题

1. 在安装 Windows 10 的最低配置中，内存的基本要求是________GB 及以上的可用空间。

2. Windows 10 有 4 个默认“库”，分别是视频、图片、________和音乐。

3. Windows 10 是由________公司开发的、具有革命性变化的操作系统。

4. 在 Windows 中，要在各种输入法之间进行切换使用的组合键是【Ctrl】+________。

5. 在 Windows 10 中已经选定了若干文件和文件夹，若要通过鼠标来选定或取消选定某一个文件或文件夹，需配合的键为________。

6. 鼠标的操作主要包括单击、________、拖动等。

7. 在 Windows 中，【Ctrl+Z】组合键是________命令的快捷键。

8. 在计算机系统中，“*”和“？”被称为________。

9. 在 Windows 中，选定多个不相邻的文件的方法是：单击第 1 个文件，然后再按住________键的同时，单击其他待选定的文件。

10. 在 Windows 中，选择了 C 盘中的一些文件后，按【Delete】(或【Del】) 键后并没有真正删除这些文件，而是将这些文件移到了________中。

11. Windows 10 有许多版本，其中面向学校管理人员、教师和学生的版本是________。

12. 一个完整的文件名由两部分组成，这两部分分别是________和________。

13. 一个应用程序窗口最小化后，该程序将________。删除某一文件夹后，该文件夹内的所

有文件将________。

14. Windows 支持长文件名，文件名最多可由________个字符组成。

15. 在 Windows 10 中，回收站的功能是________。

16. 在 Windows 10 中，用于在应用程序内部或不同的应用程序之间共享信息的工具是________。

17. 在 Windows 10 中，“记事本”应用程序所对应的文件的扩展名为________。

18. 启动多个应用程序后，在________中会显示这些任务的图标。

19. 为保护文件不被修改，可将它的属性设置为________。

20. 将一个非活动窗口变为活动窗口的过程称为________。

三、判断题

1. 任务栏可以被拖动到桌面上的任何位置。（　）
2. Windows 10 的桌面是一个系统文件夹。（　）
3. MP3 格式的文件属于压缩音频格式文件。（　）
4. 对话框窗口可以最小化。（　）
5. 微软拼音输入法是 Windows 10 自带的输入法。（　）
6. 在 Windows 10 中，默认“库”被删除后可以通过恢复默认“库”来进行恢复。（　）
7. 在 Windows 10 中，默认“库”被删除了就无法恢复。（　）
8. 正版 Windows 10 不需要安装安全防护软件。（　）
9. “画图”应用程序的英文名称是“mspaint”。（　）
10. 安装安全防护软件有助于保护计算机不受计算机病毒侵害。（　）
11. 在 Windows 10 中，yyyy-MM-dd 属于短日期的排列格式。（　）
12. 在 Windows 10 中，对话框的组成部分包含选项卡。（　）
13. 在 Windows 10 中，删除了某应用程序的快捷方式图标不代表删除了该应用程序。（　）
14. 在科学型计算器中可以进行 *N* 进制数之间的转换。（　）
15. 在 Windows 10 中，打开任务管理器的快捷键是【Ctrl+Alt+Delete】组合键。（　）
16. 在 Windows 10 中，“ABC>txt”可以作为文件夹名。（　）
17. 在 Windows 10 中，单击任务栏最右端的按钮会显示桌面。（　）
18. 更改光标闪烁速度的操作在设备管理器中进行。（　）
19. 在 Windows 10 中，左右拖动当前窗口，会将该窗口最大化。（　）
20. 在计算机中，通配符“?”可以表示所在位置的多个符号。（　）

7.2 Word 2016

Word 2016
习题参考答案

一、单选题

1. 用鼠标拖动的方式进行文本复制时，要将所选文本在________拖动到新的位置。

A. 按住【Shift】键的同时　　B. 按住【Alt】键的同时
C. 按住【Ctrl】键的同时　　D. 不按任何键的同时

2. 在 Word 2016 的编辑状态下，按【Ctrl+V】组合键后，________。

A. 将文档中被选中的内容复制到剪贴板上

B. 将剪贴板上的内容移动到当前插入点处

C. 将剪贴板上的内容复制到当前插入点处

D. 将文档中被选中的内容移动到剪贴板上

3. 在 Word 2016 中，选定一行文本的方法是________。

A. 将鼠标指针置于目标处，单击

B. 将鼠标指针置于此行的选定栏并在选定光标出现时单击

C. 在此行的选定栏双击

D. 三击此行

4. 在 Word 2016 中，选择一段文字的方法是将鼠标指针定位于待选择段落左边的选定栏，然后________。

A. 双击鼠标右键　B. 单击鼠标右键　C. 双击鼠标左键　D. 单击鼠标左键

5. 在 Word 2016 中，选定一个句子的方法是________。

A. 在按住【Ctrl】键的同时在句中任意位置双击

B. 在按住【Ctrl】键的同时在句中任意位置单击

C. 在该句中任意位置单击

D. 在该句中任意位置双击

6. 在 Word 2016 中，“分节符”位于________选项卡下。

A. “开始”　B. “插入”　C. “布局”　D. “视图”

7. 在 Word 2016 中，缩进不包括________。

A. 左缩进　B. 右缩进　C. 首行缩进　D. 居中缩进

8. 目录可以通过________选项卡插入。

A. “插入”　B. “布局”　C. “引用”　D. “视图”

9. 格式刷的作用是快速复制格式，其操作技巧是________。

A. 单击可以连续使用　B. 双击可以使用一次

C. 双击可以连续使用　D. 右击可以连续使用

10. Word 2016 所认为的字符不包括________。

A. 汉字　B. 数字　C. 特殊字符　D. 图片

11. 在 Word 2016 中，若不特别设置某一段落的行距，则 Word 2016 将根据该段字符的大小自动调整行距，此时的行距称为________行距。

A. 1.5 倍行距　B. 单倍行距　C. 固定值　D. 最小值

12. 艺术字对象实际上是________。

A. 文字对象　B. 图形对象

C. 链接对象　D. 既是文字对象，也是图形对象

13. 对于字号来说，阿拉伯数字字号越大，表示字符越________；汉字字号越小，表示字符越________。

A. 大、小　B. 小、大　C. 不变　D. 大、大

14. 在 Word 文档中，用于把光标移动到文件末尾的快捷键是________组合键。

A.【Ctrl+End】　B.【Ctrl+PageDown】

C.【Ctrl+Home】　　D.【Ctrl+PageUp】

15. 打开一个 Word 文档，通常是指________。

A. 显示并打印指定文档的内容

B. 把文档中的内容从磁盘调入内存，并显示出来

C. 在内存中读入文档中的内容，并将其显示出来

D. 为指定文件打开一个空白的文档窗口

16. 单击文档中的图片，产生的效果是________。

A. 启动图形编辑器进入图形编辑状态，并选中该图形

B. 为该图形添加文本框

C. 选中该图形

D. 弹出快捷菜单

17. 在 Word 2016 中，利用________可以方便地调整段落的伸出或缩进量、页边距、表格的列宽和行高。

A. 常用工具栏　　B. 表格工具栏　　C. 标尺　　D. 格式工具栏

18. 在 Word 2016 中，下列关于设置页边距的说法中错误的是________。

A. 页边距的设置只影响当前页

B. 用户可以使用“页面设置”对话框来设置页边距

C. 用户可以使用标尺来调整页边距

D. 用户既可以设置左、右边距，又可以设置上、下边距

19. 现有前后两个格式不同的段落，若删除前一个段落末尾的结束标记，则________。

A. 仍为两个段落，且格式不变

B. 两个段落会合并为一段，均不再采用原来的格式而采用文档的默认格式

C. 两个段落会合并为一段，并采用原来前一个段落的格式

D. 两个段落会合并为一段，并采用原来后一个段落的格式

20. 如果已经有页眉或页脚，则再次进入页眉/页脚区时，只需要双击________即可。

A. 页眉/页脚区　　B. 工具栏区　　C. 文本区　　D. 菜单区

21. 在 Word 2016 中，下列关于页眉、页脚的叙述中错误的是________。

A. 文档内容和页眉、页脚可以在同一窗口中编辑

B. 文档内容和页眉、页脚将被一起打印出来

C. 奇偶页可以分别设置不同的页眉、页脚

D. 也可对页眉、页脚进行格式设置或在其中插入图片

22. 在 Word 2016 的编辑状态下，进行字体设置后，按新设置的字体格式显示的文字是________。

A. 文档中的全部文字　　B. 插入点所在行的文字

C. 文档中被选中的文字　　D. 插入点所在段落的文字

23. 要创建一个名为“1.docx”的文档，方法是________。

A. 选择“视图”→“新建窗口”

B. 选择“插入”→“空白页”，再输入文件名

C. 选择“文件”→“打开”，在“打开”对话框中输入文件名

D. 选择“文件”→“新建”，创建一个空文档，输入完毕后保存，在弹出的“另存为”

对话框中输入文件名

24. 首字下沉可以通过单击________按钮来设置。

A. “开始”→“首字下沉” B. “布局”→“首字下沉”

C. “插入”→“首字下沉” D. “格式”→“首字下沉”

25. 设定打印纸张的大小时，应当单击________按钮。

A. “布局”→“纸张大小” B. “视图”→“纸张大小”

C. “布局”→“页面” D. “视图”→“页面”

26. 在 Word 2016 的编辑状态下，若选择“文件”→“关闭”命令，则________。

A. 关闭 Word 2016 的主窗口

B. 提示用户保存当前窗口中正在编辑的文档，然后关闭该文档

C. 将正在编辑的文档存盘

D. 退出 Word 2016

27. 在 Word 2016 中，在下列有关查找与替换的说法中，不正确的是________。

A. 只能从光标所在的位置开始向下查找与替换

B. 查找或替换时可以使用通配符“*”和“?”

C. 可以对段落标记、分页符进行查找与替换

D. 查找或替换时可以区分大小写字母

28. “开始”选项卡“剪贴板”组中的“剪切”和“复制”按钮呈浅灰色而不能被选择时，表示________。

A. 在文档中没有选定任何内容 B. 选定的内容是页眉或页脚

C. 剪贴板上已经有内容了 D. 选定的文档内容太长，剪贴板放不下

29. 在 Word 2016 的编辑状态下，光标在文档中，没有选取任何内容，设置 2 倍行距后，结果将是________。

A. 文档没有任何变化 B. 文档整体变为 2 倍行距

C. 光标所在段落变为 2 倍行距 D. 光标所在行变为 2 倍行距

30. 在 Word 2016 中，编辑好一个文档后，若想知道其打印效果，可以________。

A. 按【F8】键 B. 执行“文件”→“打印”命令

C. 执行“全屏幕显示”命令 D. 执行“模拟显示”命令

31. 在 Word 文档中要创建项目符号时，________。

A. 不需选择文本就可以创建项目符号 B. 以段为单位创建项目符号

C. 以节为单位创建项目符号 D. 以选中的文本为单位创建项目符号

32. 在 Word 2016 中可以将编辑的文档保存为多种格式。下列选项中，________是 Word 2016 所支持的文件类型。

A. wri 文件、bmp 文件、doc 文件 B. pic 文件、txt 文件、html 文件

C. doc 文件、txt 文件、rtf 文件 D. 文本文件、wps 文件、位图文件

33. 下列关于 Word 2016 的叙述中，正确的是________。

A. 在文档中输入内容时，凡是已经显示在屏幕上的内容，都已经被保存在硬盘上

B. 表格中的数据可以按行排序

C. 用“粘贴”操作把剪贴板上的内容粘贴到文档中光标所在的位置以后，剪贴板上将不再存在任何内容

D. 必须选定对象，才能进行“剪切”或“复制”操作

34. Word 2016 的表格功能相当强大，当把插入点放在表格最后一行的最后一个单元格时，按【Tab】键即可________。

A. 在同一单元格里换行
B. 产生一个新列
C. 产生一个新行
D. 将插入点移动到第 1 行的第 1 个单元格

35. 在编辑表格的过程中，改变表格中某列的宽度而不改变其他列的宽度的方法是________。

A. 直接拖动某列的右边框
B. 直接拖动某列的左边框
C. 在拖动某列右边框的同时按住【Shift】键
D. 在拖动某列右边框的同时按住【Ctrl】键

36. 在选定了整个表格之后，若要删除整个表格中的内容，下列操作中正确的是________。

A. 在“表格工具”的“布局”选项卡的“行和列”组中选择“删除”→“删除表格”命令
B. 按【Delete】键
C. 按【Space】键
D. 按【Esc】键

37. 下列关于单元格的说法中，错误的是________。

A. 可以以一个单元格为范围设定字体格式
B. 单元格不是独立的格式设定范围
C. 在单元格中既可以输入文本，也可以插入图形
D. 表格中行和列相交的格称为单元格

38. 在 Word 2016 的编辑状态下，选择了多行多列的整个表格后，按【Delete】键，则________。

A. 表格的第 1 列被删除
B. 整个表格被删除
C. 表格的第 1 行被删除
D. 表格中的内容被删除，表格变为空表格

39. 在 Word 2016 的表格中可以对数据进行排列，下列说法中正确的是________。

A. 可以对列中的数据进行排列
B. 可以对行中的数据进行排列
C. 只能对数据进行升序排列
D. 只能对数据进行降序排列

40. 在 Word 2016 中，表格拆分是指________。

A. 将原来的表格从某两列之间分为左、右两个表格
B. 将原来的表格从某两行之间分为上、下两个表格
C. 在表格中由用户任意指定一个区域，将其单独作为另一个表格
D. 将原来的表格从正中间分为两个表格，其方向由用户指定

41. 下列有关 Word 2016 的表格功能的说法中，不正确的是________。

A. 可以通过表格工具将表格转换成文本
B. 表格的单元格中可以插入表格
C. 表格中可以插入图片
D. 不能设置表格的边框线

42. 利用 Word 2016 编辑书稿，要求目录和正文的页码分别采用不同的格式，且均从第 1 页开始，则最优的操作方法是________。

A. 将目录和正文分别存在两个文档中，分别设置页码
B. 在目录与正文之间插入分节符，在不同的节中设置不同的页码

C. 在目录与正文之间插入分页符，在分页符前后设置不同的页码

D. 在 Word 2016 中不设置页码，将书稿转换为 PDF 格式的文件时再设置页码

43. 已将毕业论文设置为两栏，如果想在首页添加一个横跨两栏的论文标题，则最优的操作方法是________。

A. 在论文首行内容前添加空行，打印出来后手动写上标题

B. 在论文首行内容前插入一个分节符，并设置论文标题位置

C. 在论文首行内容前插入一个文本框，输入标题并设置文本框的环绕方式

D. 在论文首行内容前插入艺术字标题

44. 毕业论文撰写完成后，需要在正文前添加论文目录以便检索和阅读，则最优的操作方法是________。

A. 利用 Word 2016 提供的“手动目录”功能创建目录

B. 直接输入作为目录的标题文字和相对应的页码来创建目录

C. 将论文的各级标题设置为内置标题样式，然后基于内置标题样式自动插入目录

D. 不使用内置标题样式，而是直接基于自定义样式创建目录

45. 在 Word 2016 中，为图表插入如“图 1”“图 2”的题注时，删除标签与编号之间自动出现的空格的最优的操作方法是________。

A. 在新建题注标签时，直接将其后面的空格删除即可

B. 选择整个文档，利用查找和替换功能逐个将题注中的西文空格替换为空

C. 手动删除所有空格

D. 选择所有题注，利用查找和替换功能将西文空格全部替换为空

二、填空题

1. Word 2016 在“开始”选项卡中对于文本提供了 5 种对齐方式，分别为左对齐、________、________、________和分散对齐。

2. 在 Word 2016 中，默认的视图方式是________视图。

3. 在 Word 2016 中，插入的图片有浮动式和嵌入式两种显示形式，而默认的显示形式是________式。

4. 在 Word 2016 中，若需打印总页数为 5 页的文档的奇数页中的内容，则在打印设置页面的“页数”文本框中应输入________。

5. 段落的格式可以在“________”选项卡中进行设置。

6. 在 Word 2016 中，若要将一个段落分成两段，则需要将光标定位在段落分隔处，再按________键。

7. 在 Word 2016 中，按【Enter】键的同时按住________键可以不产生新的段落而只产生新的行。

8. 用户在编辑 Word 文档时，选择某一段文字后，把鼠标指针置于所选中的文本中的任一位置，按住鼠标左键将鼠标指针拖动到另一位置时才松开鼠标左键。那么，该用户执行的操作是________。

9. 在 Word 2016 中，是否显示标尺可以在“________”选项卡中设置。

10. 在 Word 2016 中，若要添加“基本形状”中的“椭圆”，应在“________”选项卡中进行设置。

11. 在 Word 2016 中，若希望同一文档的两个部分采用不同的页面设置，则必须在相应位置

插入一个________。

12. 在 Word 2016 中，利用“插入”选项卡中的“________”按钮可在文档中插入 Excel 工作表。

13. 在 Word 2016 中编辑文档时，在________状态下，新输入的字符将替代位于当前光标位置之后的字符。

14. 在 Word 2016 的编辑状态下，如果要在“段落”对话框中设置行距为“20 磅”，应选择“行距”下拉列表框中的“________”。

15. 在 Word 2016 中，如果要将文字或段落的格式应用于其他文字或段落，可使用“________”工具进行操作。

三、判断题

1. 在 Word 文档中插入页码时第 1 页的页码可以不为 1。（ ）
2. 在 Word 2016 中，“左边距”和“左缩进”是同一个概念。（ ）
3. 在 Word 2016 中，可以设置文字水印或图片水印效果。（ ）
4. Word 2016 可以正确读取利用“记事本”应用程序所建立的文档，但“记事本”应用程序无法正确读取 Word 文档。（ ）
5. 在 Word 2016 中，要移动或复制一段文字必须通过剪切板。（ ）
6. 在 Word 2016 中，设置段落的缩进量、特殊格式、间距时，可以采用指定的单位。例如，缩进量用“厘米”，首行缩进用“字符”，间距用“磅”等。只要在输入数值的同时输入单位即可。（ ）
7. 在 Word 2016 中，若只需复制文本的内容，而不复制文本的格式，则需要使用“选择性粘贴”命令。（ ）
8. 在 Word 2016 中能够给同一篇文档的奇偶页设定内容不同的页眉和页脚。（ ）
9. 在 Word 2016 的表格中也可以计算若干个不连续单元格的数据之和。（ ）
10. 在 Word 2016 中插入的日期是可以随着真实日期的变化而变化的。（ ）
11. 在 Word 2016 中，在“段落”对话框里，能将行距设置为 1.75 倍行距。（ ）
12. 在 Word 2016 中，在进行分栏操作时，栏与栏之间可以设置虚线分隔线。（ ）
13. 在 Word 2016 中，可以通过“插入”选项卡中的“表格”按钮插入表格，且行数和列数的最小值均为 2。（ ）
14. 在 Word 2016 中，一旦保存文件，就无法再进行撤销操作。（ ）
15. 在 Word 2016 的文本框中，既可以插入文字，也可以插入图片。（ ）
16. 在 Word 2016 中，可以通过“插入”选项卡“插图”组中的“屏幕截图”按钮来插入屏幕截图。（ ）
17. 对于 Word 2016 的“保存”与“另存为”命令，在首次保存文件的时候，两者功能相同。（ ）
18. 使用 Word 2016 的“查找和替换”功能，不仅可以替换文本的内容，还可以替换文本的格式。（ ）
19. 在利用“邮件合并”功能创建批量文档前，应先创建主文档和数据源。（ ）
20. Word 2016 的视图模式有普通视图、页面视图、浏览视图和草稿视图。（ ）

7.3　Excel 2016

一、单选题

1. 在 Excel 2016 中，默认保存的工作簿文件的扩展名是“________”。

A. .xlsx　　B. .xls

C. .htm　　D. .docx

2. 在 Excel 2016 中，可以通过功能区的________选项卡来对所选单元格进行数据筛选，从而筛选出符合要求的数据。

Excel 2016
习题参考答案

A. “开始”　　B. “插入”

C. “数据”　　D. “审阅”

3. 下列选项中不属于 Excel 2016 中“数字”分类的是________。

A. 常规　　B. 货币　　C. 文本　　D. 条形码

4. 在 Excel 2016 中，下列关于打印工作簿的说法错误的是________。

A. 一次可以打印整个工作簿

B. 一次可以打印一个工作簿中的一张或多张工作表

C. 可以只打印一张工作表中的某一页

D. 不能只打印一张工作表中的一个区域

5. 在 Excel 2016 中，要录入身份证号，则在“数字”分类列表框中应选择________格式。

A. 常规　　B. 数值　　C. 科学记数　　D. 文本

6. 在 Excel 2016 中，要想设置行高、列宽，应选用功能区的________选项卡中的“格式”按钮。

A. “开始”　　B. “插入”　　C. “页面布局”　　D. “视图”

7. 在 Excel 2016 中，在功能区的________选项卡中可切换工作簿的视图方式。

A. “开始”　　B. “页面布局”　　C. “审阅”　　D. “视图”

8. 在 Excel 2016 中套用表格格式后，会出现________选项卡。

A. “图片工具”　　B. “表格工具”　　C. “绘图工具”　　D. “其他工具”

9. 在 Excel 2016 中，用于打开“设置单元格格式”的快捷键是________组合键。

A.【Ctrl+Shift+E】　　B.【Ctrl+Shift+F】　　C.【Ctrl+Shift+G】　　D.【Ctrl+Shift+H】

10. 在单元格中输入________，可以使该单元格显示数值“0.3”。

A. 6/20　　B. =6/20　　C. “6/20”　　D. =“6/20”

11. 下列函数中，能对数据进行绝对值运算的是________。

A. ABS　　B. ABX　　C. EXP　　D. INT

12. 选定要移动的文件或文件夹，按________组合键将其剪切到剪贴板中，然后在目标文件夹中按【Ctrl+V】组合键即可实现文件或文件夹的移动。

A.【Ctrl+A】　　B.【Ctrl+C】　　C.【Ctrl+X】　　D.【Ctrl+S】

13. 给工作表设置背景，可以通过________选项卡完成。

A. “开始”　　B. “视图”　　C. “页面布局”　　D. “插入”

14. 下列关于 Excel 2016 的缩放比例的说法中，正确的是________。

A. 最小值为 10%，最大值为 500%　B. 最小值为 5%，最大值为 500%

C. 最小值为 10%，最大值为 400%　D. 最小值为 5%，最大值为 400%

15. 单元格区域 B3:C6 包含________个单元格。

A. 2　B. 4　C. 8　D. 16

16. 已知单元格 A1 中存在数值 563.68，若在另一单元格中输入函数“=INT(A1)”，则函数值为________。

A. 563.7　B. 564　C. 563　D. 563.8

17. 在 Excel 2016 中，仅把某单元格的批注复制到另一单元格中的方法是________。

A. 先复制原单元格，再到目标单元格中执行“粘贴”命令

B. 先复制原单元格，再到目标单元格中执行“选择性粘贴”命令

C. 使用“格式刷”工具

D. 将两个单元格链接起来

18. 在 Excel 2016 中，要在某单元格中输入分数 1/2，则应该输入________。

A. #1/2　B. 0.5　C. 0 1/2　D. 1/2

19. 在 Excel 2016 中，如果要改变行与行、列与列之间的顺序，则应按住________键并结合鼠标进行拖动。

A.【Ctrl】　B.【Shift】　C.【Alt】　D.【Space】

20. 在 Excel 2016 中，如果删除的单元格被其他单元格中的公式所引用，则这些公式将会显示为________。

A. #####!　B. #REF!　C. #VALUE!　D. #NUM!

21. 在单元格中输入“=AVERAGE(10,-3)-PI()”，则将显示一个________。

A. 大于 0 的值　B. 小于 0 的值　C. 等于 0 的值　D. 不确定的值

22. 单元格 A1 和 B1 中分别有数值 12 和 34，在单元格 C1 中输入公式“=A1&B1”，则单元格 C1 中的结果是________。

A. 1234　B. 12　C. 34　D. 46

23. 下列关于文件保存的说法中，错误的是________。

A. 在 Excel 2016 中，文件可以保存为多种类型

B. 高版本的 Excel 的工作簿不能保存为低版本的工作簿

C. 在高版本的 Excel 中，可以打开低版本的工作簿

D. 若要将本工作簿保存在别处，不能选择“保存”命令，要选择“另存为”命令

24. 在 Excel 2016 中，若单元格 C3 中的公式为“ = $C2+D$2”，将其复制到单元格 B2 中，则单元格 B2 中的公式是________。

A. “=$C1+C$2”　B. “=$C2+D$2”　C. “=$C1+C$1”　D. “=$B2+C$1”

25. 在 Excel 2016 中，若单元格 C1 中的公式为“=A1+B2”，将其复制到单元格 E5 中，则单元格 E5 中的公式是________。

A. “=C3+A4”　B. “=C5+D6”　C. “=C3+D4”　D. “=A3+B4”

26. 在 Excel 2016 中，若单元格 C1 中的公式为“=A1+B2”，将其剪切到单元格 E5，则单元格 E5 中的公式是________。

A. “=A1+B2”　B. “=C5+D6”　C. “=C3+D4”　D. “=A3+B4”

27. 在工作表中，第 28 列的列标为________。

A. AA B. AB C. AC D. AD

28. 如果要打印行号和列标，应该在“页面设置”对话框中的________选项卡中进行设置。

A. “页面” B. “页边距” C. “页眉/页脚” D. “工作表”

29. 在 Excel 2016 中，用来表示逻辑值为“假”的选项是________。

A. 0 B. FALSE C. 1 D. ERR

30. 在 Excel 2016 中，在对某个数据库进行分类汇总之前，________。

A. 不应对数据排序 B. 必须使用数据记录单

C. 必须对数据库的分类字段进行排序 D. 必须设置筛选条件

31. 如果公式中出现“#DIV/0!”，则表示________。

A. 结果为 0 B. 列宽不足 C. 无此函数 D. 除数为 0

32. 在 Excel 2016 的单元格中，手动换行的方法是按________组合键。

A.【Ctrl+Enter】 B.【Alt+Enter】 C.【Shift+Enter】 D.【Ctrl+Shift】

33. 若单元格 A1 的内容是“中国好”，单元格 B1 的内容是“中国好大”，单元格 C1 的内容是“中国好大一个国家”，则下列关于查找的说法中，正确的是________。

A. 查找“中国好”，3 个单元格都可能被找到

B. 查找“中国好”，只能找到单元格 A1

C. 只有查找“中国好*”，才能找到 3 个单元格

D. 查找“中国好 ”（“好”字后面加了 1 个空格），表示只查找 3 个字，且这 3 个字之后没有内容，这样只能找到单元格 A1

34. 在 Excel 2016 中，数据透视表默认的字段汇总方式是________。

A. 平均值 B. 乘积 C. 求和 D. 最大值

35. 在 Excel 2016 中，工作簿一般是由________组成的。

A. 单元格 B. 文字 C. 工作表 D. 单元格区域

36. 下列有关工作表名称的说法中，正确的是________。

A. 工作表的名称只能以字母开头

B. 同一个工作簿中可以存在两张同名的工作表

C. 工作表的名称应该“见名知义”

D. 默认的工作表名称为“Book1”

37. 下列有关单元格的说法中，错误的是________。

A. 每个单元格都有固定的地址

B. 同列的不同单元格的宽度可以不同

C. 若干单元格构成工作表

D. 同列的不同单元格可以选择不同的数字分类

38. 在 Excel 2016 的编辑栏中，显示的公式或内容是________。

A. 上一单元格的 B. 当前行的 C. 当前列的 D. 活动单元格的

39. 下列关于 Excel 2016 的公式或函数的说法中，错误的是________。

A. 公式中的乘、除号分别用* 和/表示

B. 公式被复制后，所引用的地址有可能发生变化

C. 公式必须以“=”开头

D. 函数“=Max(A1:C3)”引用了 4 个单元格

40. 用鼠标拖放操作复制单元格中的数据时必须同时按住________键。

A.【Tab】　B.【Alt】　C.【Ctrl】　D.【Shift】

41. 在 Excel 2016 中，公式输入完毕后应按________。

A.【Enter】键　B.【Ctrl+Enter】组合键

C.【Shift+Enter】组合键　D.【Ctrl+Shift+Enter】组合键

42. 在 Excel 2016 中，能使同一单元格中显示多个段落的操作是________。

A. 将单元格格式设为自动换行　B. 按【Alt+Enter】组合键

C. 合并上下单元格　D. 按【Enter】键

43. 在 Excel 2016 操作中, 假设 A1, B1, C1, D1 单元分别为 1, 2, 3, 4, 则 A1*AVERAGE(B1:D1)的值为________。

A. 1　B. 1.5　C. 2　D. 3

44. 在 Excel 2016 中，可使用________中的命令，给选定的单元格加边框线。

A. 单元格样式组　B. 边框组　C. 套用表格格式组　D. 条件格式

45. 在 Excel 2016 中，________是正确的单元格区域表示法。

A. A1#D4　B. A1..D4　C. A1:D4　D. A1-D4

46. 在 Excel 2016 中，可以通过________向单元格中输入数据。

A. 工具栏　B. 状态栏　C. 菜单栏　D. 编辑栏

47. 在 Excel 2016 中,每个单元格都有唯一的编号，该编号叫作地址。地址的使用方法是________。

A. 字母+数字　B. 列标+行号　C. 数字+字母　D. 行号+列标

48. 在 Excel 2016 中，假设单元格 A1、B1、C1、D1 中的内容分别为 1、2、3、4，则公式“=SUM(A1:C1)/D1”的计算结果为________。

A. 1.5　B. 3　C. 2　D. 1

49. Excel 2016 有多个常用的简单函数，其中函数 AVERAGE 的功能是________。

A. 求区域内数据的个数　B. 求区域内所有数据的平均值

C. 求区域内数据的和　D. 返回区域内的最大值

50. 如果用预置小数位数的方法输入数据，那么当设定小数位数是“2”时，输入“12345”将显示________。

A. 1234500　B. 123.45　C. 12345　D. 12345.00

二、填空题

1. Excel 2016 是一种________处理软件。

2. Excel 2016 默认工作簿的扩展名为________。

3. 在 Excel 2016 中，绝对地址前应使用的符号是________。

4. 在 Excel 2016 中，如果要将工作表冻结便于查看，可以用“________”选项卡的“冻结窗格”按钮来实现。

5. 在 Excel 2016 中，可以选定的数据为依据在某单元格中插入迷你图，并利用________进行相应的设置。

6. 在 Excel 2016 中，如果要对某个工作表进行重新命名，可以用“________”选项卡中的“格式”来实现。

7. 在单元格 A1 内输入“30001”，然后在按下【Ctrl】键的同时拖动填充柄至单元格 A8，则单元格 A8 中的内容是________。

8. 一个工作簿在默认状态下包含一张工作表，其名称为________。

9. 在单元格中输入“(120)”，按【Enter】键后显示________。

10. 在 Excel 2016 中，对输入的文字进行编辑时应打开“________”选项卡。

三、判断题

1. 在 Excel 2016 中，可以更改工作表的名称和位置。（　）

2. 在 Excel 2016 中，只能清除单元格中的内容，不能清除单元格的格式。（　）

3. 在 Excel 2016 中，筛选功能用于只显示符合设定条件的数据而隐藏其他数据。（　）

4. 在 Excel 2016 中，工作表的数量可根据工作需要做适当增加或减少，并且可以进行重命名、设置标签颜色等相应的操作。（　）

5. 可以在“Excel 选项”对话框中自定义功能区和快速访问工具栏。（　）

6. 使用 Excel 2016 的“文件”→“另存为”命令，可以更改文件类型保存。（　）

7. 要将最近使用的工作簿固定到列表，打开“最近使用的文档”，单击工作簿右边对应的固定按钮即可。（　）

8. 在 Excel 2016 中，除在“视图”选项卡中可以调整显示比例外，还可以在窗口右下角通过拖动缩放滑块来进行快速设置。（　）

9. 在 Excel 2016 中，只能设置表格的边框，不能设置单元格的边框。（　）

10. 在 Excel 2016 中，套用表格格式后可在“表格样式选项”组中选中“汇总行”复选框以显示汇总行，但不能在汇总行中进行数据类别的选择和显示。（　）

11. 在 Excel 2016 中不能设置超链接。（　）

12. 在 Excel 2016 中只能用“套用表格格式”按钮来设置表格样式，不能设置单个单元格的样式。（　）

13. 在 Excel 2016 中，除可创建空白工作簿外，还可以下载多种联机模板。（　）

14. 在 Excel 2016 中，只要应用了一种表格格式，就不能对表格格式进行更改。（　）

15. 如果单元格显示“###”，表示单元格中的数据是错误的。（　）

16. 在 Excel 2016 中，“保存自动恢复信息时间间隔”默认为 10 分钟。（　）

17. 在 Excel 2016 中插入图片或屏幕截图后，功能区就会出现“图片工具”的“格式”选项卡，可在该选项卡中进行相应的设置。（　）

18. 在 Excel 2016 中设置页眉和页脚时，只能通过“插入”选项卡来插入页眉和页脚，而没有其他操作方法。（　）

19. 在 Excel 2016 中只要套用了表格格式，就不能清除表格格式，把表格变为原来的表格。（　）

20. 在 Excel 2016 中只能插入和删除行、列，不能插入和删除单元格。（　）

7.4 PowerPoint 2016

PowerPoint 2016
习题参考答案

一、单选题

1. 保存演示文稿以后，其默认的文件扩展名是________。

A. .pptx　　B. .exe　　C. .bat　　D. .bmp

2. 在 PowerPoint 2016 中，“视图”这个名词表示________。

A. 一种图形　　B. 显示幻灯片的方式

C. 编辑演示文稿的方式　　D. 一张正在修改的幻灯片

3. 若要插入一张新的幻灯片，下列操作正确的是________。

A. 选取“插入”选项卡中的“新建幻灯片”命令

B. 选取“文件”选项卡中的“新建幻灯片”命令

C. 选取“开始”选项卡中的“新建幻灯片”命令

D. 选取“视图”选项卡中的“新建幻灯片”命令

4. 幻灯片上可以插入________等多媒体信息。

A. 音乐、图片、Word 文档　　B. 声音和超链接

C. 声音和动画　　D. 剪贴画、图片、声音和影片

5. 使用 PowerPoint 2016 中的“超链接”命令可________。

A. 实现幻灯片之间的跳转　　B. 实现幻灯片的移动

C. 中断幻灯片的放映　　D. 在演示文稿中插入幻灯片

6. 在 PowerPoint 2016 中打开一个演示文稿，对其进行修改，修改完毕后进行“关闭”操作，此时，________。

A. 演示文稿被关闭，并自动保存修改后的内容

B. 演示文稿不能关闭，并提示出错

C. 演示文稿被关闭，不能保存修改后的内容

D. 弹出对话框，并询问是否保存对演示文稿的修改

7. 在一个演示文稿中选择一张幻灯片，按【Delete】键，则________。

A. 这张幻灯片被删除，且不能恢复

B. 这张幻灯片被删除，但能恢复

C. 这张幻灯片被删除，但可以利用“回收站”恢复

D. 这张幻灯片被放入回收站

8. 在 PowerPoint 2016 中，如果希望在放映过程中终止幻灯片的放映，则随时可按________。

A.【Esc】键　　B.【Alt+F4】组合键

C.【Ctrl+C】组合键　　D.【Delete】键

9. 幻灯片的背景颜色是可以调换的，方法是通过右键单击快捷菜单中的“________”命令。

A. 设置背景格式　　B. 设置颜色

C. 设置动画　　D. 设置标尺

10. 下列关于演示文稿播放控制方法的描述，错误的是________。

A. 单击鼠标，幻灯片可以切换到“下一张”而不能切换到“上一张”

B. 按【↓】键切换到“下一张”，按【↑】键切换到“上一张”

C. 可以用键盘控制播放

D. 可以用鼠标控制播放

11. 在 PowerPoint 2016 中用鼠标连续选取多个选项时需要________键。

A. 按【Enter】　　B. 按【Alt】

C. 按【Ctrl】　　D. 同时按下【Ctrl】和【Alt】

12. 当新插入的图片遮挡了原来的对象时，为将原来的对象显示出来，下列操作中不正确的

是________。

A. 调整图片的大小

B. 调整图片的位置

C. 删除这张图片

D. 调整图片的叠放次序，将被遮挡的对象上移一层

13. 在________视图下，可方便地对幻灯片进行移动、复制、删除等操作。

A. “幻灯片浏览”　B. “大纲”　C. “幻灯片放映”　D. “普通”

14. 在幻灯片母版中插入的对象，只能在________中修改。

A. 幻灯片视图　B. 幻灯片母版　C. 讲义母版　D. 大纲视图

15. 在幻灯片母版中进行设置，可以起到________的作用。

A. 统一整个演示文稿的风格　B. 统一标题内容

C. 统一图片内容　D. 统一页码

16. 在 PowerPoint 2016 中，在________中插入徽标可以使其在每张幻灯片上的位置自动保持相同。

A. 讲义母版　B. 幻灯片母版　C. 标题母版　D. 备注母版

17. 下列关于 PowerPoint 2016 中的幻灯片母版的说法中，错误的是________。

A. 可以自定义幻灯片母版的版式

B. 可以对幻灯片母版进行主题编辑

C. 可以对幻灯片母版进行背景设置

D. 在幻灯片母版中插入图片对象后，在幻灯片中可以根据需要进行编辑

18. 若已设置了动画，但没有动画效果，则应切换到________。

A. 幻灯片视图　B. 幻灯片浏览视图

C. 大纲视图　D. 幻灯片放映视图

19. 在演示文稿中，超链接所链接的目标不能是________。

A. 另一个演示文稿　B. 同一演示文稿中的某一张幻灯片

C. 其他应用程序的文档　D. 幻灯片中的某个对象

20. 在多媒体设备正常的情况下，若插入的多媒体对象不起作用，例如，音频没有声音，动画无法播放，则原因可能是________。

A. PowerPoint 2016 应用程序无法正常运行

B. 没有设置幻灯片的放映方式

C. 没有切换到幻灯片放映视图

D. 没有预设动画

21. 在普通视图下，显示幻灯片中的具体内容的窗格是________。

A. 大纲窗格　B. 备注窗格　C. 幻灯片窗格　D. 视图工具栏

22. 在下列 PowerPoint 2016 的各种视图中，可用于编辑、修改幻灯片内容的视图是________。

A. 普通视图　B. 幻灯片浏览视图

C. 幻灯片放映视图　D. 以上选项都可以

23. 在 PowerPoint 2016 中，“开始”选项卡中的“________”按钮可以用来改变某一幻灯片的布局。

A. 排列　B. 版式　C. 段落　D. 字体

24. 在 PowerPoint 2016 中，显示当前被编辑的演示文稿的文件名的栏是________。

A. 工具栏　B. 菜单栏　C. 标题栏　D. 状态栏

25. 在 PowerPoint 2016 中打开文件，下面的说法中正确的是________。

A. 启动 1 次 PowerPoint 2016，只能打开 1 个文件

B. 最多能打开 3 个文件

C. 能打开多个文件，但不能同时打开

D. 能打开多个文件，可以同时打开

26. 在 PowerPoint 2016 中，在幻灯片中建立超链接有两种方式：通过把某对象作为超链接点和________。

A. 文本框　B. 文本　C. 图片　D. 动作按钮

27. 下列操作中，不能退出 PowerPoint 2016 的操作是________。

A. 单击“文件”选项卡中的“退出”命令

B. 单击“关闭”按钮

C. 按快捷键【Alt+F4】

D. 右键标题栏，单击“关闭”命令

28. 要实现在播放时幻灯片之间的跳转，可采用的方法是________。

A. 设置预设动画　B. 设置自定义动画

C. 设置幻灯片的切换方式　D. 设置动作按钮

29. 幻灯片的切换方式是指________。

A. 在编辑新幻灯片时的过渡形式

B. 在编辑幻灯片时切换不同视图

C. 在编辑幻灯片时切换不同的设计模板

D. 在幻灯片放映时两张幻灯片间过渡形式

30. PowerPoint 2016 提供了内置主题，主要用于解决幻灯片上的________方面的问题。

A. 文字格式　B. 文字颜色　C. 背景图案　D. 以上全是

31. 下列关于超链接的说法中，错误的是________。

A. 使用超链接，用户可以改变演示文稿的播放顺序

B. 使用超链接，用户可以链接到其他演示文稿

C. 单击超链接对象时，可以带有声音

D. 创建超链接的方法是给选定对象插入超链接，不是设置动作

32. 超链接只有在________中才能被激活。

A. 幻灯片视图　B. 大纲视图　C. 幻灯片浏览视图　D. 幻灯片放映视图

33. 在 PowerPoint 2016 中，从当前幻灯片开始放映的快捷键是________。

A.【F2】键　B.【F5】键

C.【Shift+F5】组合键　D.【Ctrl+P】组合键

34. 在 PowerPoint 2016 中，使用格式刷，将格式应用于多处文本的正确步骤是________。①双击“格式刷”按钮，②用格式刷选定想要应用格式的文本，③选定具备所需格式的文本

A. ①②③　B. ③②①　C. ①③②　D. ③①②

35. 下列关于自选图形的描述中，不正确的是________。

A. 通过“插入”选项卡中的“图片”按钮可插入自选图形

B. 同一幻灯片中的自选图形可任意组合，合并成一个对象

C. 自选图形内不能添加文本

D. 采用鼠标拖动的方式能够改变自选图形的大小与位置

36. 在 PowerPoint 2016 中，如果一个演示文稿中的几张幻灯片暂时不想让观众看见，最好________。

A. 隐藏这些幻灯片

B. 删除这些幻灯片

C. 新建一个不含这些幻灯片的演示文稿

D. 自定义放映方式时，不添加这些幻灯片

37. 对于演示文稿中不准备放映的幻灯片，可以单击________选项卡中的“隐藏幻灯片”按钮隐藏这些幻灯片。

A. “开始”　B. “视图”　C. “幻灯片放映”　D. “设计”

38. 保存演示文稿时不能使用的扩展名是________。

A. .pptx　B. .potm　C. .docx　D. .ppsm

39. 给某一文字对象设置了超链接后，下列说法中不正确的是________。

A. 在放映该页幻灯片时，当鼠标指针移到文字对象上时会变成手形

B. 在幻灯片窗格中，当鼠标指针移到文字对象上时会变成手形

C. 该文字对象会以默认的主题效果显示

D. 可以改变文字对象的超链接颜色

40. 关于 PowerPoint 2016 的自定义动画功能，以下说法错误的是________。

A. 各种对象均可设置动画　B. 动画设置后，先后顺序不可改变

C. 可配置声音　D. 可将对象设置成播放后隐藏

41. 在 PowerPoint 2016 中，自定义动画的添加效果是________。

A. 进入，退出　B. 进入，强调，退出

C. 进入，强调，退出，动作路径　D. 进入，退出，动作路径

42. 要使幻灯片在放映时能够自动播放，需要为其设置________。

A. 预设动画　B. 排练计时　C. 动作按钮　D. 录制旁白

43. 不属于演示文稿的放映类型的是________。

A. 演讲者放映（全屏幕）　B. 观众自行浏览（窗口）

C. 在展台浏览（全屏幕）　D. 定时浏览（全屏幕）

44. 在 PowerPoint 2016 的幻灯片浏览视图下，不能完成的操作是________。

A. 调整个别幻灯片的位置　B. 删除个别幻灯片

C. 编辑个别幻灯片的内容　D. 复制个别幻灯片

45. 在 PowerPoint 2016 中，“设置背景格式”窗格中的“填充”组所不能处理的效果是________。

A. 图片　B. 图案　C. 纹理　D. 文本和线条

二、填空题

1. PowerPoint 2016 演示文稿的默认扩展名为________。

2. PowerPoint 2016 的母版有________、________、________ 3 种类型。

3. 要结束幻灯片放映，只需按【________】键即可。

4. 在 PowerPoint 2016 中，可以对幻灯片进行移动、删除、复制、设置动画效果等操作，但

不能对单独的幻灯片的内容进行编辑的视图是________视图。

5. 演示文稿的基本组成单元是________。

6. 在 PowerPoint 2016 中，新建的幻灯片中的虚线框称为________。

7. 若要在幻灯片中插入 SmartArt 图形，可以单击“插入”选项卡中的“________”组中的“SmartArt”按钮。

8. 在 PowerPoint 2016 中，要切换到幻灯片放映视图，可直接按【________】键。

9. 在 PowerPoint 2016 中，为每张幻灯片设置放映时的切换方式时，应打开“________”选项卡。

10. 切换到幻灯片浏览视图，若按住鼠标左键不放，并拖动某幻灯片，将完成该幻灯片的________操作，并更改幻灯片的播放顺序。

三、判断题

1. 在 PowerPoint 2016 中，可以设置一定的时间间隔自动切换幻灯片。（ ）

2. 在 PowerPoint 2016 中，同一演示文稿中的所有幻灯片只能使用同一种“主题”。（ ）

3. 在 PowerPoint 2016 中，一个演示文稿至少应包含一张“标题”版式的幻灯片。（ ）

4. 在 PowerPoint 2016 中，幻灯片的编号只能从“1”开始。（ ）

5. 在 PowerPoint 2016 中插入音乐文件时，可以选用 MP3 格式的文件。（ ）

6. 演示文稿和 Word 文档一样，也有页眉与页脚。（ ）

7. PowerPoint 2016 中的超链接可以链接到其他文件。（ ）

8. 在 PowerPoint 2016 中，放映幻灯片时，只能通过单击换页。（ ）

9. 在 PowerPoint 2016 的备注页模式中添加的备注内容无法打印出来，只能在计算机中查看。（ ）

10. 在 PowerPoint 2016 中，只有在普通视图下才能修改幻灯片中的内容。（ ）

11. PowerPoint 2016 中的空演示文稿模板是不允许用户修改的。（ ）

12. 利用 PowerPoint 2016 可以制作出交互式幻灯片。（ ）

13. 在幻灯机放映视图下，可以看到为放映幻灯片而设置的各种放映效果。（ ）

14. 在 PowerPoint 2016 中，不能插入表格。（ ）

15. 设置幻灯片的“百叶窗”“棋盘”等切换效果时，不能设置切换的速度。（ ）

16. 在 PowerPoint 2016 中，占位符和文本框一样，都可容纳插入的对象。（ ）

17. 对演示文稿应用设计模板后，原有的幻灯片母版、标题母版、配色方案不会因此而发生改变。（ ）

18. 在备注页视图下，可为幻灯片录入备注信息。（ ）

19. 在 PowerPoint 2016 中，通过单击可以选中一个对象，但却不能同时选中多个对象。（ ）

20. PowerPoint 2016 提供了插入“艺术字”的功能，并且将插入的艺术字作为图形对象来处理。（ ）

第 8 章 多媒体技术基础

一、单选题

多媒体技术基础习题参考答案

1. 在下列选项中，其 ASCII 码值最大的一个是________。

   A. 9　　B. Z　　C. d　　D. a

2. 音频文件的格式有很多种，不可能包含人的声音信号的音频格式是________。

   A. 音乐 CD　　B. MP3 格式

   C. MIDI 格式　　D. WAV 格式

3. 对图像进行压缩之所以不会损失过多的视觉信息，下列选项中不是其原因的是________。

   A. 相邻像素间的相关性　　B. 色彩组成的相关性

   C. 人眼视觉冗余度的存在　　D. 图像数据量庞大

4. 采用的工具软件不同，计算机动画文件的存储格式也就不同。以下几种文件格式中不是计算机动画格式的是________。

   A. GIF 格式　　B. MIDI 格式　　C. SWF 格式　　D. MOV 格式

5. 以下文件格式中不是视频文件格式的是________。

   A. MOV 格式　　B. AVI 格式　　C. JPEG 格式　　D. RM 格式

6. 下列说法中，对多媒体的理解不正确的是________。

   A. 多媒体是用于信息交流的工具　　B. 多媒体无法识别手写的信息

   C. 多媒体是一种交互式媒体　　D. 多媒体能将声音信号值原样存储

7. 下列选项中，不是多媒体对象的是________。

   A. 文字　　B. 图形　　C. 图像　　D. 流媒体

8. 下列选项中，不是中文编码的是________。

   A. GB 2312-80　　B. GBK　　C. ASCII　　D. BIG5

9. 下列选项中，与波形声音的码率无关的是________。

   A. 模拟音频　　B. 采样频率　　C. 声道数　　D. 量化位数

10. 一张位图图像，分辨率为 800×600，颜色深度为 24 位，其数据空间为________。

    A. 2MB　　B. 1.37MB　　C. 10MB　　D. 1 000B

11. 下列选项中，________不是 MIDI 格式的音乐文件具有的属性。

    A. 存储量小　　B. MIDI 消息记录形式

    C. 一种压缩编码　　D. 专门的制作软件

12. 静态图像压缩标准为________。

A. MPEG 静态图像压缩标准　　B. MP3 静态图像压缩标准

C. JPEG 静态图像压缩标准　　D. AVI 静态图像压缩标准

13. ________与声音的质量特性无关。

A. 音节　　B. 音调　　C. 音强　　D. 音色

14. ________不是常用的文字输入设备。

A. 键盘　　B. 手机　　C. 打印机　　D. 手写图形板

15. 若已知一汉字的国标码是 5E38H，则其内码是________。其中 H 表示十六进制。

A. 5E38H　　B. DEB8H　　C. 5EB8H　　D. 7E58H

16. 语音信号的声音频率范围大约是________。

A. 20Hz~300Hz　　B. 20Hz~20 000Hz　　C. 300Hz~3 000Hz　　D. 50Hz ~ 7 000Hz

17. 一个 24 × 24 点阵的汉字字形码存储在计算机内需占用________个字节。

A. 2　　B. 16　　C. 32　　D. 72

18. 下列选项中属于“表示媒体”的是________。

A. 触觉　　B. 条形码　　C. 扫描仪　　D. 磁盘

19. 下列选项中，________不属于多媒体技术的应用范畴。

A. 视频会议系统　　B. 在线电影欣赏　　C. 电子书阅读　　D. 广播收听

20. 多媒体计算机系统的核心是________。

A. 计算机　　B. 多媒体设备　　C. 交互设备　　D. 以上都是

21. 下列说法中，不正确的是________。

A. 计算机信息处理过程就是处理表示媒体的过程

B. 多媒体中的各种媒体信息都是以数字形式存储在计算机中的

C. 多媒体中数据的压缩主要指图像、音频和视频的压缩

D. 点阵法将汉字的字形转化为一组直线和曲线以及记录这些直线和曲线的数学描述数据

22. 下列说法中，正确的是________。

A. 无损压缩的特点是压缩以后的数据进行图像还原时，重建的图像与原始图像之间存在一定的误差，但是误差在允许的范围内，所以压缩比较大

B. 矢量图形能通过扫描得到

C. 相同时间长度的 MIDI 音乐文件一般都比波形文件大得多

D. Unicode 编码为每种语言中的每个字符设定了统一并且唯一的二进制编码

23. 若内存中连续的存储值为 D6C2616BDAD689H，则这段信息中可能包含________个汉字。

A. 1　　B. 2　　C. 3　　D. 4

24. 可以把数字图像看成一个________，其中的任意一个元素对应图像中的一个点，而相应的值对应该点的灰度（或颜色）等级，这是量化后得到的结果。

A. 像素　　B. 索引目录　　C. 队列　　D. 像素矩阵

25. ________以单位长度的数字化图像在水平和垂直方向上的像素数来表示，如果图像的尺寸大于屏幕分辨率，则只能显示一部分图像。

A. 图像分辨率　　B. 屏幕分辨率　　C. 显示器分辨率　　D. 照片分辨率

26. 由于每个像素上的颜色被量化后将用若干位来表示，所以在图像中每个像素所占的位数就称为图像深度，在黑白图像中就称为________。

A. 颜色等级　　B. 灰度等级　　C. 色彩等级　　D. 数据等级

27. 一般来说，图像文件的存储格式由图像说明和图像数据两部分组成。下列选项中，________不属于图像说明部分的参数。

A. 图像格式标识　　B. 图像的亮度、色度信息

C. 图像的高度、宽度　　D. 图像的压缩方式

28. 由于图像的数据量非常大，所以图像一般要经过压缩才进行存储和传输。不同的压缩技术均可用于压缩图像，以减少数据冗余。如果采用________，则压缩比不会太高。

A. 压缩　　B. 数据压缩　　C. 无损压缩　　D. 有损压缩

29. 由于人眼的视觉惰性作用，在亮度信号消失后，图像仍然可以存在 1/30 ~ 1/20s，动态图像就是根据这个特性而产生的。所有视频（如电影和电视）系统都是应用这一原理而产生的动态图像。这一幅幅静止的图像被称为________，它是构成视频信息的基本单元。

A. 幅　　B. 片　　C. 帧　　D. 个

30. 汉字区位码分别用十进制的区号和位号表示，其区号和位号的范围分别是________。

A. 0~94，0~94　　B. 1~95，1~95　　C. 1~94，1~94　　D. 0~95，0~95

31. 视频对应的电视信号基本上采用 NTSC 和 PAL 两大制式。________是美国在 1953 年推出的彩色电视制式，采用的扫描频率为 60Hz，水平扫描线为 525 线。

A. NTSC 和 PAL　　B. NTSC　　C. PAL　　D. CATV

32. 声音信号模数转换的顺序为________。

A. 量化、编码、采样　　B. 采样、量化、编码

C. 编码、采样、量化　　D. 采样、编码、量化

33. 一分钟、双声道、16 位量化位数、22.05kHz 采样频率的声音的数据量是________。

A. 2.323MB　　B. 3.646MB　　C. 5.292MB　　D. 6.047MB

34. 下列选项中，相同时长的数字音频文件的数据量最小的是________文件格式。

A. MP3　　B. WMA　　C. MAY　　D. MID

35. 在 RGB 色彩模式中，R = G = B = 0 的颜色是________。

A. 白色　　B. 黑色　　C. 蓝色　　D. 红色

36. 在数字摄像头中，________像素相当于成像后的 640 × 480 的像素数。

A. 30 万　　B. 80 万　　C. 100 万　　D. 10 万

二、填空题

1. 人耳能听到的音频波的频率范围为________。

2. 乐器数字接口的英文缩写是________。

3. 国际上通用的静态图像压缩标准是________。

4. 计算机图像主要指的是________，计算机图形则主要指的是________。

5. 图像的主要属性有分辨率、________、真/伪彩色、数据量。

6. 波形声音的码率 ＝ 采样频率×________×声道数。

7. 某图像的分辨率为 400×300，显示屏的分辨率为 800×600，则该图像在屏幕上显示时只占屏幕的________。

8. ________是由多语言软件制造商组成的统一码协会所制定的一种国际字符的编码标准，已经获得了网络、操作系统、编程语言的广泛支持。

9. 图像获取的过程实质上是模拟信号的________化过程。

10. 计算机处理数字图像的基本单位称为________。

11. 声音信号的数字化过程分为采样、量化和________ 3 个环节。

12. 标准 ASCII 码字符集共有________个编码。

13. 一台数码相机一次可以拍 65 536 色的分辨率为 1 024×1 024 的彩色相片 40 张，如不进行数据压缩，则它使用的 Flash 存储器的容量是________ MB。（提示：2^{16}=65 536，2^{10}=1 024）。

14. 将模拟声音信号转换为数字音频信号的声音数字化过程称为________。

15. 一幅分辨率为 640×480 的真色彩图像（24 位），它未经压缩时的原始数据量约为________ KB。

16. 多媒体技术能综合处理文字、________、视频、图形、图像、动画等信息。

17. 按照国际电信联盟（ITU）的建议，媒体可分为________、表示媒体、表现媒体、存储媒体、传输媒体。

18. CMYK 颜色模式中的 M 代表的是________。

19. 纯文本文件的扩展名是________。

20. 21 英寸显示器的 21 英寸是指显示屏的________长度。

21. 汉字字形的描述方法有________和轮廓法两种。

22. 声音的音调取决于声波的________。

23. 多媒体计算机系统的核心是________。

24. 图形可以看成是一组________，它们可以描述一幅图中所包含的直线、圆、弧、矩形，也可以表示平面、曲面、光照、材质等效果。

25. 数字图像是指在空间和亮度上________的图像。

26. 如果数字图像中每个像素的颜色值只用 1 位存储，那么这种图像称为________，它只有黑和白两种颜色。

27. 如果数字图像中每个像素的颜色值用 1 个字节来存储，则能形成 256 级灰度过渡的黑白照片效果，这种图像称为________。

28. RGB 相加模型是计算机应用中定义颜色的基本方法。三基色等量相加时得到________。

29. 彩色打印机和印刷彩色图片采用的是________相减混色模型。

30. 图像分辨率是指组成一幅图像的________。

31. 任何一种颜色都具有色相、________和亮度这 3 个基本属性。

32. 视频图像的每一帧就是一幅________图像。

33. SWF 文件是由 Macromedia 公司（现已被 Adobe 公司收购）开发的________软件生成的矢量动画格式。

34. 矢量图形中的基本单位称为________。

35. 由 ISO 和 IEC 两个机构组成的一个联合图像专家组（Joint Photographic Experts Group）制定了一种有关静止图像数据压缩编码的国际标准，称为________标准。

36. 声音的三个基本要素中，________与声音的频率有关。

37. ________又称为响度，取决于声音的幅度，即振幅的大小和强弱。

38. 声音数字化后，常以波形声音的________文件格式存储，称为数字化波形声音。

39. 在数字化的过程中，影响图像、声音等数字化质量的因素是________和量化位数。

三、判断题

1. 多媒体的特点有数字化、集成性、交互性、实时性。 （ ）

2. 某幅图像具有 640×480 个像素点，若每个像素具有 1 位的颜色深度，则其图像数据需占用 38 400B 的存储空间。（　　）

3. 一个 ASCII 码和一个国标码都需要 2 个字节的存储空间。（　　）

4. 图像的数字化采样是在一维空间中进行的。（　　）

5. 可以用扫描仪将 A4 纸上的内容扫描到计算机中，然后用图像处理软件对其进行加工。（　　）

6. 视频处理设备必须具备视频信号的模数转换以及压缩和解压缩的功能。（　　）

7. 显示或打印汉字时，系统使用的是汉字的输入码。（　　）

8. 计算机不能对存储的音频文件的内容进行修改、编辑。（　　）

9. 多媒体计算机的显卡可以处理的主要信息类型是音频与文本。（　　）

10. 声音的音量大小取决于声波的振幅。（　　）

11. 可以通过对 JPG 格式的文件进行再压缩的方式，使该文件的大小发生明显的变化。（　　）

12. 通过 Photoshop 软件将当前图像的画布缩小后，该图像的分辨率不变。（　　）

第9章 计算机网络基础

计算机网络基础
习题参考答案

一、单选题

1. 数据通信系统是指通过通信线路和通信控制处理设备将分布在各处的数据终端设备连接起来，以实现数据传输功能的系统。数据通信系统由信源、信宿和________3 部分组成。

A. 信道 B. 信号
C. 媒体 D. 介质

2. 在数据通信过程中，信息以信号的形式出现。这些信号有电压电流随时间连续变化的模拟信号和电压电流随时间不连续变化的（离散的）________两种。

A. 数据信号 B. 数字信号 C. 电流信号 D. 电压信号

3. 信道的作用是把携有信息的信号（电信号或光信号）从它的输入端传递到输出端，因此，它的最重要的特征参数是________能力。

A. 信息加工 B. 信息存储 C. 信息传递 D. 信息处理

4. 数据传输率是指信道在单位时间内可以传输的最大________。信道容量和信道带宽具有正比关系：带宽越大，容量越大。

A. 比特数 B. 字节数 C. 字符数 D. 信息数

5. 双绞线电缆按照屏蔽特性可分为非屏蔽双绞线电缆（UTP）和屏蔽双绞线电缆（STP）两种；按照电气特性可分为 1、2、3、4、5、6 等多类，目前常用 6 类和________。

A. 6 类 B. 4 类 C. 超 5 类 D. 5 类半

6. 同轴电缆属于传统的传输介质，有基带和宽带之分，它由中心的内导体和外围的屏蔽网组成，它传输信号时反射和损耗都________。

A. 较小 B. 较大 C. 很小 D. 很大

7. 光纤是光导纤维的简称，具有容量大、带宽高、抗干扰的良好特性，是目前通信传输网络的主要传输介质。实际应用中常将若干根光纤组合成________来使用。

A. 电缆 B. 集合 C. 结构 D. 光缆

8. ________也被称为包交换，它将需要传递的数据分成大小固定的若干数据块，为每个数据块加上有关的地址信息、校验信息等，从而组成一个“数据包”。然后利用网络的多路复用功能和路由功能，将数据块分别传输到通信目的地。接收终端将各个数据块组装成被传递的数据的整体。

A. 分组交换 B. 数据块交换 C. 电路交换 D. 帧交换

9. 差错控制编码是差错控制的核心。差错控制编码的基本思想是通过对被传输的信息序列进行某种形式的________，使原来没有相关性的一系列独立的信息码元产生相关性。

A. 控制　　B. 存储　　C. 变换　　D. 传输

10. 差错控制编码分为检错码和________两种，以便在数据通信中能够发现错误或者纠正错误。

A. 查错码　　B. 测错码　　C. 侦错码　　D. 纠错码

11. 用通信设备和传输媒体将若干具有独立功能的________连接起来，在相关通信软件的支持下，实现信息传递、资源共享、协同工作的计算机系统，称为计算机网络。

A. 设备　　B. 计算机　　C. 装置　　D. 终端

12. 网络中的计算机是资源子网的主要设备，通常称为________，分为工作站和服务器两类。

A. 结点　　B. 节点　　C. 装置　　D. 主机

13. 交换机（Switch）是最常用的网络连接设备。通常情况下，网络中的各台计算机都通过________连接到交换机上。交换机不仅能够建立计算机之间的通信连接，还能对通信的信号进行整形放大。

A. 端口　　B. 网卡　　C. 接口　　D. 插口

14. 路由器（Router）通常用来连接两个网络，它能对经过其中的通信数据进行格式转换并为其选择________。

A. 传输格式　　B. 传输代码　　C. 传输路径　　D. 传输目标

15. 当今的计算机网络都采用"分层"结构，按照逻辑结构把一个网络分解为若干个比较简单的部分，将功能分类归并，以使问题变得比较容易解决。这种逻辑结构上的分层、各层之间的关系安排以及所有相关的协议的总和称为网络的体系结构。目前最常用的就是国际标准化组织所提出的开放系统互联参考模型，其英文缩写为________。

A. OSI　　B. RM　　C. ISO　　D. OSI/RM

16. ISO 于 1981 年正式提出了一个网络系统结构——________层参考模型，叫作开放系统互联参考模型。

A. 七　　B. 八　　C. 九　　D. 十

17. 在计算机网络中，通信子网的主要任务是________。

A. 数据传输　　B. 数据输出　　C. 数据输入　　D. 数据处理

18. 传输控制协议（Transmission Control Protocol，TCP）被认为是一种________。这是因为它为两台计算机之间的连接起到了重要作用：当一台计算机需要与另一台远程计算机相连接时，TCP 会帮助它们建立一个连接、发送和接收资料以及终止连接。

A. 无连接协议　　B. 有差错协议　　C. 端对端协议　　D. 无控制协议

19. 一般来说，局域网的覆盖范围较小且有限，提供了一个低误码率、________的数据传输环境。它的通信机制是共享介质和交换方式。

A. 高错误率　　B. 低错误率　　C. 高传输速率　　D. 低传输速率

20. 以太网是目前使用最为广泛的局域网，以________的方式使用传输线路，采用了被称为载波侦听多路访问/冲突检测（Carrier Sense Multiple Access/Collision Detection，CSMA/CD）的访问技术。

A. 广播和共享　　B. 分组和交换　　C. 编码和解码　　D. 调制和解调

21. 交换式以太网采用星形拓扑结构，使用________作为结构的中央结点。

A. 中继器　　B. 集线器　　C. 交换机　　D. 路由器

22. 根据 Internet 上网络规模的大小，IP 地址分为________5 类。

A. 1、2、3、4、5　　B. A、B、C、D、E

C. 甲、乙、丙、丁、戊　　D. a、b、c、d、e

23. 为了实现Internet上的计算机之间的相互通信，每台入网计算机都必须有________。

A. 主机名　　B. IP地址　　C. 电子账号　　D. 域名

24. Internet上有许多服务，其中不是用来访问其他主机资源的服务是________。

A. WWW　　B. TELNET　　C. E-mail　　D. FTP

25. Internet上许多不同的复杂网络和许多不同类型的计算机赖以互相通信的基础是________。

A. Novell　　B. TCP/IP　　C. ATM　　D. X.25

26. 域名命名采用分级结构，级的顺序是________的，第一级也叫作顶级。

A. 从上到下　　B. 从内到外　　C. 从右到左　　D. 从左到右

27. 万维网服务（World Wide Web，3W）是Internet上集文本、图形、图像、声音、视频等媒体信息于一体的________信息资源网络，是Internet的重要组成部分。

A. 区域　　B. 部门　　C. 全球　　D. 局部

28. 电子邮件服务是目前最常见、应用最广泛的一种服务。想要使用电子邮件服务，首先必须获得一个________。

A. 电子邮箱　　B. 用户ID　　C. 用户账号　　D. 邮件服务器

29. Internet上最常用的________协议英文缩写为FTP，它的主要作用是让用户连接到一台远程计算机上，从而进行文件的上传与下载。

A. 超文本传输　　B. 文件传输　　C. 远程登录　　D. 传输控制

30. Microsoft Edge是一种最常用的使用Internet服务的客户端________软件。

A. 浏览器　　B. 系统　　C. 通信　　D. 服务器

31. 客户端向服务器发送 HTTPS 请求后，服务器向客户端发送电子证书和公钥，该公钥用于对________进行加密。

A. 电子证书　　B. 对称加密方式的密钥

C. 通信数据　　D. 公钥自身

32. HTTPS通信时，客户端________来确认公钥是否属于刚才访问的Web服务器。

A. 通过使用“认证中心的公钥”解密服务器发过来的电子证书

B. 通过使用“服务器的公钥”解密服务器发过来的电子证书

C. 通过使用“服务器的私钥”解密服务器发过来的电子证书

D. 通过使用“认证中心的私钥”解密服务器发过来的电子证书

33. HTTPS中对数据进行加密通信时，采用________来对数据进行加密。

A. 对称加密方式　　B. 公钥加密方式

C. 私钥加密方式　　D. 认证中心的公钥加密方式

34. 计算机感染病毒的途径可能是________。

A. 对硬盘进行格式化　　B. 患有传染病的人使用计算机

C. 向网盘上传文件　　D. 从网上下载信息

35. 在计算机网络的拓扑结构中，环形结构由各结点首尾相连形成一个闭合环形线路，环形网络中的信息传送是________的。

A. 任意　　B. 随机　　C. 双向　　D. 单向

36. 能够插入个人计算机的网卡插口的网线是由________通过两端连接水晶头制作而成。

A. 双绞线　　B. 同轴电缆　　C. 光纤　　D. 电线

37. 下列选项中，属于 MAC 地址的是________。

A. 1080::8:800:200C:417A　B. 00:10:5A:70:33:61
C. 120.24.100.11　D. 255.255.255.192

38. 以太网普及之初，一般采用多台终端使用同一根同轴电缆的方式，此连接方式属于________。

A. 非共享介质型　B. 全双工通信　C. 共享介质型　D. 令牌传递方式

39. 以太网类型名中，BASE 前面的数字（如 10、100 等）代表的是________。

A. 传输介质　B. 缆线长度　C. 缆线直径　D. 传输速度

40. 以太网中传输的数据包，习惯称作________。

A. 包　B. 帧　C. 信元　D. 数据块

41. 对于家庭或小型单位来说，现在最普及的互联网接入方式是________。

A. 模拟电话线路
B. ADSL（Asymmetric Digital Subscriber Line，非对称数字用户环路）
C. FTTH（Fiber To The Home，光纤到户）
D. 有线电视

42. IPv4 地址由________位二进制正整数表示。

A. 8　B. 16　C. 32　D. 64

43. 下列选项中属于 B 类 IP 地址的是________。

A. 二进制数以 0 开始的 IP 地址　B. 二进制数以 10 开始的 IP 地址
C. 二进制数以 110 开始的 IP 地址　D. 二进制数以 1110 开始的 IP 地址

44. 下列选中属于 C 类 IP 地址的是________。

A. 120.24.100.11　B. 190.100.0.24　C. 192.0.1.1　D. 225.1.1.1

45. A 类 IP 地址中可使用的网络地址有________个。

A. 128　B. 126　C. 255　D. 100

46. 用于网络测试软件以及本地机的进程之间通信的网络地址是________。

A. 127.0.0.0　B. 191.255.0.0　C. 223.255.255.0　D. 239.255.255.255

47. B 类 IP 地址的每一个网络地址可以分配________个主机地址。

A. $2^{16}-2$　B. 2^{16}　C. $2^{14}-2$　D. 2^{14}

48. 将子网掩码与 IP 地址进行________运算，就可以导出网络地址。

A. 按位与　B. 按位或　C. 按位异或　D. 按位加

49. IP 地址 172.20.100.52/26 对应的子网掩码是________。

A. 255.255.255.192　B. 255.255.255.128　C. 255.255.255.224　D. 255.255.255.240

50. IPv6 地址 1080::8:800:200C:417A 中，总共省略了________组连续的 0。

A. 1　B. 2　C. 3　D. 4

51. 为了实现自动设置 IP 地址，统一管理 IP 地址分配，需要用到________协议。

A. ICMP　B. ARP　C. RARP　D. DHCP

52. 传输层中面向有连接型的协议是________。

A. TCP　B. IP　C. UDP　D. FTP

53. ________通信使用知名端口号“21”。

A. FTP　B. SSH　C. SMTP　D. HTTP

54. 在 URL“ftp://192.168.2.183:2121”中，________代表端口号。

A. ftp　　B. 192.168.2.183　　C. 2121　　D. 192.168.2.183:2121

55. 关于端口号，下列描述中错误的是________。

A. 端口号用于识别本机中正在进行通信的应用程序

B. 端口号也被称为程序地址

C. 确定端口号的方法有静态方法和时序分配法两种

D. HTTP 通信使用知名端口号“25”

56. 下列选项中不属于 UDP 首部的字段是________。

A. 源端口号　　B. 包长　　C. 序列号　　D. 校验和

57. 对照 OSI 分层，________层以上的功能在 TCP/IP 分层中都由应用程序来实现。

A. 会话　　B. 传输　　C. 网络　　D. 表示

58. 下列关于 URL 的描述中，错误的是________。

A. WWW 中，访问信息的手段与位置由 URL 表示

B. 它是 Uniform Resource Locator 的缩写

C. URL 中起始部位的 HTTP 表示超文本标记语言

D. HTTP 属于 OSI 参考模型中的应用层的协议

59. FTP 是属于 OSI 参考模型中的________层的协议。

A. 应用　　B. 会话　　C. 表示　　D. 传输

60. 将 01 序列划分为具有意义的数据帧，并传送给对端的过程，由 OSI 参考模型中的________层负责。

A. 物理　　B. 数据链路　　C. 表示　　D. 传输

二、填空题

1. 与域名解析服务器之间的通信采用________通信方式。

2. ________表示向某一方向传输信息的介质或渠道，它是通信电路的逻辑组成部分之一。

3. OSI 参考模型中，________层负责设备固有数据格式和网络标准数据格式之间的转换。

4. 在数据通信中，________只需要一条传输线。由于这种传输方式所需的设备费用比较低，可以进行长距离的数据传输，所以计算机网络中普遍采用这种传输方式。

5. 有线介质是各种具有传输能力的导引体。在数据通信中常用的有线介质为双绞线、同轴电缆和________。

6. 在数据通信系统中，在需要进行通信的两个终端之间建立通信链路，在通信完成后拆除这个链路的过程称为交换。目前，数据通信系统中采用的交换技术主要有电路交换和________两类。

7. OSI 参考模型中的________层负责 01 比特流与电压的高低（或光的闪灭）之间的互换。

8. ________网是全球互联网的鼻祖，它是在 1969 年，为了验证分组交换技术的实用性，由美国国防部高级研究计划管理局组织建立的。

9. 从网络的逻辑功能的角度出发，可以将计算机网络分为通信子网和________子网两个部分。

10. 网卡（Network Interface Card，NIC）也称为________。计算机与网络是通过它进行连接的。网卡上的逻辑电路可实现通信信息格式的形成、数据打包和拆包、通信规程控制、拓扑结构形成和差错控制等功能。

11. 传输层应该将接收到的数据传给哪个应用程序处理，是由________来决定的。

12. 在计算机网络中，最普遍的分类方法是按照网络通信所涉及的地理范围来分类，可将网

络分为局域网、________和广域网。

13. 为了防止声音大幅度延迟，IP 电话采用传输层的________协议。

14. 以太网中的节点相互通信时，通常使用________地址来指出收、发双方是哪两个节点。

15. 为了使计算机与计算机之间能够正确、可靠地传递信息，必须有一套关于信息传输顺序的规定、信息格式的标准、信息内容的约定。这些规定、标准和约定称为________。

16. 无线局域网是无线通信技术与局域网技术结合的产物，它采用红外线或________进行数据通信。

17. 为了书写方便，IP 地址写成以圆点隔开的 4 组十进制数。它的统一格式为 XXX.XXX.XXX.XXX，圆点之间每组的取值在 0 ~ ________之间。

18. IP 地址 30.74.35.88 属于________类地址。

19. ________可实现 Internet 中主机名和 IP 地址之间的转换。

20. 发送数据时，应用层以下的每个分层都会在所发送的数据中附加一个________，然后再发送给下一层。

三、判断题

1. 只要数据包符合安全策略，防火墙就会让其通过。 ( )
2. 光纤通信是利用光纤传导电信号来进行通信的。 ( )
3. 应用网关是数据到达应用后，由应用处理并拒绝非法访问的一种防火墙。 ( )
4. 总线式以太网通常采用广播式的通信方式。 ( )
5. Web 中可以通过 TLS/SSL 对 HTTP 通信进行加密，该加密版的 HTTP 通信叫作 HTTPS 通信。 ( )
6. 所有的 IP 地址都可以分配给用户使用。 ( )
7. HTTPS 通信中采用的是公钥加密方式对数据进行加密通信。 ( )
8. 网络信息安全措施中的身份认证是访问控制的基础。 ( )
9. 因特网防火墙的作用主要是防止计算机病毒侵害。 ( )
10. 在一台已感染计算机病毒的计算机上读取一张 CD-ROM 中的数据，该光盘不可能被感染计算机病毒。 ( )
11. 网络层的协议定义了通过通信媒介互联的设备之间进行数据传输的规范。 ( )
12. 光纤可以分为多模光纤和单模光纤，要实现更高的传输速率就得使用多模光纤。 ( )
13. 网卡的 MAC 地址固化在其 ROM 中，不同网卡的 MAC 地址可以重复。 ( )
14. 从通信介质的使用方法上看，网络可以分为共享介质型和非共享介质型。 ( )
15. 早期以太网和现代以太网的连接形式是一样的。 ( )
16. 现代以太网一般都采用终端与交换机之间独占电缆的方式构建，以实现全双工通信。 ( )
17. 利用子网掩码，可以将一个大的网络分为若干个较小的子网络，将原先的主机地址的一部分用作子网地址。 ( )
18. 数据链路各有不同，但其各自的最大传输单位均相同。 ( )
19. UDP 的中文含义是用户数据报协议，其中的用户就是指一般的用户，也就是应用程序的使用者。 ( )
20. WWW 中，传输的数据的主要格式是 HTML，它属于 OSI 参考模型中的应用层的协议。 ( )

第 10 章 数据库基础

数据库基础
习题参考答案

一、单选题

1. 下列叙述中正确的是________。
   A. 数据库技术的根本目标是解决数据的共享问题
   B. 数据库技术的根本目标是解决数据的存储问题
   C. 数据库技术的根本目标是解决数据处理的存储速度问题
   D. 数据库技术的根本目标是解决数据的访问安全问题。
2. 数据库管理系统的功能是________。
   A. 建立用户数据库　　B. 建立专用的数据库系统
   C. 对数据库中的数据进行管理　　D. 设置访问数据库的口令
3. E-R 图用来建立________。
   A. 概念模型　　B. 逻辑模型　　C. 物理模型　　D. 需求模型
4. 下列叙述中错误的是________。
   A. 选择运算是从关系中选取所有满足条件的元组
   B. 投影运算是从关系中选出所需要的属性成分
   C. 自然连接运算是对两个具有公共属性的关系所进行的连接操作
   D. 通过选择运算可以减少结果关系中的属性个数
5. 设 S 为 3 元（属性）关系，R 为 2 元（属性）关系，下列运算中合理的是________。
   A. S−R　　B. S∩R　　C. S∪R　　D. S |x| R
6. 下列关于数据库系统的叙述中，正确的是________。
   A. 数据库系统减少了数据冗余　　B. 数据库系统增加了数据冗余
   C. 数据库系统中数据没有冗余　　D. 数据库系统与数据冗余无关
7. 下列叙述中正确的是________。
   A. 实体集之间的一对一联系实际上就是一一对应的关系
   B. 关系模型只能处理一对一联系
   C. 关系模型属于格式化模型
   D. 数据库系统中数据的一致性是指数据之间没有冲突
8. 数据库设计是指________。
   A. 设计数据库系统
   B. 设计数据库管理系统
   C. 设计数据库应用软件

D. 在已有的数据库管理系统的基础上建立数据库

9. 数据独立性是数据库技术的重要特点之一。所谓独立性是指________。

A. 数据与程序独立

B. 不同应用的数据存储于不同的文件中

C. 不同的数据只能被不同的程序所使用

D. 数据对程序的依赖关系

10. 在关系模型中，________。

A. 要建立一个关系，首先要构造数据之间的逻辑关系

B. 用关系名和属性名列表来表示关系模式

C. 表示关系的二维表的元组的一个分量还可以分解为若干数据项

D. 一个关系可以包括若干二维表

11. 在数据管理技术的发展过程中，经历了人工管理、文件系统管理、数据库系统管理阶段。其中数据独立性最高的阶段是________。

A. 人工管理 B. 文件系统管理 C. 数据库系统管理 D. 数据项管理

12. 数据库的核心是________。

A. 软件工具 B. 数据模型 C. 数据库管理系统 D. 数据库

13. 用树形结构来表示实体之间的联系的模型称为________。

A. 层次模型 B. 网状模型 C. 关系模型 D. 数据模型

14. 关系表中的每一行称为一个________。

A. 属性 B. 字段 C. 关键字 D. 元组

15. 按照条件 f 对关系 R 进行选择，其代数表达式为________。

A. R |x| R B. $R\,|x|_f\,R$ C. $\sigma_f(R)$ D. $\pi_f(R)$

16. 使用 E-R 图________。

A. 能表示实体间的一对一、一对多、多对多的联系

B. 只能表示一对一的联系

C. 只能表示一对多的联系

D. 只能表示多对多的联系

17. 在关系模型中，用来表示实体间的联系的是________。

A. 树结构 B. 网结构 C. 线性表 D. 二维表

18. 将 E-R 图转换为关系模式时，实体与联系都可以表示成________。

A. 属性 B. 关系 C. 层次 D. 关键字

19. 在下列模式中，能够给出数据库物理存储结构和物理存取方式的是________。

A. 内模式 B. 外模式 C. 概念模式 D. 逻辑模式

20. 下列叙述中正确的是________。

A. 一个关系可以有多个候选关键字 B. 一个关系只有一个候选关键字

C. 一个关系的所有属性不是候选关键字 D. 一个关系可以没有候选关键字

21. 在数据库的概念设计中，由分散到集中的设计方法是________。

A. 视图设计 B. 视图集成设计 C. 集中模式设计 D. 分散模式设计

22. 在下列关系运算中，________不能改变属性个数且减少元组个数。

A. 并 B. 连接 C. 投影 D. 交

23. 下列叙述中正确的是________。
A. 数据库系统是一个独立系统，不需要操作系统的支持
B. 数据库设计是指设计数据库管理系统
C. 对于违反完整性约束的任何操作，数据库管理系统都会拒绝执行
D. 在数据库系统中数据的逻辑模型必须与物理模型保持一致

24. 关系表中每一个列称为一个________。
A. 记录　　B. 属性　　C. 元组　　D. 关系

25. 从图论的观点来看，________是一个不加任何条件限制的无向图。
A. 关系模型　　B. 层次模型　　C. 网状模型　　D. 数据模型

26. 关于关系运算，下列叙述中正确的是________。
A. 选择运算是在二维表的列方向上进行的
B. 投影运算是在二维表的行方向上进行的
C. 连接运算与笛卡尔积无关
D. 并、交、差要求参与运算的关系有相同的属性名表

27. 用二维表来表示实体之间的联系的数据库称为________。
A. 关系数据库　　B. 层次数据库　　C. 网状数据库　　D. 实体数据库

28. 下列叙述中，正确的是________。
A. 软件工程主要研究如何编程　　B. E-R 图是用来设计概念模型的工具
C. 算法的效率与数据的物理结构无关　　D. 在面向对象的技术中继承不是主要特征

29. 使用 E-R 图________。
A. 只能表示实体　　B. 只能表示属性
C. 只能表示实体和属性　　D. 可以表示实体、属性、实体之间的联系

30. 能够改变关系中属性个数的关系运算是________。
A. 投影　　B. 并　　C. 交　　D. 差

31. 有 3 元关系 R 和关系 S，则下列________运算结果不是 3 元关系。
A. R∩S　　B. R∪S　　C. R−S　　D. R × S

32. 实体“人”和实体“身份证号码”之间的联系属于________的联系。
A. 一对多　　B. 多对一　　C. 一对一　　D. 多对多

33. 数据库系统是采用了数据库技术的计算机系统。数据库系统是一个集合体，包含数据库、计算机硬件、软件和________。
A. 系统分析员　　B. 程序员　　C. 数据库管理员　　D. 操作员

34. 关系数据库中的视图属于 4 个数据抽象级别中的________。
A. 外部模型　　B. 概念模型　　C. 逻辑模型　　D. 物理模型

35. 在下列关于关系的陈述中，错误的是________。
A. 表中任意两行的值不能相同　　B. 表中任意两列的值不能相同
C. 行在表中的顺序无关紧要　　D. 列在表中的顺序无关紧要

36. 关系数据库中，实体之间的联系是通过表与表之间的________来实现的。
A. 公共索引　　B. 公共存储　　C. 公共元组　　D. 公共属性

37. 设关系 R 和 S 的属性个数分别为 r 和 s，则 R × S 的运算结果的属性个数为________。
A. $r+s$　　B. $r-s$　　C. $r\times s$　　D. $\max(r+s)$

38. 存在关系 R 和 S，R∩S 的运算结果等价于________。

A. S–(R–S)　　B. R–(R–S)　　C. (R–S)∪S　　D. R∪(R–S)

39. 取出关系中的某些列，并消去重复的元组的关系运算称为________。

A. 取列运算　　B. 投影运算　　C. 连接运算　　D. 选择运算

40. 数据库三级模式体系结构的划分有利于保持数据库的________。

A. 数据独立性　　B. 数据安全性　　C. 结构规范化　　D. 操作可行性

41. 在下列关系代数的运算中，________不属于专门的关系运算。

A. 自然连接　　B. 投影　　C. 广义笛卡尔积　　D. 连接

42. 数据库管理系统中用于定义和描述数据库逻辑结构的语言称为________。

A. 数据库模式描述语言　　B. 数据库子语言

C. 数据操纵语言　　D. 数据结构语言

43. 文件管理系统是应用程序和________之间的一个接口。

A. 数据文件　　B. 程序文件　　C. 数据记录　　D. 数据结构

44. 数据的独立性意味着用户的________和存储在外存储设备中的数据资源是彼此分开的，彼此保持着各自的独立性，也就是指用户的应用程序对数据的非（或弱）依赖性。

A. 数据备份　　B. 应用程序　　C. 磁盘　　D. 文件

45. 一个关系通常可以被看作是一张________。

A. 多维表　　B. 三维表　　C. 二维表　　D. 一维表

46. 在关系数据库的物理组织中，二维表以________形式存储。

A. 信息　　B. 数据　　C. 程序　　D. 文件

二、填空题

1. 数据独立性分为逻辑独立性和物理独立性。当数据库的模式级逻辑结构改变时，其外模式的逻辑结构可以不变，从而根据外模式的逻辑结构编写的程序可以不必修改，这称为________。

2. 在数据库系统中，实现各种数据管理功能的核心软件称为________。

3. 目前，数据模型主要分为________、网状模型、关系模型和面向对象模型。

4. ________可用来描述系统中的业务过程、信息流和数据要求，表达了数据和处理的关系。

5. Access 数据库管理系统是一个功能强大而且易于使用的桌面关系型数据库管理系统和应用程序生成器，它是 Microsoft Office 套件的重要组成部分，可在________环境下运行。

6. 数据库应用系统设计包括________两个方面。

7. 在关系代数中，________运算是在指定的关系中选取所有满足给定条件的元组来构成新的关系，而该新关系是原关系的一个子集。

8. 数据库管理的根本目标是实现数据共享。为了实现数据共享，保证数据的独立性、完整性、安全性，就需要一组软件来管理数据库中的数据、处理用户对数据库的访问记录，这组软件称为________。

9. 无限关系在数据库系统中是无意义的，关系数据模型中的关系必须是________。

10. 关系的每个分量必须是不可再分的数据项，是________。

11. ________是指按一定的数据模型组织的，且长期存放在外存中的一组可共享的相关数据的集合。

12. 文件管理阶段的基本特征是________不再是程序的组成部分。________有结构、有组织地构成文件，由操作系统（即文件系统）自动将这些文件存放在磁带、磁盘上，还可为各个文件起不同的名字加以标识。

13. 外模式是应用程序与数据库系统之间的接口，用来表示应用程序所需要的那部分数据库结构，它是________的逻辑子集。

14. _____是系统工作人员，负责维护数据库系统，以保证数据库系统的正常运行。

15. 最小冗余度是指存储在数据库中的数据的重复率应尽可能降低。在数据库中，数据的冗余度只能________而不能完全消除。

三、判断题

1. 属性“性别”的取值范围是(男,女)，那么(男,女)就称为属性“性别”的值域。 (　　)

2. 用关系 S(X,Y)除以关系 R(Y,Z)，所得到的结果关系中的属性是 Y。 (　　)

3. 存在一个关系模式：选课(学号,课号,学时数)，其中(学号,课号)是关系的主键，当要插入元组(001,NULL)时，系统拒绝执行。 (　　)

4. 在关系模型中，把数据组织成二维表，每一个二维表称为一个关系。 (　　)

5. 关系数据库管理系统能够实现的专门关系运算包括选择、投影、除和笛卡尔乘积。 (　　)

6. 当数据的存储结构改变时，其逻辑结构可以不变，此种独立性称为数据的逻辑独立性。 (　　)

7. 每个工程项目都有一个项目主管，每个项目主管可以管理若干个工程项目。则实体“项目主管”与实体“工程项目”之间的联系属于一对一的联系。 (　　)

8. 一门课程可以有多个学生学习，一个学生可以学习若干门课程。则实体“学生”与实体“课程”之间的联系是多对多的联系。 (　　)

9. 在数据库设计中，用来设计概念模型的常用工具是 E-R 图。 (　　)

10. 数据库是指按 E-R 模型组织的，长期存放在计算机中的一组可共享的相关数据的集合。 (　　)

11. 数据库的数据是通过模式来描述的，包括外模式、模式和内模式 3 种描述。 (　　)

12. 关系模型的完整性规则是某种对关系的约束条件，包括实体完整性规则、参照完整性规则和自定义完整性规则。 (　　)

13. 定义一个关系的主键是通过参照完整性规则实现的。 (　　)

14. 一个关系的外键的取值只能是其关系中已存在的主键值。 (　　)

15. 遵照概念模型向关系模型转换的原则，一个多对多的联系既可以转换为一个独立的关系模式，也可以合并到任意一端的实体关系模式中。 (　　)

16. 遵照概念模型向关系模型转换的原则，如果一个一对多的联系合并到多端的实体关系模式中，则一端实体型的码是合并后的多端关系模式的外码。 (　　)

17. 概念模型是指在信息世界、从用户的观点出发来建立的数据模型，它与计算机无关。 (　　)

18. 一个关系必须是一个规范化的二维表格，表中可以有表。 (　　)

19. 在将局部视图合并生成初步 E-R 图的概念模型设计过程中，可能存在的冲突有属性冲突、命名冲突和结构冲突。 (　　)

20. 数据冗余的缺点只是占用大量存储空间，没有其他不利影响。 (　　)

第 11 章 程序设计基础

程序设计基础
习题参考答案

一、单选题

1. 结构化程序设计主要强调的是________。

A. 程序的规模　B. 程序的易读性
C. 程序的执行效率　D. 程序的可移植性

2. 下列选项中不属于软件设计原则的是________。

A. 抽象　B. 模块化　C. 自底向上　D. 信息隐蔽

3. 下列选项中不属于结构化分析的常用工具的是________。

A. 数据流图　B. 数据字典　C. 判定树　D. PAD 图

4. 关于建立良好的程序设计风格，下列说法中正确的是________。

A. 程序应简单、清晰、易读　B. 符号名的命名只需要符合语法
C. 充分考虑程序的执行效率　D. 程序的注释可有可无

5. 下列概念中，与面向对象方法无关的是________。

A. 对象　B. 继承　C. 类　D. 过程调用

6. 在面向对象方法中，一个对象请求另一对象为其服务的方式是发送________。

A. 调用语句　B. 命令　C. 口令　D. 消息

7. 信息隐蔽的概念与________的概念直接相关。

A. 软件结构定义　B. 模块独立性　C. 模块类型划分　D. 模块耦合度

8. 下列关于对象的说法中错误的是________。

A. 任何对象都必须有继承性　B. 对象是属性和方法的封装体
C. 对象间的通讯靠消息传递　D. 操作是对象的动态属性

9. 面向对象的设计方法与传统的面向过程的方法存在本质上的不同，前者的基本原理是________。

A. 模拟现实世界中不同事物之间的联系
B. 强调模拟现实世界中的算法而不强调概念
C. 使用现实世界的概念抽象地思考问题从而自然地解决问题
D. 鼓励开发者在软件开发的绝大部分领域中都用现实世界中的概念去思考问题

10. 软件开发的结构化方法将软件生命周期划分成________ 3 个阶段。

A. 定义、开发、运行维护
B. 设计、编程、测试
C. 总体设计、详细设计、编程调试

D. 需求分析、功能定义、系统设计

11. 在软件开发过程中，不属于设计阶段的任务是________。

A. 设计数据结构　　B. 给出系统模块结构

C. 定义模块算法　　D. 定义需求并建立系统模型

12. 在软件生命周期中，能准确地确定软件系统必须做什么和必须具备哪些功能的阶段是________。

A. 概要设计　　B. 详细设计　　C. 可行性分析　　D. 需求分析

13. 在软件生命周期中，用数据流图作为描述工具的软件开发阶段是________。

A. 可行性分析　　B. 需求分析　　C. 详细设计　　D. 程序编码

14. 下列描述中，符合结构化程序设计风格的是________。

A. 模块化是结构化程序设计的原则之一

B. 模块只有一个入口，但可以有多个出口

C. 注重提高程序的执行效率

D. 不使用 goto 语句

15. 在软件生命周期中，软件功能分解的阶段是________。

A. 详细设计　　B. 需求分析　　C. 总体设计　　D. 编程调试

16. 软件调试的目的是________。

A. 发现错误　　B. 改正错误

C. 提高软件的性能　　D. 挖掘软件的潜能

17. 线性表（Linear List）是常见的数据结构中最简单、最常用的数据结构，它是由若干个数据元素组成的________。

A. 有限序列　　B. 无限序列　　C. 有限集合　　D. 无限集合

18. 下列叙述中错误的是________。

A. 顺序表是线性表的顺序存储结构

B. 顺序表中各元素的存储位置是连续的

C. 在顺序表中插入一个元素时，平均需要移动约一半的元素

D. 顺序表不允许为空

19. 在长度为 n 的线性表中进行顺序查找，在最坏的情况下所需要比较的次数是________。

A. $\log_2 n$　　B. $n/2$　　C. n　　D. $n+1$

20. 就顺序表（长度为 n）删除操作的一般情况而言，在平均情况下（假设为等概率），需要移动表中元素的次数为________。

A. n　　B. $n-1$　　C. $n/2$　　D. $(n-1)/2$

21. 下列叙述中正确的是________。

A. 在栈中，栈顶指针和栈底指针同时反映了栈中元素的变化情况

B. 在队列中，队头指针和队尾指针同时反映了队列中元素的变化情况

C. 在栈中，栈底指针反映了栈中元素的变化情况

D. 在队列中，队头指针反映了队列中元素的变化情况

22. 下列关于栈的叙述中，正确的是________。

A. 在栈顶只能插入数据

B. 在栈底只能删除数据

C. 按照“先进先出”的原则组织数据

D. 按照“先进后出”的原则组织数据

23. 下列关于栈的叙述中，错误的是________。

A. 栈只能顺序存储

B. 栈具有记忆作用

C. 栈是“先进后出”的线性表

D. 栈是“后进先出”的线性表

24. 下列关于队列的叙述中，正确的是________。

A. 只能在队头插入数据

B. 只能在队尾删除数据

C. 按照“先进先出”的原则组织数据

D. 按照“先进后出”的原则组织数据

25. 下列关于队列的叙述中，正确的是________。

A. 只能插入元素，不能删除元素

B. 只能删除元素，不能插入元素

C. 可以插入元素，也可以删除元素

D. 插入和删除元素时需要移动队列中的原有元素

26. 下列关于线性链表的叙述中，正确的是________。

A. 存储空间不一定连续，元素的存储顺序是任意的

B. 存储空间不一定连续，前件元素一定在后件元素的前面

C. 存储空间必须连续，元素的存储顺序是任意的

D. 存储空间必须连续，前件元素一定在后件元素的前面

27. 在下列数据结构中，插入和删除数据时需要移动其他元素的是________。

A. 顺序表　B. 栈　C. 队列　D. 线性链表

28. 下列叙述中正确的是________。

A. 线性表是线性结构

B. 栈与队列是非线性结构

C. 线性链表是非线性结构

D. 二叉树是线性结构

29. 下列叙述中错误的是________。

A. 线性链表是线性表的链式存储结构

B. 栈与队列是线性结构

C. 双向链表是非线性结构

D. 只有根节点的二叉树是非线性结构

30. 下列数据结构中不属于存储结构的是________。

A. 顺序表　B. 二叉链表　C. 循环链表　D. 二叉树

31. 下列叙述中错误的是________。

A. 二叉链表是二叉树的一种存储结构

B. 循环链表是循环队列的一种存储结构

C. 循环队列属于线性结构

D. 链队列是队列的一种链式存储结构

32. 二叉树中有 330 个度为 2 的节点，9 个度为 1 的节点，则该二叉树的总节点数为________。

A. 667　　B. 668　　C. 669　　D. 670

33. 在深度为 7 的满二叉树中，叶节点的个数为________。

A. 32　　B. 31　　C. 64　　D. 63

34. 深度为 5 的完全二叉树可能具有的节点数为________。

A. 33　　B. 32　　C. 16　　D. 15

35. 遍历二叉树是指按照某个搜索路径访问二叉树中的每个节点，使得每个节点均被访问一次并且只被访问一次。依据访问根节点的先后顺序，可将遍历方式分为 3 种：________。

A. 上序遍历、中序遍历和下序遍历

B. 先序遍历、中序遍历和后序遍历

C. 左序遍历、中序遍历和右序遍历

D. 顺序遍历、逆序遍历和随机遍历

36. 右图所示的二叉树的前序遍历的结果为________。

A. XYHDFZ　　B. YHXFZD

C. HYZFDX　　D. XYDHFZ

二、填空题

1. 结构化程序设计方法的 3 种基本逻辑结构为顺序、选择和________。

2. 在面向对象方法中，信息隐蔽是通过对象的________性来实现的。

3. 类是一个支持集成的抽象数据类型，而对象是类的________。

4. 在面向对象方法中，类之间共享属性和操作的机制称为________。

5. 若按功能划分，软件测试的方法通常分为白盒测试方法和________测试方法。

6. 结构化程序设计方法的主要原则可以概括为自顶向下、逐步求精、________和限制使用 goto 语句。

7. 软件调试的方法主要有：强行排错法、________和原因排除法。

8. 面向对象的程序设计方法涉及的对象是系统中用来描述客观事物的一个________。

9. 软件开发的需求分析阶段的工作可以概括为 4 个方面的内容：________、需求分析、编写需求规格说明书和需求评审。

10. 软件工程研究的内容主要包括________技术和软件工程管理。

11. 与结构化需求分析方法相对应的是________方法。

12. 程序调试可分为静态调试和动态调试，其中，通过运行程序发现错误的是指________调试。

13. 一个类可以从直接或间接的祖先处继承所有属性和方法。采用这个方法提高了软件的________。

14. 在面向对象的模型中，最基本的概念是对象和________。

15. 软件维护活动包括以下几类：改正性维护、适应性维护、________维护和预防性维护。

16. 非空线性表具有如下特性：有且只有一个根节点，它无直接前驱；有且只有一个终端节点，它无直接后继；除根节点和终端节点外，其他所有节点都________。

17. 线性表在进行顺序存储时，需要一整块________的存储区域。

18. ________是整个软件生存周期中的最后一个阶段，也是持续时间最长的阶段。

19. 就顺序表插入操作的一般情况而言，在平均情况下（假设为等概率），需要移动元素的次数为________。

20. 栈是限定在________进行插入与删除操作的线性表。有时也将栈称为堆栈。它是一种特殊的线性表。

21. 在出栈操作时，如果栈顶指针已经位于栈空间的下方，表示堆栈已空，不能进行出栈操作，否则会出现________错误。

22. 单链表的插入和删除操作都要以________为基础。

23. 在双向链表中，节点具有两个指针域，其中一个指向其前件，另一个指向其后件。在进行查找操作时，不仅可以沿后件指针向后进行，还可以沿________进行回溯。在进行节点的插入和删除操作时则需要修改这两个方向的指针。

24. 数据结构分为线性结构和非线性结构，循环链表属于________。

25. 具有记忆作用的线性表称为________。

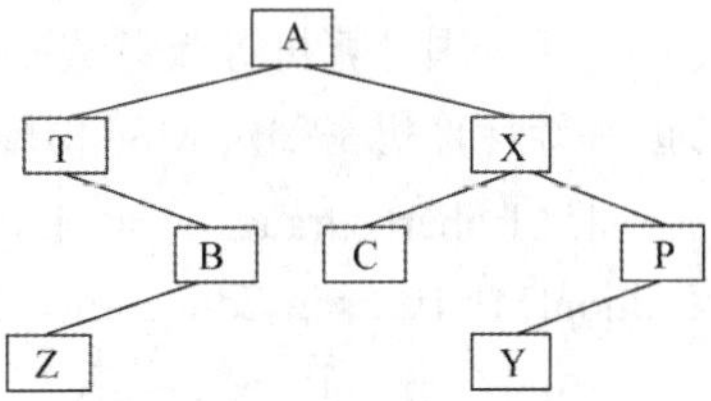

26. 在一个容量为 15 的循环队列中，若队头指针 front=6，队尾指针 rear=9，则该循环队列中共有________个元素。

27. 二叉树是一种________数据结构，它属于抽象数据类型。它的节点最多只有两棵子树，并且其子树有左右之分。

28. 如果二叉树中有 17 个度为 2 的节点，则该二叉树有________个叶节点。

29. 对右图所示的二叉树进行中序遍历的结果是________。

30. 设一棵二叉树的中序遍历的结果是 DBEAFC，前序遍历的结果是 ABDECF，则后序遍历的结果是________。

参考文献

[1] 冯建华．新编计算机文化基础实验指导与习题集[M]．北京：人民邮电出版社，2013.

[2] 谢华，冉洪艳．Office 2016 高效办公应用标准教程[M]．北京：清华大学出版社，2017.

[3] 全国计算机等级考试命题研究中心，未来教育教学与研究中心．全国计算机等级考试真题汇编与专用题库 二级 MS Office 高级应用[M]．北京：人民邮电出版社，2016.

[4] 全国计算机等级考试命题研究中心，未来教育教学与研究中心．全国计算机等级考试一本通 一级计算机基础及 MS Office 应用[M]．北京：人民邮电出版社，2016.

[5] Robert Grauer et al. Exploring Microsoft Office 2010,Volume 1: Pearson New International Edition[M]. Pearson Education，2014.

[6] 甘勇，尚展垒，梁树军，等．大学计算机基础实践教程（第 2 版）[M]．北京：人民邮电出版社，2012.

[7] 贾昌传．计算机应用基础（Windows 7+Office 2010）[M]．北京：人民邮电出版社，2011.

[8] 段跃兴，王幸民．大学计算机基础进阶与实践[M]．北京：人民邮电出版社，2011.

[9] 顾淑清，夏京星．大学计算机应用实验教程[M]．北京：人民邮电出版社，2012.